2021 年，王德滋院士为本书作序，倪培（右）与王德滋院士（左）合影留念

2013 年，南京大学鼓楼校区，倪培（右）与王德滋院士（左）在著名矿床学家徐克勤院士铜像前合影留念

栖霞山铅锌矿矿床成因与成矿模式

倪　培　景　山　魏新良　桂长杰 等　著

科 学 出 版 社

北　京

内 容 简 介

本书是中国地质调查局全国危机矿山接替资源找矿专项（1212011220678）和国家重点研发计划（2016YFC0600200）的研究成果。栖霞山矿床是华东地区目前已发现规模最大的铅锌多金属矿床，近年又新增铅锌资源量 58 万 t。本书在系统总结前人成果的基础上，结合最新的深部勘查与最新测试手段的研究新成果，全面反映矿床的地质和矿化特征，探讨和构建栖霞山铅锌矿的成矿过程和成因模式。本书提出栖霞山铅锌矿的层状黄铁矿和菱锰矿来自石炭系地层，似层状铅锌铜矿体是燕山期岩浆热液成因的新认识。地质与地球化学综合要素分析表明，栖霞山矿区深部仍然具有很大的找矿潜力。

本书可供从事矿床学、矿床地球化学、找矿勘查研究和应用的教师、科研人员、地质工作者和学生参考。

审图号：GS（2021）1494 号

图书在版编目（CIP）数据

栖霞山铅锌矿矿床成因与成矿模式/倪培等著. —北京：科学出版社，2021.6

ISBN 978-7-03-069001-2

Ⅰ. ①栖…　Ⅱ. ①倪…　Ⅲ. ①铅锌矿床-矿床成因-南京②铅锌矿床-成矿模式-南京　Ⅳ. ①P618.400.1

中国版本图书馆 CIP 数据核字（2021）第 104197 号

责任编辑：周　丹　黄　梅/责任校对：杨聪敏

责任印制：师艳茹/封面设计：许　瑞

科学出版社 出版

北京东黄城根北街 16 号

邮政编码：100717

http://www.sciencep.com

北京九天鸿程印刷有限责任公司 印刷

科学出版社发行　各地新华书店经销

*

2021 年 6 月第　一　版　开本：720×1000　1/16

2021 年 6 月第一次印刷　印张：12 3/4

字数：250 000

定价：189.00 元

（如有印装质量问题，我社负责调换）

#《栖霞山铅锌矿矿床成因与成矿模式》
作者名单

倪　培　景　山　魏新良　桂长杰
钱美平　王国光　孙学娟　吴志强
杨玉龙　孙国昌　潘君屹　李秋金
姜　锡　金　鑫

序

南京栖霞山铅锌矿从发现到生产至今已有七十余年历史，它是华东地区迄今规模最大之铅锌矿床。地学大师李四光先生早年曾在栖霞山做过地质调查，建立了二叠系地层标准单元“栖霞组”，并在该地区发现多处“锰帽”（一种表生的锰矿）。1948年我国第一代地质学家谢家荣先生在栖霞山锰矿开采的废石堆中发现黄绿色磷氯铅矿与白铅矿共生，判断深部可能存在原生的铅锌矿床。1950年谢家荣亲自部署钻探，终于在100多米深处发现原生矿体，这就是南京栖霞山铅锌矿床发现的由来。

栖霞山位于南京市栖霞区，古称摄山，被誉为“金陵第一明秀山”。南朝时山中建有“栖霞寺”，摄山也因寺改名“栖霞山”。栖霞山的地学内涵极为丰富，古生物化石众多，是许多地学名称的命名地，是一本“活生生的地质教科书”。栖霞山还富含铅、锌、银等矿藏，其中铅锌的储量超过 200 万 t。因此。栖霞山应是佛教文化、红叶文化和地质文化融为一体的胜地。

从 2007 年开始进行接替资源勘查工作以来，在栖霞山深部取得了较大的找矿成果，新增储量为：铅的金属量31.27万t，平均品位6.64%；锌的金属量50.64万t，平均品位10.77%；伴生铜的金属量1.53万t、金的金属量12t、银的金属量1113.6t，找矿成果突出。为了加强成果交流，深入完整地认识矿床成因，研究部署下一阶段找矿工作，有必要结合最新勘查资料，开展深入的科学研究，细致完整地认识栖霞山铅锌矿的控矿要素和成因机制。

《栖霞山铅锌矿矿床成因与成矿模式》一书详细梳理了栖霞山铅锌矿的区域地质背景、围岩蚀变、矿体特征、矿化分带、矿石组构和矿化期次。在此基础上，开展了详细的硫化物原位微量元素和硫同位素、磁铁矿原位微量元素、流体包裹体显微测温、显微激光拉曼分析、成矿流体C-H-O同位素以及成矿物质S-Pb-Zn同位素分析研究。特别需要指出的，倪培教授领导的南京大学地质流体研究所于2018年在国内首先建立了具有国际水准的单个流体包裹体成分分析实验室，在该书研究中对栖霞山铅锌矿的流体包裹体开展了相关的成分分析，大大增强了该书的前沿性。

中国东南部是我国重要的铅锌矿产区，其中层状、似层状矿化是其主要的铅锌矿化形式。该书提出，栖霞山铅锌矿的层状黄铁矿和菱锰矿是石炭系地层的产物，似层状铅锌铜矿体是燕山期岩浆热液成因的新认识，不仅帮助读者深入认识栖霞山铅锌矿的成因，更为认识华南层状、似层状铅锌矿的成因提供了一个新的视角。该书对矿床学领域的学生、教师、科研人员和勘查人员来说，不失为一本不可多得的佳作。

南京大学地质学科历史悠久，办学历史可追溯至 1921 年成立的国立东南大学地学系，至今已有百年的历史。值此百年华诞之际，南京大学倪培教授团队和江苏省有色金属华东地质勘查局联合出版该书，向世人展现了矿床学工作者热爱祖国、服务矿业的执着精神以及南京大学地球科学与工程学院长期以来秉承的“奉献、团结、进取”的优良传统，以此激励后人以更加饱满的热情，继往开来，为创建世界一流大学的一流地质学科进行不懈的奋斗。

王德滋

2021 年 3 月于南京

目　录

第1章　绪　　论

1.1　沉积岩容矿型铅锌矿研究现状

沉积岩容矿型铅锌矿分为海底喷流沉积型（sedimentary exhalative，SEDEX）、密西西比河谷型（Mississippi valley-type，MVT）、砂岩铅型（sandstone-lead）及砂岩容矿型（sandstone-hosted）4 种类型（Leach et al., 2005）。其中，SEDEX 和 MVT 型铅锌矿为最主要的矿床类型，而后两类铅锌矿在这 4 类中所占的比例相对较小。尽管 Leach 等（2010）认为 SEDEX 一词包含成因意义，故而又将 SEDEX 型铅锌矿命名为以碎屑岩容矿为主的铅锌矿（clastic-dominated，CD）。但是 CD 型铅锌矿尚未得到广泛应用，国际上目前仍普遍采用 Leach 等（2005）的分类方案。SEDEX 和 MVT 型铅锌矿具有某些相似性，具体分述如下。

SEDEX 和 MVT 型铅锌矿地质特征相似，矿体均主要赋存于硅质碎屑岩和碳酸盐岩中，严格受地层控制，且与岩浆活动没有明显的成因联系。这两类矿床的矿石矿物和脉石矿物相对简单，矿石矿物主要有闪锌矿和方铅矿，其次为黄铁矿，矿石通常富银贫铜。脉石矿物主要为碳酸盐矿物（如白云石、菱铁矿、铁白云石和方解石），并含有少量重晶石。块状矿石的组构主要表现为同生沉积组构，在手标本上，矿石表现为层纹状、条带状、胶状-树枝状等，在显微镜下，硫化物（闪锌矿或方铅矿）主要呈球粒状、胶状、纤维状、树枝状及草莓状等。此外，这两类矿床在硫同位素方面也具有十分相似的特征，硫化物硫同位素均具有很宽的变化范围，与细菌硫酸盐还原（BSR）或硫酸盐热化学还原作用（TSR）有关，硫均来自海水硫酸盐。

尽管如此，这两类铅锌矿也存在以下不同之处（Leach et al., 2005, 2010）：

（1）构造背景：这两类铅锌矿最主要的差别在于成矿相关的构造背景。SEDEX 型铅锌矿通常形成于陆内伸展背景，如大陆裂谷、弧后伸展及被动大陆边缘裂谷环境，另外，在矿区内通常发育同生沉积断层；然而 MVT 型铅锌矿通常形成于造山带前陆盆地，如 Ozark MVT 铅锌矿出现在碰撞造山带，但是在矿区尺度，其矿体受伸展断裂控制，如正断层、张扭性断层及平移断层，与碰撞相关的正断层控制了加拿大纽芬兰矿区 MVT 铅锌矿矿化（Bradley, 1993）。

（2）成矿流体：SEDEX 型铅锌矿成矿流体具有中低温特征，主体温度范围为 60～280℃，盐度质量分数为 4%～23%（以 NaCl 计），略高于或者显著高于正常海水（Leach et al., 2005; Wilkinson, 2014）；MVT 型铅锌矿的成矿流体为中低温、中-高盐度的流体，主要温度范围为 90～150℃，盐度质量分数为 10%～30%（以 NaCl 计），该类矿床成矿流体主要来自盆地卤水（Leach et al., 2005）。

（3）蚀变类型：SEDEX 型铅锌矿蚀变类型主要为铁-锰碳酸盐蚀变和硅酸盐蚀变，其中铁-锰碳酸盐蚀变主要位于矿体顶盘，常围绕矿体沿赋矿围岩延伸长达几米至几十千米，而硅酸盐蚀变主要位于矿体底盘，常发育电气石、绿泥石、白云母、钠长石及硅化；MVT 型铅锌矿的赋矿围岩广泛发育碳酸盐溶解和热液角砾化作用，最主要的蚀变矿物为热液白云石，热液白云石常充填于碳酸盐颗粒间或交代碳酸盐岩，与硫化物矿化关系密切，次为硅化作用。

（4）成矿机制：SEDEX 型铅锌矿形成时代与寄主岩石的时代一致，时控性十分明显，主要形成于沉积成岩阶段，属于同生沉积矿床；MVT 型铅锌矿形成时代晚于寄主岩石的时代，成矿时代变化很大，较主岩晚几十或几百个百万年，属于典型的后成矿床。

（5）产出时代：SEDEX 型铅锌矿产出时代主要集中于古元古代、中元古代及古生代，次为新元古代和中生代；MVT 型铅锌矿产出时代主要集中于晚古生代和中新生代，也有少数出现在古元古代和中元古代（图 1-1）。

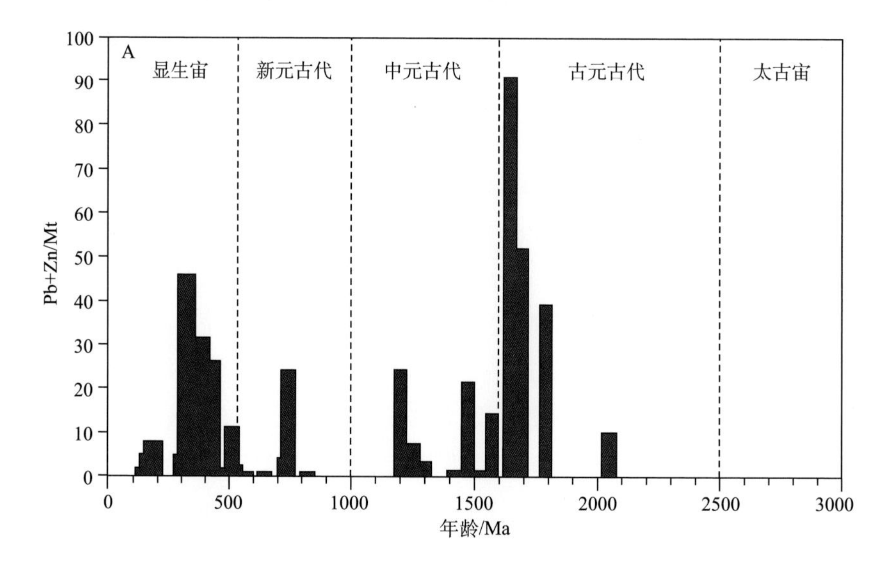

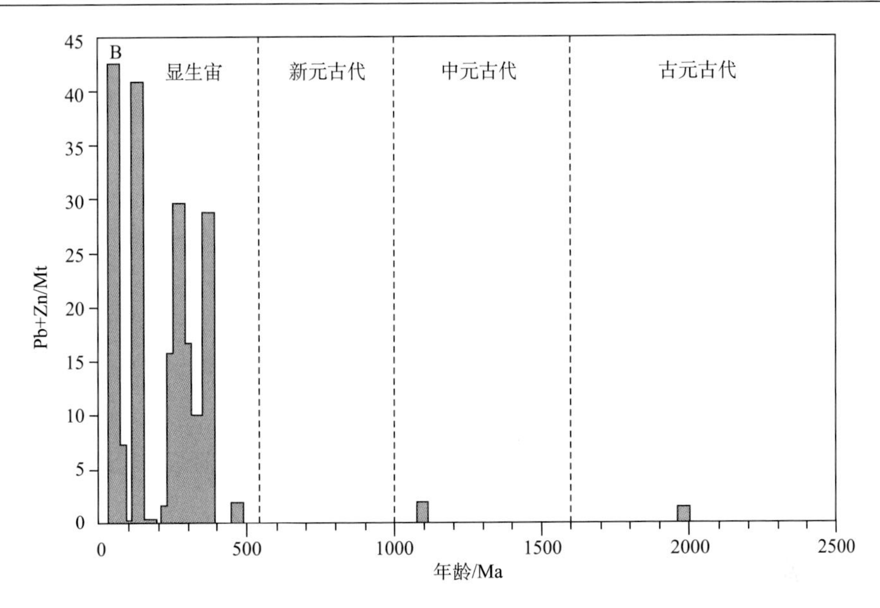

图 1-1　沉积岩容矿型铅锌矿产出时代分布直方图（据 Leach et al., 2010）

A.典型 SEDEX 型铅锌矿的产出时代分布直方图；B.典型 MVT 型铅锌矿的产出时代分布直方图

1.2　夕卡岩型铅锌矿研究现状

夕卡岩矿床通常位于中酸性侵入岩体与碳酸盐岩接触部位及附近（Einaudi et al.,1981; Einaudi and Burt, 1982; Meinert, 1987, 1992; Meinert et al, 2005）。与夕卡岩矿床相关的侵入岩体可以是基性岩，也可以是中酸性岩；夕卡岩矿物组合的出现是厘定夕卡岩型矿床最主要的成因标志。

夕卡岩矿物种类多样化，包括无水夕卡岩矿物（如石榴子石、透辉石）和含水夕卡岩矿物（如角闪石、阳起石、透闪石），这些矿物从岩体至围岩显示出强烈的分带性，如石榴子石→透辉石→类辉石（硅灰石、钙蔷薇辉石、蔷薇辉石）；其形成深度可以是浅成，也可以是深成；其地质环境复杂多样，大陆裂谷、大洋俯冲、大陆碰撞均可以形成夕卡岩矿床。因此，夕卡岩矿床成矿蕴含了从岩浆高温气成热液到中低温热液交代（充填）作用的重要成因信息，涵盖了丰富多彩的交代分带形式，涉及了复杂的成岩成矿作用机理。

根据夕卡岩矿床中重要经济价值元素，可以将其分为 Fe、Au、W、Cu、Zn-Pb、Mo 和 Sn 等重要的夕卡岩型矿床（Einaudi and Burt, 1982; Meinert, 1992; Meinert et al., 2005）。其中夕卡岩型铅锌矿主要赋存于碳酸盐岩外接触带中，许多铅锌矿体距离其成矿侵入体相对较远，被称为远端的夕卡岩型铅锌矿床（distal skarn Pb-Zn deposit）（Meinert, 1987; Meinert et al., 2005）。夕卡岩型矿床主要分布于环太平洋带（图 1-2），单个矿床储量可达 300 万 t 及以上，有很高的 Pb+Zn（质量分数为 10%～20%）和 Ag（30～300 g/t）矿石品位，是 Pb、Zn 和 Ag 等金属的主要来源。其中著名的矿床包括韩国莲花-蔚珍铅锌矿（Yeonhwa-Ulchin）、日本中松铅锌矿（Nakatatsu）、美国新墨西哥林奇堡铅锌矿（Linchburg）、澳大利亚班班铅锌矿（Ban Ban）和秘鲁乌楚卡库铅锌矿（Uchucchacau）。矿石矿物以富铅锌为特征，主要以闪锌矿、方铅矿为主，次为磁黄铁矿、黄铁矿、磁铁矿、黄铜矿和毒砂；夕卡岩矿物以富锰为特征，主要包括锰质钙铁辉石、钙铁质石榴子石、锰铝榴石、钙锰辉石、蔷薇辉石等无水夕卡岩矿物以及含锰阳起石、黑柱石、绿泥石、锰铁闪石等含水夕卡岩矿物（Einaudi and Burt, 1982）。

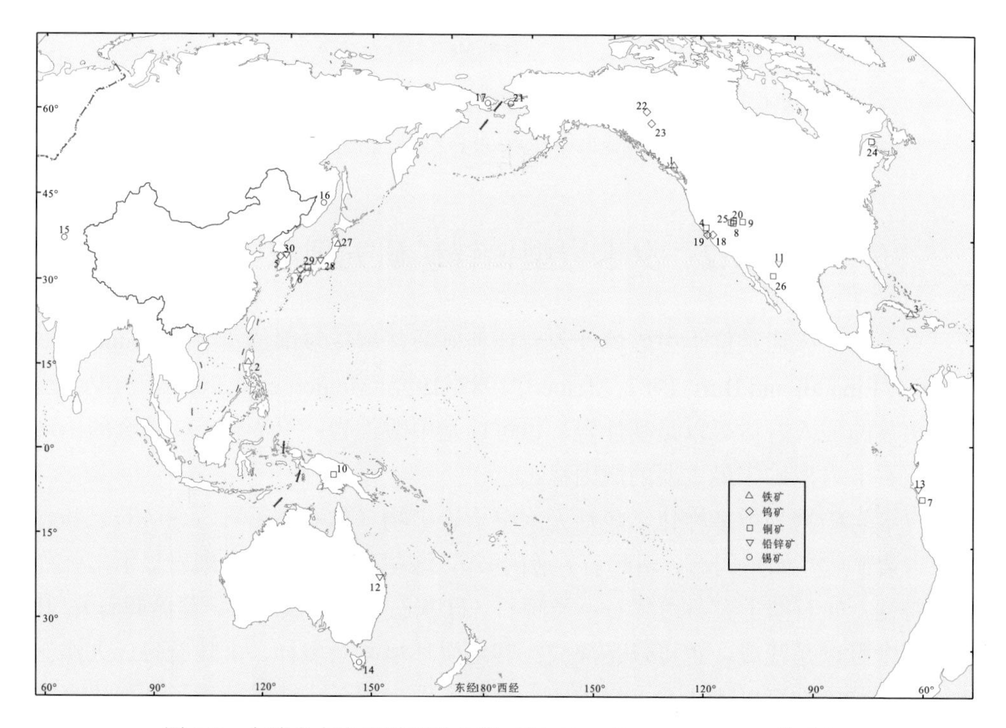

图 1-2　全球夕卡岩型矿床分布图（据 Einaudi and Burt, 1982 修改）

1. Empire mine; 2. Larap; 3. Daiquiri; 4. Strawberry mine; 5. Sangdong; 6. Fujigantani; 7. Morococha; 8. Tripp-Veteran; 9. Carr Fork; 10. Mt. Fubilan; 11. Linchburg; 12. Ban Ban; 13. Uchucchacau; 14. Moina; 15. Uchkoshkon; 16. Yaroslavsk; 17. Itenyurginsk; 18. Pine Creek; 19. Yerington; 20. Victoria; 21. Lost River; 22. MacTung; 23. Cantung; 24. Gaspe; 25. Ruth; 26. Cananea; 27. Kamaishi; 28. Nakatatsu; 29. Yoshioka; 30. Yeonhwa-Ulchin

目前，国内外学者针对夕卡岩型铅锌矿床开展的矿床地球化学研究主要集中在以下几个方面：

（1）利用夕卡岩矿物（石榴子石、辉石、角闪石）化学成分、共生硫化物（闪锌矿、方铅矿和磁黄铁矿）的硫同位素，以及矿石矿物闪锌矿的锌同位素，探讨铅锌成矿条件（Shimizu and Iiyama, 1982；Yun and Einaudi, 1982；Wilkinson et al., 2005）。

（2）通过不同阶段矿石和脉石矿物（石榴子石、辉石、石英、方解石、闪锌矿等）的化学成分、C-H-O-S稳定同位素成分，以及流体包裹体地球化学特征（如均一温度、盐度）等方面研究，来揭示成矿流体来源与演化（Meinert, 1987；Mariko et al., 1996；Gilg et al., 2001；González-Partida et al., 2003；Yang et al., 2013, 2018）。

（3）利用原位LA-ICP-MS技术分析夕卡岩型铅锌矿中石榴子石、辉石和闪锌矿中单个包裹体化学成分，定量确定矿化流体金属含量，探索金属元素沉淀机制（Samson et al., 2008; Bertelli et al., 2009; Williams-Jones et al., 2010）。

1.3 华南层状铅锌矿

华南是我国重要的铅锌矿产区，其中层状、似层状矿化是主要的铅锌矿化形式，占总储量的60%以上（Gu et al., 2007; Zaw et al., 2007）。层状铅锌矿主要分布于南岭、浙闽粤东南沿海和长江中下游等地区，其类型主要包括沉积岩容矿型铅锌矿和夕卡岩型铅锌矿（表1-1，图1-3）。

1.3.1 沉积岩容矿型铅锌矿

华南的沉积岩容矿型铅锌矿广泛分布于断陷盆地中，包括江西萍乡—乐平凹陷带、福建西南部、广西北部、广东北部和长江中下游等地区（Gu et al.，2007）。其中典型矿床包括，桂粤北部的凡口、大宝山、杨柳塘和泗顶矿床，江西萍乡—乐平凹陷的乐华和七宝山矿床，闽西南的龙凤场矿床和长江中下游的银山矿床等（刘孝善和陈诸麒，1985；顾连兴和徐克勤，1986；黄崇轲等，2001；杨兵和王之田，1985；Pan and Dong, 1999）。该类矿床通常具有以下特征：①矿体呈层状、似层状，受控于晚古生代的碎屑岩和碳酸岩地层，与赋矿层位整合接触；②矿石类型主要为致密的块状硫化物矿石，其中硫化物至少占60%；块状硫化物矿体边部也发育条带状、层纹状和浸染状矿化；③矿石矿物主要由闪锌矿、方铅矿和黄铁矿构成，其中胶状黄铁矿常见；④层状矿体中常发育细层状脉石矿物层，蚀变

表 1-1　华南主要层状铅锌矿床统计表

矿床	位置	矿化类型	储量规模	品位	赋矿围岩	脉石矿物	矿石矿物	参考文献
栖霞山	江苏南京	Pb-Zn-Mn	1.2Mt Pb; 1.9Mt Zn 0.9Mt Mn	4.57% Pb; 7.49% Zn; 17.2% Mn	层状、似层状产于石炭系白云岩和灰岩中	石英、方解石、绿泥石	闪锌矿、方铅矿、黄铁矿、菱锰矿、草莓状黄铁矿、黄铜矿	Sun et al., 2018
银山	湖北阳新	Pb-Zn-Ag	0.35Mt Pb+Zn	1.23% Pb; 1.82% Zn; 57.19g/t Ag	层状、似层状产于石炭系黄龙组灰岩中	石英、绢云母、方解石、高岭石	黄铁矿、闪锌矿、方铅矿、黄铜矿、菱铁矿、菱锰矿	颜代蓉, 2013
乐华	江西乐平	Pb-Zn-Mn	0.19Mt Pb; 0.29Mt Zn; 19Mt Mn	1.3% Pb; 1.9% Zn; 20%~28% Mn	层状产于石炭系灰岩中	石英、方解石、绿泥石、绢云母、绿帘石	闪锌矿、方铅矿、硬锰矿、菱锰矿、菱铁矿	顾连兴和徐克勤, 1986
七宝山	江西上高	Pb-Zn-Co	0.1Mt Pb; 0.2Mt Zn	1.48% Pb; 3.03% Zn	层状产于泥盆-石炭系白云岩中	石英、方解石	黄铁矿、方铅矿、闪锌矿、黄铜矿、菱铁矿、毒砂	Gu et al., 2007
龙凤场	福建大田	S-Pb-Zn	2.67Mt S; 0.012Mt Pb; 0.04Mt Zn	21.9% S; 1.9% Pb; 2.8% Zn	层状、似层状产于石炭系碎屑岩和灰岩中	石英、绿泥石、方解石	黄铁矿、磁黄铁矿、黄铜矿、闪锌矿、方铅矿	刘聪等, 1987
凡口	广东仁化	Pb-Zn	3.4Mt Zn; 1.7Mt Pb	12% Zn; 5% Pb	似层状、透镜状产于泥盆-石炭系灰岩中	石英、方解石、白云石、绢云母、绿泥石、重晶石	黄铁矿、闪锌矿、方铅矿	邓军等, 2000
大宝山	广东韶关	Pb-Zn-Cu-W	0.31Mt Pb; 0.85 Mt Zn; 0.86Mt Cu; 0.11Mt WO_3	1.77% Pb; 4.4% Zn; 0.86% Cu; 0.12% WO_3	层状、似层状产于泥盆系灰岩和碎屑岩中	石英、绢云母	黄铁矿、磁黄铁矿、黄铜矿、闪锌矿、方铅矿、白钨矿	Ye et al., 2014
杨柳塘	广东乐昌	Pb-Zn	大型	2.11% Pb; 6.23% Zn	层状、似层状赋存于石炭系石磴子组灰岩中	方解石、白云石、绿泥石、绢云母、石英	黄铁矿、闪锌矿、方铅矿	何金祥, 1995
泗顶	广西融安	Pb-Zn	0.34Mt Pb；0.02Mt Zn	0.3%~10% Pb; 0.5%~10% Zn	似层状、透镜状产于泥盆系灰岩中	白云石、方解石	黄铁矿、闪锌矿、方铅矿	张术根, 1989

续表

矿床	位置	矿化类型	储量规模	品位	赋矿围岩	脉石矿物	矿石矿物	参考文献
水口山	湖南常宁	Pb-Zn-Ag	1.11Mt Pb+Zn	2.43% Pb; 2.85% Zn; 93.8g/t Ag	透镜状、豆荚状产于岩体与二叠系栖霞组灰岩接触带内或附近	透辉石、石榴子石、硅灰石、符山石、阳起石、绿泥石、石英	黄铁矿、闪锌矿、方铅矿、黄铜矿	赵一鸣等，2012
黄沙坪	湖南桂阳	Pb-Zn-W-Sn	1.11Mt Pb+Zn	4.52% Pb; 7.77% Zn; 0.254% WO_3	似层状、透镜状、脉状产于石炭系灰岩中，或岩体与灰岩接触带	石榴子石、透辉石、绿泥石、萤石、石英、绢云母	方铅矿、铁闪锌矿、白铁矿、黄铁矿	赵一鸣等，2012
佛子冲	广西岭溪	Pb-Zn-Ag	0.33Mt Pb+Zn	2.39% Pb; 4.39% Zn	似层状产于奥陶系灰岩、泥质粉砂岩和黑色板岩中	透辉石、透闪石、阳起石、石榴子石、石英、方解石、绿泥石	方铅矿、闪锌矿、黄铁矿、磁黄铁矿、毒砂	李玉平等，1993
夏山	福建政和	Pb-Zn	中型	1.15% Pb; 3.36% Zn	似层状、透镜状产于建瓯群大理岩中	石榴子石、透辉石、绿泥石	方铅矿、闪锌矿、黄铁矿	郑开旗和周乐生, 1987
康家湾	湖南常宁	Pb-Zn-Au-Ag	0.5Mt Pb; 0.5Mt Zn; 150t Ag; 30t Au	3.65 g/t Au; 3.9% Pb; 4.5% Zn; 86.8g/t Ag	似层状、透镜状产于二叠系栖霞组灰岩中	透辉石、透闪石、阳起石、石榴子石、石英、方解石	方铅矿、闪锌矿、黄铁矿，少量磁黄铁矿、黄铜矿、辉铜矿	Zhang et al., 2007
焦里	江西上犹	W-Pb-Zn-Ag	>0.3Mt Pb+Zn; >1000t Ag	1.17% Pb; 0.75% Zn; 69.52g/t Ag	似层状、透镜状产于上寒武统灰岩中	石榴子石、透辉石、萤石、石英、方解石、绿泥石、绿帘石	方铅矿、闪锌矿、白钨矿、磁黄铁矿、黄铁矿	丰成友等, 2012
拉么	广西南丹	Zn	0.6Mt Zn	4.5% Zn	层状、似层状产于岩体与泥盆系碳酸岩地层接触带或附近	透辉石、石榴子石、绿帘石、电气石、石英	闪锌矿、黄铜矿、磁黄铁矿、黄铁矿、方铅矿、毒砂	李明琴等, 1997
许桥	安徽池州	Ag-Pb-Zn	中型	—	呈透镜状产于岩体与奥陶系灰岩接触带	透辉石、石榴子石、石英、绿泥石、方解石	闪锌矿、方铅矿、黄铁矿	赵一鸣等, 2001
迂里	江苏苏州	Ag-Pb-Zn-Cu	中型	—	呈透镜状产于岩体与石炭-二叠系灰岩接触带或附近	透辉石、石榴子石、阳起石、绿帘石、石英、绢云母、方解石	闪锌矿、方铅矿、黄铁矿	赵一鸣等, 2001

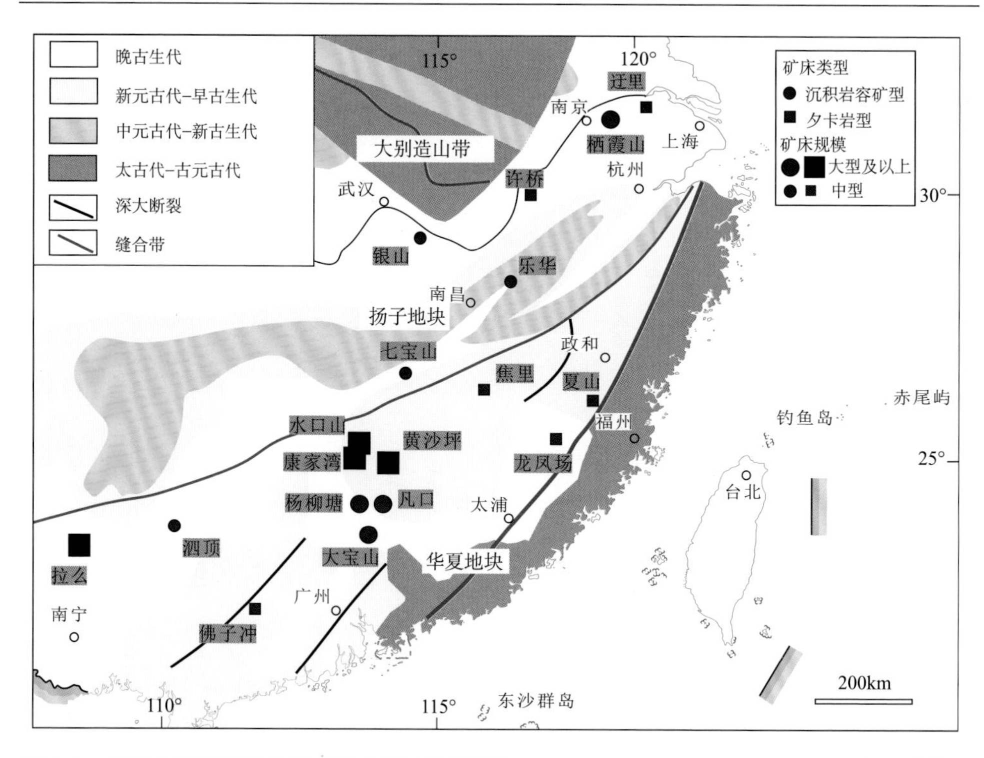

图 1-3　华南主要层状铅锌矿床分布图（数据引自 Gu et al., 2007；Zaw et al.，2007；赵一鸣等，2012）

类型主要为硅化、碳酸岩化、绢云母化等。这些特征暗示了同生的喷流沉积作用是此类层状矿床主要成矿作用。与以铜铁矿化为主的层状矿床中常发育中生代花岗岩并出现叠加改造的特征不同（Gu et al.，2007），此类铅锌矿床中发育的岩浆活动较少，矿体表现出的改造现象也较少。

栖霞山铅锌矿床发育典型的层状矿体，出现条带状、层纹状矿化，层状矿体的围岩蚀变类型主要为硅化、碳酸岩化、绢云母化和绿泥石化，未发现夕卡岩矿物，也未发现燕山期岩体，与典型喷流沉积矿床相似，因此栖霞山的成矿曾被归为与喷流沉积作用相关（Gu et al.，2007）。

1.3.2　夕卡岩型铅锌矿

华南夕卡岩型铅锌矿体主要呈层状、似层状，局部为透镜状或脉状，产于燕山期花岗岩类侵入体与碳酸盐岩的外接触带，或者产于离侵入体接触带有一定距离的碳酸盐围岩的断裂构造裂隙带中。夕卡岩化蚀变发育，以锰质夕卡岩矿物为主，如锰钙铁辉石、锰透辉石、锰钙辉石、钙蔷薇辉石、蔷薇辉石、锰铝榴石和锰阳起石等。容矿围岩时代变化较大，寒武纪、奥陶纪、泥盆纪、石炭-二叠纪和三叠纪均有，但主要以石炭-二叠纪为主。这些特征表明其成矿与燕山期岩浆热液活动关系密切（赵一鸣等，2001，2017）。

该类矿床在南岭地区和长江中下游地区均有分布。南岭地区分布有水口山、康家湾和黄沙坪等大型矿床，另外在一些重要的W、Sn矿床，如香花岭、柿竹园等夕卡岩型钨锡矿床，外围也常发育夕卡岩型铅锌矿床。从西向东，南岭地区铅锌钨锡矿化具有明显分带性，西部桂北地区拉么矿区以Sn、Pb-Zn、Ag矿化为主，中部湖南黄沙坪一带以W、Sn、Pb-Zn、Ag矿化为主，东部赣南焦里矿区则为W、Pb-Zn、Ag矿化（赵一鸣等，2001）。长江中下游地区也是该类矿床的分布区，规模通常较小，出现如许桥和迂里铅锌银夕卡岩型矿床；另外，该区的夕卡岩型铁铜矿床远端也发育夕卡岩型铅锌矿化，构成“二位一体”成矿系列，典型矿床为铜山口和城门山等（赵一鸣等，1990）。

虽然长江中下游一些层控矿床被认为与夕卡岩成矿作用联系密切，但是栖霞山铅锌矿床之前未发现典型的夕卡岩矿物，并且矿区内部也未有岩体出露，因此多数研究并不倾向认为栖霞山铅锌矿与夕卡岩成矿作用相关（Gu et al.，2007）。但是，最新的勘探结果显示，栖霞山矿区局部存在典型的夕卡岩矿物和较高温的铜矿化，与夕卡岩矿床有诸多相似之处。

1.4 栖霞山铅锌矿研究基础

栖霞山铅锌矿地处宁镇地区。该区为江苏省宁镇山脉主体部分，西起南京市，经镇江市东至常州市武进区孟河镇，南止宁镇山脉南部边缘，自西向东延伸长达150 km左右（徐莺，2010）。宁镇地区属于长江中下游成矿带一部分，其大地构造位置位于扬子地块东段北缘，北邻华北克拉通。该地区是长江中下游金属成矿带的重要组成部分，在岩体、构造和地层等有利的成矿地质条件下，形成了一大批铁、铜、铅、锌、金、银、钼等多金属矿床，已探明的大中小型矿床及矿点有40余处，如大型栖霞山铅锌矿、中型铜山铜钼矿、中型安基山铜矿、中型伏牛山铜矿、中型韦岗铁矿、小型百合山铁矿、小型朱家边铁矿、北巷铜矿点、胄王山铜矿点及老人峰铜矿点（魏新良等，2016）。

宁镇地区岩浆岩的研究程度比较高，近年来有一大批学者对该地区岩浆岩及其与成矿的关系开展了大量研究（徐莺，2010；曾键年等，2013；孙洋等，2014；王小龙等，2014；关俊朋等，2015；陈志洪等，2017）。这些研究探讨了以下几个方面：①成矿关系最密切的岩石类型为石英闪长岩类，安基山、伏牛山和铜山岩体是区内具有找矿潜力的岩体（徐莺，2010）；②铁铜铅锌多金属成矿作用与早白垩世晚期（110～100Ma）中酸性岩浆活动密切相关，是长江中下游成矿带大规模岩浆活动中最晚期岩浆作用的产物（曾键年等，2013；孙洋等，2014；王小龙等，2014；关俊朋等，2015）；③该区的成矿背景主要是与太平洋板片俯冲有关的岩石圈伸展的动力学背景（曾键年等，2013；王小龙等，2014；关俊朋等，2015；陈志洪等，2017）。上述研究都指示着宁镇地区的燕山期岩浆活动强烈，而且对金属成矿作用有重要的意义。因此，有必要对该地区规模最大的栖霞山层状铅锌矿开展研究，探讨燕山期岩浆作用对其金属成矿的贡献程度。

1.4.1 勘查工作历史

栖霞山矿区由一个小型地表氧化锰矿发展成大型的铅锌银矿床，经历了数十年的发现、发展过程，是几代人、多家地勘单位共同工作的成果。

1. 浅表锰矿勘查

早在 1932 年，著名地质学家李四光等就在栖霞山地区进行过地质调查工作，发现多条铁锰帽矿体。1947 年，关士聪对栖霞山锰矿进行了初步勘查，著有《江苏江宁栖霞山锰矿初勘简报》。

2. 铅锌矿勘查

1948 年，谢家荣先生在该区发现地表氧化铅锌矿。

1949 年，王植、申庆荣、龚铮等做了地表揭露，对平山头氧化铅锌矿露头进行了圈定。

1950 年，华东资源勘测处在平山头一带施工了 12 个浅孔，对氧化铅锌矿露头的下部进行揭露控制，其中有 1 个孔发现了原生铅锌矿，著有《栖霞山地质调查及钻探工作报告》。

1952 年，严济南著有《栖霞山铅锌锰矿初步研究简报》。

1958～1959 年，江苏省地质局南京地质队在平山头一带（2～25 线）以 50m 间距作槽探揭露，并施工 12 个钻孔，编有《南京栖霞山铅锌锰矿地质普查勘探报告》。

1960 年，为保证矿山生产和建设需要，成立矿山地质队，以“锰矿为锰帽类型，其深部为多金属矿”的找矿思路，在虎爪山矿段（14～18 线）施工 5 个孔，在不整合面构造，锰帽的深部见到原生铅锌矿体。

1963 年，矿山地质队并入江苏省冶金地质勘探公司八一〇队，在进一步研究矿床地质特征之后，认为逆断层及不整合面构造是控矿的重要部位。经过 1963～1964 年找矿检验，施工 11 个孔，10 个孔见到了较好的矿体，到 1965 年底初步确定铅锌矿远景为中-大型。为继续扩大矿区远景，1964 年江苏省冶金地质勘探公司物探队在矿区及其外围，进行 1/2000 和 1/10000 物化探找矿工作，方法有磁法、感应电法、自电、联剖、激发极化法和化探次生晕等，在物化探工作和地质综合研究基础上，八一〇队在北象山、南象山、甘家巷、大凹山等处进行了钻探深部找矿，施工钻孔 7 个总进尺 2112 m。其中，甘家巷、大凹山 ZK107 孔在不整合面见到了 5.12 m 厚的铅锌矿体。

1963～1966 年，南京铅锌锰矿在+137 m、+97 m、+14 m 和–28 m 等标高，施工探矿坑道 1822 m，提交了《南京栖霞山氧化锰矿地质总结报告》，获得锰矿石量 54 万 t（1980 年前已采完）。

1963～1990 年 12 月，八一〇队对虎爪山矿段外围的峨嵋山、三茅宫、北象山等 3 个地段进行了矿产地质调查，完成的主要工作量为：钻探 16724.87 m（40 个孔）、槽探 5197 m^3，提交了《南京市栖霞山矿区外围地质概查报告》，对主要控矿构造 F_2 断层的含矿性有了初步了解和认识。

1973～1980 年，八一〇队对虎爪山矿段进行了详细勘探，投入的主要工作量（含历年普查、详查）有：1/2000 地质测量 7.22 km^2、钻探 44232.13 m（110 个孔，其中探矿钻孔 97 个）、坑内钻 5867.6 m（114 个孔），坑探 1703.70 m（–125 m、–175 m 中段），提交了《江苏省南京市栖霞山矿区虎爪山矿段详细勘探地质报告》，探获 A+B+C+D 级铅锌矿矿石量 1614.0 万 t，金属量 115.7 万 t，其中铅 40.7 万 t（品位 2.583%），锌 75.0 万 t（品位 4.888%）；获得 B+C+D 级硫矿石量 725.4 万 t；铅锌矿中伴生金 10.52 t、银 1275 t；硫矿中伴生金 4.25 t、银 516 t。

1973～1975 年，江苏省地质局第一地质队在大凹山地区施工钻探 10386.4 m，在象山群砂岩中及不整合面上见到多金属矿体，1978 年编写了《南京栖霞山大凹山多金属矿地质普查工作小结》。

1979～1982 年，江苏省地质局第一地质队继续在大凹山地区开展普查工作，1982 年 12 月提交了《江苏省南京市东郊大凹山铅锌硫多金属矿详细普查地质报告》，获得 D 级铅金属量 21.93 万 t，锌金属量 35.73 万 t，硫矿石量 586.13 万 t，铜金属量 0.07 万 t。

1979～1981 年，八一〇队对甘家巷矿段进行了普查，局部进行了详查，完成 1/5000 地质测量 8 km^2、1/5000 水文地质测量 7 km^2、施工钻孔 46 个，总进尺 22596.40 m，提交了《江苏省南京市栖霞山铅锌矿区甘家巷矿段初步地质勘探报告》，探获 C+D 级铅锌金属储量 31.9 万 t。

1982～1988 年，八一〇队在甘家巷矿段进行了详查，完成钻探 17933.14 m，共 32 个孔，提交了《江苏省南京市栖霞山铅锌矿区甘家巷矿段详查地质报告》，探获 C+D 级铅锌金属量 59.17 万 t。

2001～2003 年，华东有色地质矿产勘查开发院对甘家巷矿段 138～158 线首采地段进行加密控制，施工钻孔 11 个，进尺 3937.47 m，提交《江苏省南京市甘家巷铅锌矿区 138～158 线详查地质报告》，获（332+333）铅锌矿金属资源储量 27.7 万 t。2007 年提交了《江苏省南京市甘家巷铅锌矿区 138～158 线预可行性研究报告》和《〈江苏省南京市甘家巷铅锌矿区 138～158 线预可行性研究报告〉资源储量升级说明书》。

3. 金、银矿勘查

1987～1990 年，华东有色地质矿产勘查开发院八一〇队对平山头银金矿段进行了详查，投入主要工作量：1/2000 地质测量（修测）2.4 km^2、钻探 5528.72 m（27 个孔），槽探 1847.10 m^3，提交了《江苏省南京市栖霞山矿区平山头银金矿段详查地质报告书》，探获 C+D+E 级银矿石量 181.78 万 t，银金属量 428.3 t（Ag 品位 235.63 g/t），银矿共生金 4316.7 kg（Au 品位 2.375 g/t），独立金矿体的金储量 555.5 kg（Au 品位 4.198 g/t）；探获 C+D 级铅锌矿矿石量 181.8 万 t，铅金属量 3.77 万 t，锌金属量 4.60 万 t。

1991～1993 年，八一〇队在甘家巷矿段南缘西库 176～196 线开展了银矿普查，完成钻孔 3 个，计 1547.3 m，提交了《南京栖霞山矿区西库银矿地质普查报告》，获得 E 级银矿石储量 54 万 t，银金属量 170.5 t。

4. 核实、核查及深部勘查

2007 年 9 月，华东有色地质矿产勘查开发院提交《江苏省南京市甘家巷铅锌矿区资源储量核实报告》，获得 114～166 线（122b + 333）铅锌矿金属资源储量 39.7 万 t。

2007 年，南京栖霞山锌阳铅锌矿业有限公司对栖霞山铅锌矿区虎爪山矿段保有资源储量进行了检测，提交了《江苏省南京市栖霞山铅锌矿区虎爪山矿段资源储量检测报告》。备案号为“苏国土资储备字[2007]24 号”，备案资源/储量为：（111b + 122b + 333）铅锌矿矿石量 604 万 t，铅金属量 196351 t，锌金属量 343658 t，硫量 140.2 万 t，伴生银金属量 569 kg，伴生金金属量 5430 kg；（2S22 + 333）硫矿石量 406.2 万 t，硫量 135.5 万 t，铅金属量 14665 t，锌金属量 17183 t，伴生银金属量 259 kg，金金属量 3015 kg；（2S22）铅锌氧化矿矿石量 192.4 万 t，铅金属量

1.6 万 t，锌金属量 16.6 万 t。

2010 年，华东有色地质矿产勘查开发院对虎爪山矿段采矿权证内矿产资源进行了资源储量核实，平山头矿段核实范围为 21～0 线，标高为 172～-50 m，虎爪山矿段核实范围为 22～46 线，标高为-375～-721 m，提交了《江苏省南京市栖霞山铅锌矿区虎爪山、平山头矿段铅锌硫矿资源储量核实报告》。备案号为“国土资储备字[2010]346 号”，备案资源/储量为：①虎爪山矿段：（111b + 122b + 333）铅锌矿矿石量 487.8 万 t，铅金属量 147560 t，锌金属量 240722 t。其中 111b 类型矿石量 190.7 万 t，铅金属量 61190 t，锌金属量 103314 t；122b 类型矿石量 145.4 万 t，铅金属量 39771 t，锌金属量 61794 t；333 类型矿石量 151.7 万 t，铅金属量 46599 t，锌金属量 75614 t。（332 + 333）硫矿石量 385.7 万 t。其中 332 类型矿石量 265.2 万 t；333 类型矿石量 120.5 万 t。②平山头矿段：（332 + 333）银矿石量 152.8 万 t。其中 332 类型矿石量 59.8 万 t，银金属量 165147 kg；333 类型矿石量 93.0 万 t，银金属量 198314 kg。333 金矿石量 8.3 万 t，金金属量 339 kg。（332 + 333）铅锌矿矿石量 79.3 万 t。其中 332 类型矿石量 15.3 万 t，铅金属量 1430 t，锌金属量 5249 t；333 类型矿石量 64.0 万 t，铅金属量 4708 t，锌金属量 37765 t。

2010 年，华东有色地质矿产勘查开发院对甘家巷矿段的资源储量进行了核查，提交了《江苏省南京市栖霞山铅锌矿区甘家巷—大凹山矿段核查区资源储量核查报告》，经核查，栖霞山铅锌矿区甘家巷—大凹山矿段，截至 2009 年 12 月 31 日共获得（122b+333）铅锌矿矿石量 632.73 万 t，铅金属量 20.18 万 t，锌金属量 29.38 万 t；共获得 333 硫矿石量 57.76 万 t，硫量 10.24 万 t；铅锌矿中伴生铜金属量 1.4 万 t、金金属量 3.1 t、银金属量 353.5 t。

2008～2011 年，江苏华东地质调查集团有限公司（原华东有色地质矿产勘查开发院）在虎爪山矿段开展了危机矿山接替资源勘查工作，完成钻探 1524.75 m、坑探 3141.18 m。提交了《江苏省南京市栖霞山铅锌矿接替资源勘查报告》，资源量估算范围为虎爪山矿段 34～54 线，标高-525～-850 m，对比 2010 年提交的《江苏省南京市栖霞山铅锌矿区虎爪山、平山头矿段铅锌硫矿资源储量核实报告》，探获新增资源量为：铅锌矿矿石量共 311.5 万 t，铅金属量 94517.2 t，锌金属量 143308.1 t；硫矿石量共 29.1 万 t，平均品位 37.93%；铅锌矿和硫矿中伴生矿产资源量为铜金属量 2642.7 t、金金属量 4359.1 kg、银金属量 287308.0 kg，新增资源量达中型规模。

2012～2013 年，在危机矿山接替资源勘查取得良好成果的基础上，结合 2012 年度老矿山项目的实施，南京银茂铅锌矿业有限公司委托江苏华东基础地质勘查有限公司在虎爪山矿段开展了深部详查工作，完成钻探 1627.33 m、坑探 390.20 m、基本分析样 750 件，资源量估算范围为 26～54 线，标高–475～–1017 m，提交了《江苏省南京市栖霞山铅锌矿区虎爪山矿段深部详查地质报告》,“苏国土资储备字[2013]30 号” 备案的保有资源/储量详见表 1-2、表 1-3，其中伴生金 12 t，银 1113 t，铜 1.5 万 t。

表 1-2　截至 2013 年 5 月 31 日虎爪山矿段铅锌矿保有资源/储量估算结果表

矿种	范围	储量类型	矿石量/万 t	金属量/t		平均品位/%	
				Pb	Zn	Pb	Zn
Pb+Zn	证内	111b	305.09	73184	118796	2.40	3.89
		122b	270.07	160475	252995	5.94	9.37
		333	59.40	49221	75684	8.29	12.74
	证外	332	21.23	10196	16857	4.80	7.94
		333	119.34	89501	135015	7.50	11.31
	证内	111b+122b+333	634.56	282880	447475	4.46	7.05
	证外	332+333	140.57	99697	151872	7.09	10.80
	∑	111b+122b+332+333	775.13	382577	599347	4.94	7.73

表 1-3　截至 2013 年 5 月 31 日虎爪山矿段硫、锰矿保有资源/储量估算结果表

矿种	范围	储量类型	矿石量/万 t	金属量/t		平均品位/%	
				S	Mn	S	Mn
S	证内	332	207.91	751829		36.16	
		333	58.30	178721		30.65	
		332+333	266.21	930550		34.96	
	证外	333	5.95	11649		19.58	
	∑	332+333	272.16	942199		34.62	
Mn	证内	333	36.17		58816		16.26
	证外	333	9.28		14556		15.69
	∑	333	45.44		73372		16.15

2012～2016 年，江苏华东地质调查集团有限公司在栖霞山矿区虎爪山矿段深部开展了接替资源勘查工作，完成坑探 1724.2 m，钻探 10626.0 m，并于 2016 年 7 月提交了《江苏省南京市栖霞山铅锌矿接替资源勘查报告（2012—2014）》，探获新增铅+锌金属量 118.73 万 t，其中铅金属量 46.81 万 t，锌金属量 71.92 万 t。

总体而言，栖霞山矿区的找矿勘查过程如下。

20 世纪 60 年代：找到了平山头矿段的地表锰矿和氧化铅锌矿，并将氧化锰矿与氧化铅锌矿联系考虑，提出了“锰矿为锰帽类型，其深部为多金属矿”的找矿思路。

20 世纪 70 年代：沿矿体北西倾向找到了虎爪山矿段大型原生铅锌矿。在总结矿床地质特征后，认为五通组或高骊山组与石炭-二叠系灰岩之间的北东向纵断裂 F_2 及象山群砂岩与石炭-二叠系灰岩间的不整合面是控矿重要部位，打开了找矿思路。

20 世纪 70 年代末至 80 年代初：在虎爪山矿段西部找到了甘家巷中型铅锌矿。

20 世纪 80 年代末：在平山头地段找到了中型银金矿。

20 世纪 90 年代初：在甘家巷南缘又找到了西库小型银矿床。

2007～2016 年：通过接替资源勘查工作，在虎爪山矿段深部又取得了重大找矿突破，累计探获新增铅+锌资源储量 142.51 万 t。

综合以往勘查成果，整个栖霞山矿区共探获铅金属量 122.4 万 t、锌金属量 195.14 万 t、硫矿石量 900.1 万 t、锰矿石量 99.44 万 t、银金属量 3856.94 t [独立银矿+共（伴）生]、金金属量 34.74 t [独立金矿+共（伴）生]，矿床规模达到超大型。

1.4.2　栖霞山铅锌矿开发利用简史及现状

20 世纪 30～40 年代，日本侵略者在栖霞山地区掠夺式大量开采浅部锰矿资源，未发现铅锌矿。

矿山企业南京银茂铅锌矿业有限公司是一家大型采选联合企业，始建于 1957 年，最早开采虎爪山矿段露天氧化锰矿，1960 年逐步转入坑内开采，1971 年开始兼采地下铅锌矿，最初采选能力 50～150 t/d，经过三次技改、扩建，规模达到目前的 35 万 t/a，采用上向水平分层充填采矿法，选矿采用铅、锌、硫优先浮选工艺，主要产品为铅精矿、锌精矿、硫精矿和锰精矿等。

矿山采矿范围为虎爪山矿段 21～54 线，标高 172～–775 m。截至 2016 年 5 月 31 日，虎爪山矿段 12～46 线–475 m 中段以上为采空区，–475～–575 m 仅剩部分矿柱及砥柱，–625 m 中段为待采中段。累计消耗：铅锌矿矿石量 916.74 万 t，铅金属量 33.39 万 t，锌金属量 60.99 万 t；硫矿石量 554.94 万 t。保有资源储量为：铅锌矿矿石量 1235.67 万 t，铅金属量 65.06 万 t，锌金属量 100.18 万 t；硫矿石量 287.40 万 t；锰矿石量 55.56 万 t。

1.4.3 绿色矿山建设及资源节约集约利用

栖霞山位于南京市栖霞区，古称摄山，被誉为“金陵第一明秀山”，南朝时山中建有“栖霞精舍”，因此得名，在明代被列为“金陵四十八景”之一，有“一座栖霞山、半部金陵史”的美誉，是国家AAAA级旅游景区、中国四大赏枫胜地之一。在这样一个风景秀美、历史文化底蕴深厚的著名景区中，鲜有人知存在着华东地区最大的铅锌多金属矿床——栖霞山铅锌矿（图1-4）。

图1-4　南京市栖霞山全貌

矿山企业南京银茂铅锌矿业有限公司坚持实施生态保护型开发矿产资源，实现了选矿废水、尾矿和采掘废石的资源化利用和零排放，建成了无地表破坏、无尾矿库、无废石场、无废水排放的绿色花园式矿山（图1-5、图1-6），消除了矿山开发对环境的污染，有效保护了生态环境，使地下资源开发与矿区生态环境保护达到和谐统一、完美融合，取得了显著的经济和社会环境效益。

同时，矿山企业南京银茂铅锌矿业有限公司坚持科技创新，实现铅锌矿共伴生资源的高效综合回收利用，先后获得国土资源部2006年“全国矿产资源合理开发利用先进企业”，2012年“矿产资源节约与综合利用优秀矿山企业”、中国有色金属工业协会2012年“中国有色金属矿产资源开发利用先进单位”等荣誉称号。

图 1-5 栖霞山铅锌矿选矿厂储矿池

图 1-6 栖霞山铅锌矿选矿车间

1. 开采工艺的科学化

20 世纪 80 年代前，采矿方法主要为露采、地下中深孔爆破空场法，存在安全隐患和环境破坏，从 1983 年开始，采用上向水平分层胶结充填采矿法，并对富矿段采用无间柱阶梯连续式上向水平分层充填法采矿。开采新工艺研究与应用不仅消除了地表塌陷，有效保护了地表环境，还提高了采矿回收率。同时，矿山把历史遗留的15万m^3老空区也全部胶结充填填实，并建立地表位移监测系统，有效保护了风景区及矿区安全。

2. 资源利用的高效化和生产工艺的环保化

针对栖霞山复杂多金属铅锌硫化矿存在的分离难度大、工艺复杂、有价伴生元素多的难题,矿山企业发明了铅锌硫化矿分流分速高浓度分步调控浮选新技术,并开发了高品位硫精矿烧渣回收铁、浮选尾矿磁选回收锰等一整套综合回收硫、铁、锰、铜、金、银的新技术，提高了共伴生硫、铁、锰、铜、金、银等有价元素综合回收率，在铅锌多金属矿综合利用技术方面取得突破，率先建成铅锌多金属资源高效开发与综合利用示范矿山。

3. 矿山废水、尾矿、废石处理的资源化

矿山企业开发出铅锌多金属矿选矿废水无排放资源化快速分质循环利用技术，实现了全部废水无排放的资源化利用，既消除了环境污染，又改善了选矿指标，降低了废水处理和选矿成本，节约了新鲜水资源消耗，建成国内首座选矿水全部循环利用、无废水排放、新鲜水消耗最低的铅锌多金属矿山（图1-7）。开发了金属矿山全部尾矿、废石短流程利用技术，不断创新充填采矿工艺技术，开拓尾矿用于建材生产的新途径，实现尾矿、废渣综合利用和零排放。采矿废石直接充填井下采场，实现废石不出窿零排放。

4. 矿产资源开发与生态环境协调发展

矿山企业积极履行社会责任，注重和谐矿区建设与低碳发展。矿区的清洁、绿化、后勤等工作外包给当地居委会；公司的道路清洁、生产物资的下货等大部分由当地村民承包；与栖霞区石埠桥村结成共建对子，“城乡企村携手，共建文明”，企业注入资金110万元，用于文化活动室、道路、泄洪工程等建设；矿山企业为附近村民每人每月提供3 t水、25kW·h电的补贴；改造职工医院，解决栖霞街道居民看病难、看病贵的问题。目前，当地村民生活环境和生活质量得到较大改善，村企和谐共处。

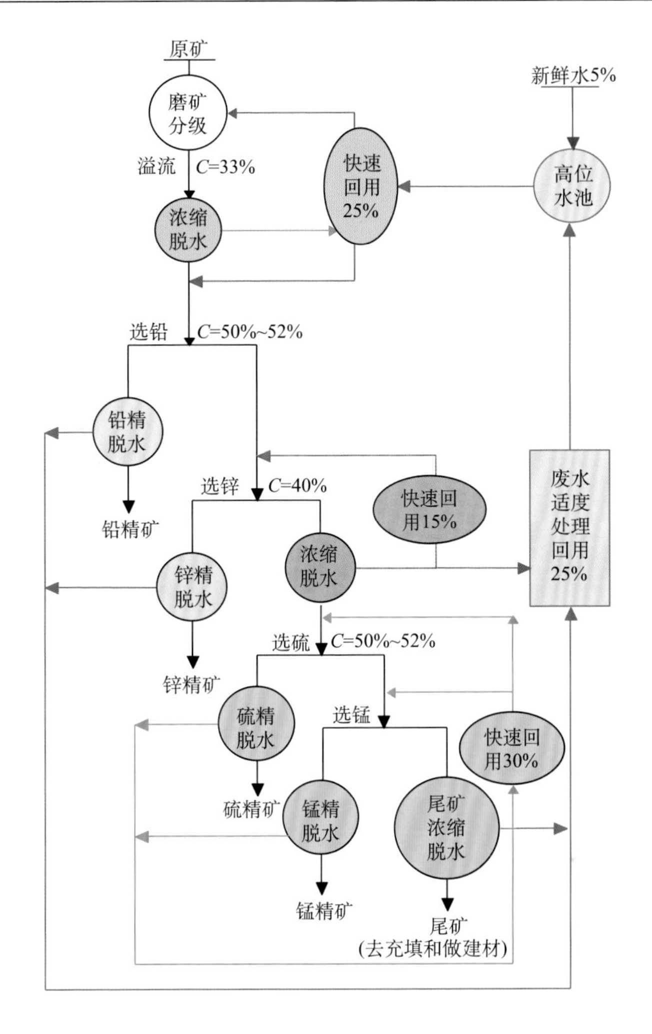

图 1-7　栖霞山铅锌矿选矿废水分质快速回用流程图

1.4.4　研究现状

江苏栖霞山铅锌矿位于长江中下游成矿带最东端的宁镇矿集区，是华东地区规模最大的铅锌多金属矿床。该矿床自发现至今，前人在矿床学、岩石学、矿床地球化学、流体包裹体、地球物理等方面对其做了大量的研究工作，积累了翔实的资料，并就矿床成因进行了探讨（刘孝善等，1979；杨元昭，1986，1989；肖振民等，1983，1996；谢树成和殷鸿福，1997）。

矿化特征：栖霞山矿体上部主要受上下构造层之间的不整合面控制，中下部主要受纵向断裂 F_2 控制（肖振民等，1996）。矿石类型主要为结核状、层纹状矿石，脉状、网脉状矿石和浸染状矿石等（刘孝善等，1979）。矿石中保留有一些同生沉积结构，如层纹状矿石中的草莓状黄铁矿；但也出现了多种热液充填交代现象（刘孝善等，1979）。成矿过程复杂，总体划分为 3 个成矿期，为同生沉积期—沉积期、热液成矿期、表生成矿期。

同位素地球化学：前人对硫、铅、碳、氢、氧等同位素均进行了详细的研究，揭示出复杂的物质和流体来源（肖振民等，1996）。栖霞山矿石矿物硫同位素具有很大变化范围，尤其出现在黄铁矿中，其中草莓状黄铁矿具有较大负值；而其他金属矿物，如方铅矿、闪锌矿和黄铜矿硫同位素变化小。铅同位素集中，具有深部来源的铅同位素组成。氢氧同位素具有较大变化范围，具有多源流体混合特征。碳同位素接近海相碳酸岩，指示成矿溶液中的碳主要来源于海相碳酸盐地层。

流体包裹体：不同脉石和矿石矿物中流体包裹体特征揭示出栖霞山矿床成矿流体具有低温、低盐度特征；包裹体群分析显示流体成分富 Ca^{2+}和 SO_4^{2-}，低 K^+和 F^-（肖振民等，1996）。另外，在包裹体中发现了来源于地层中藻类生物的有机质，暗示了成矿与石炭-二叠系碳酸盐岩地层的成因联系（谢树成和殷鸿福，1997）。

岩石学方面：矿区中主要为石炭系碳酸岩地层，通过对赋矿地层的地球化学分析，显示其中含有高于正常沉积同类岩石平均含量的几倍到几十倍的金属含量（如银、铜、铅、锌、锰等），被认为是极为重要的矿源层（肖振民等，1983）。但是，尚未见文献报道矿区中出现侵入岩。

地球物理方面：地球物理数据提供了栖霞山深部具有侵入岩存在的证据，矿区低缓的磁异常被认为是由埋深在 2000 m 以下的、规模较大的燕山期深成侵入岩体引起的（杨元昭，1986，1989）。

矿床成因方面：针对栖霞山复杂的矿化现象、同位素特征和流体特征，前人提出了多种矿床成因模型，归纳主要有以下 3 种模式：①后生层控矿床模式认为在石炭-二叠系形成了含铅锌丰度较高的岩层，之后尤其是燕山期，成矿热液受到深部岩浆热动力驱动，使初始分散的铅锌元素活化富集（王之田，1980；蔡彩雯，1983；肖振民等，1983；刘孝善和陈诸麒，1985；郭晓山等，1985，1990）；②同生沉积矿床模式（SEDEX 型）认为成矿主要在石炭系同生沉积阶段，在海底热水沉积过程中形成（Gu et al.，2007；桂长杰，2012）；③中低温热液型认为成矿流体和成矿物质来自于燕山期的隐伏岩体，硅钙面控制了矿体的产出（叶水泉和曾正海，2000；徐忠发和曾正海，2006；张明超等，2013；张明超，2015）。

综上，前人对栖霞山进行了全面的研究并积累了翔实的研究资料，但是鉴于栖霞山复杂的矿化现象，其成因类型依然具有较大争议。以往的研究工作主要针对浅部矿体开展，随着近年深部找矿勘查不断取得突破，深部矿体就位机制缺乏研究，因此，难以构建全面的成矿模型。此外，栖霞山矿区的矿化类型复杂，存在多期叠加改造的现象，而传统的全岩元素同位素的分析方法难以精细区分不同成矿阶段叠加情况。

目前，栖霞山铅锌矿深部找矿取得重大突破，揭示的矿体深度较之前延伸了近一倍；最新的原位测试方法也为精细限定成矿流体特征、流体和金属来源、流体演化和金属富集过程提供了手段。这些新的进展为深入理解成矿过程和构建综合的成矿模型提供了新视角。另外，自专著《长江下游地区栖霞山式铅锌铜矿床成矿条件、找矿模式、成矿预测》出版以来，近30余年未有专著系统地对其矿化特征、成矿过程和模型进行梳理和总结。因此，本书在系统总结前人成果的基础上，结合最新的深部勘查与原位分析研究成果，全面反映矿床的地质和矿化特征，探讨和构建栖霞山铅锌矿的成矿过程和成因模式。

第 2 章　区域地质背景

2.1　区域构造演化历史

栖霞山铅锌矿所属宁镇矿集区，其大地构造位置处于扬子地块东段北缘与华北克拉通东段南缘相接地带（图 2-1）。该矿集区西起南京，向东经龙潭、高资、镇江达武进孟河，东西长约 100 km，南北宽约 30 km。区内中部山峦起伏，总体呈向北突出的弧形，即所谓"宁镇弧形山脉"，其北邻长江大断裂，西南靠宁芜火山岩盆地。在成矿区带划分上，属于环太平洋构造岩浆活动成矿带组成部分，长江中下游铁、铜、铅锌、金多金属成矿带。栖霞山矿区位于长江中下游成矿带的最东端，宁镇矿集区的西北部。

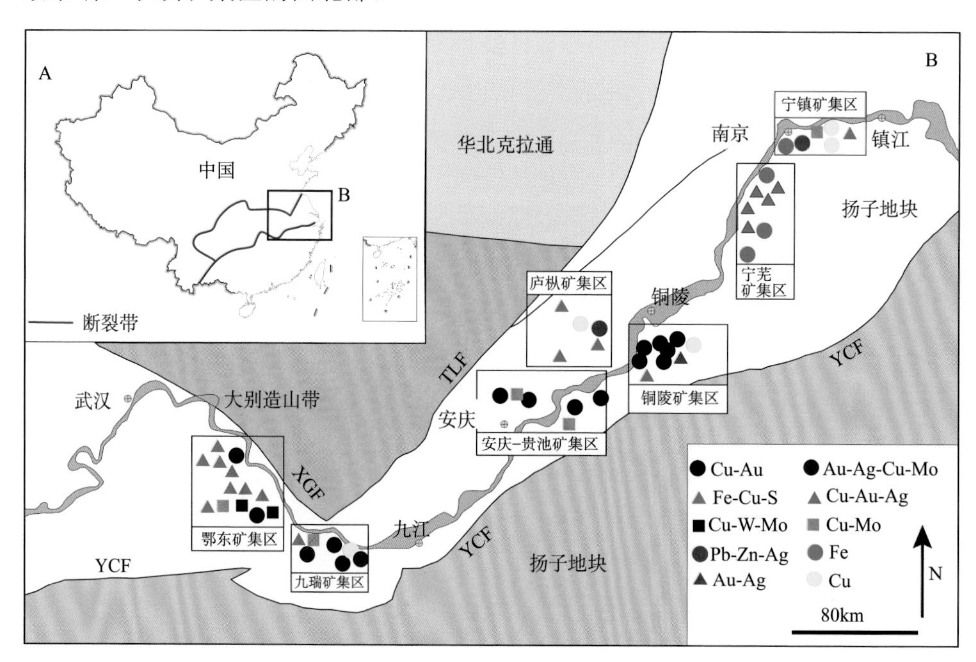

图 2-1　扬子地块和邻区大地构造分区及矿集区分布简图（据毛景文等，2009 改编）

TLF. 郯城-庐江断裂；XGF. 襄樊-广济断裂；YCF. 阳新-常州断裂

宁镇地区自早震旦世开始，地壳运动主要为轻微升降运动，海侵海退沉积旋回发育完整，构造运动相对稳定。至志留纪末期，华南地区强烈的加里东水平构造运动使得该区海水退却成陆地，并遭受风化剥蚀。早、中泥盆世沉积不发育，晚泥盆世至中三叠世后期为止，主要以地层沉积为主，晚泥盆世以平原型河流沉积和大型湖泊沉积为主，形成上泥盆统的石英砂岩和页岩。早石炭世本区处于海陆交互地带，形成具滨岸沉积特征的下石炭统灰岩、砂页岩。中石炭世至早二叠世为浅海碳酸盐岩沉积。早二叠世末期还堆积含锰磷沉积物。晚二叠世本区地壳上升堆积了含煤沉积。晚二叠世后期至中三叠世后期，本区又以浅海特征沉积为主。

中生代印支运动使该区地壳运动由升降运动转向水平运动，青龙组及以前的地层全部参加到褶皱之中，形成了宁镇山脉褶皱的雏形。南象运动使包括上三叠统在内的所有地层褶皱，使得宁镇山脉的构造格架全面形成。象山群沉积以后直至白垩纪末期，地壳运动频繁，断裂活动极其发育。

早侏罗世-晚白垩世燕山运动时，该区主要为断裂活动，由于深大断裂切割，地壳深部的岩浆沿断裂带上升，形成多期次岩浆活动。特别以燕山晚期表现最为强烈，为该区岩浆活动的主要时期，该区主要内生金属成矿作用与该期岩浆活动关系密切（王小龙等，2014；孙洋等，2014）。

2.2　区 域 地 层

宁镇地区最老的地层为下-中元古界埤城群，为一套具轻微混合岩化的浅变质岩系，构成基底，盖层由震旦系-第四系浅变质岩-沉积岩系组成（表2-1）。其中，奥陶系-三叠系为一套海相碳酸盐岩、碎屑岩和陆相碎屑岩建造，厚约2000 m，大面积出露于隆起区的复背斜部位；侏罗系-白垩系以陆相碎屑岩堆积为主，次为火山岩，分布于复向斜间和宁镇隆起四周的火山岩盆地内；新生界古近系、新近系出露零星，第四系则广布全区，以湖相、冰缘融冻堆积、冲积相为主。

震旦系分布于镇江以东，谏壁—埤城一带，为一套海相碳酸盐岩和碎屑岩建造，厚800 m以上，砂页岩经轻微变质成千枚岩，年龄时限为（6.12 ± 0.2）亿年，地层中的铜、铅、锌、锰等金属元素丰度比区域内其他地层都高，可视为铅锌等的“矿源层”。在埤城—孟河一带的震旦系地层中发现多处铅锌矿点，如马迹山、倪山，它们的矿石铅模式年龄分别为6.71亿年和6.88亿年（郭晓山，1982）；寒武系分布于高家边—仑山及汤山一带，为一套海相碳酸盐岩、碎屑岩和陆相碎屑岩建造，厚约500 m，出露于隆起区的复背斜部位。

表 2-1　宁镇地区地层简表

界	系	统	组（群）	代号	主要岩性
新生界	第四系	全新统	下蜀组	Q_4	砾、砂砾、细砂、粉砂质亚黏土
新生界	第四系	上更新统	下蜀组	Q_3x	黏土、粉砂质亚黏土
新生界	第四系	中更新统	下蜀组	Q_2	泥砾、含粉砂亚黏土
新生界	新近系	上新统	方山组	N_2f	玄武岩
新生界	新近系	上新统	雨花台组	N_2y	砾石、含砾粗砂夹粉砂
新生界	古近系	渐新统	三垛组	E_3s	钙质粉砂岩
中生界	白垩系	上统	赤山组	K_2c	粉砂岩、细砂岩
中生界	白垩系	上统	浦口组	K_2p	砾岩、砂砾岩夹细砂岩
中生界	白垩系	下统	圌山组	K_1c	角砾岩、钙泥质粉砂岩、砾岩
中生界	白垩系	下统	上党组 四段	K_1s^4	英安流纹质角砾熔岩夹橄榄玄武岩
中生界	白垩系	下统	上党组 三段	K_1s^3	岩屑砂岩、含石英粗面岩
中生界	白垩系	下统	上党组 二段	K_1s^2	钙质砂岩、石英粗安岩、沉火山角砾岩
中生界	白垩系	下统	上党组 一段	K_1s^1	石英安山质集块角砾岩、石英安山岩
中生界	白垩系	下统	杨冲组	K_1y	钙质粉砂岩夹砂灰岩、砾岩
中生界	侏罗系	上统	大王山组	J_3d	粗面岩、粗安岩、安山岩、角砾岩
中生界	侏罗系	上统	云合山组	J_3y	角砾岩、凝灰质含砾砂岩、凝灰质粉砂岩
中生界	侏罗系	上统	龙王山组	J_3l	火山角砾岩、凝灰岩、安山岩
中生界	侏罗系	上统	西横山组	J_3x	钙质粉砂岩夹砾岩、火山角砾岩
中生界	侏罗系	中下统	象山群 上段	$J_{1\text{-}2}xn^3$	岩屑砂岩、泥质粉砂岩、含砾长石石英砂岩
中生界	侏罗系	中下统	象山群 中段	$J_{1\text{-}2}xn^2$	粉砂岩、石英砂岩夹碳质页岩
中生界	侏罗系	中下统	象山群 下段	$J_{1\text{-}2}xn^1$	石英砂岩、砾岩
中生界	三叠系	上统	范家塘组	T_3f	粉细砂岩夹泥岩
中生界	三叠系	中统	黄马青组	T_2h	粉细砂岩、钙质粉砂质泥岩夹泥岩
中生界	三叠系	中统	周冲村组	T_2z	角砾灰岩、泥质灰岩、泥灰岩夹粉砂质泥岩
中生界	三叠系	下统	上青龙组 上段	T_1s^2	灰岩夹蠕虫状灰岩、含泥质灰岩夹钙质泥岩
中生界	三叠系	下统	上青龙组 下段	T_1s^1	含泥质灰岩与钙质泥岩互层
中生界	三叠系	下统	下青龙组	T_1x	灰岩、泥灰岩、钙质泥岩夹泥质灰岩
古生界	二叠系	上统	大隆组	P_2d	页岩、硅质页岩、泥质粉砂岩
古生界	二叠系	上统	龙潭组	P_2l	粉、细砂岩，碳质页岩夹灰岩
古生界	二叠系	下统	堰桥组	P_1y	粉、细砂岩，粉砂质页岩
古生界	二叠系	下统	孤峰组	P_1g	硅质页岩、燧石岩
古生界	二叠系	下统	栖霞组	P_1q	含燧石结核灰岩夹燧石岩

续表

界	系	统	组（群）	代号	主要岩性
古生界	石炭系	上统	船山组	C_3c	灰岩、含球状结核灰岩
		中统	黄龙组	C_2h	灰岩、粗晶灰岩
			丁山组	C_2d	白云岩
		下统	老虎洞组	C_1l	白云岩含燧石团块
			和州组	C_1h	泥质灰岩、泥灰岩夹钙质泥岩
			高骊山组	C_1g	粉砂岩、粉砂质泥岩夹黏土岩、铁质砂岩
			金陵组	C_1j	灰岩、铁质粉砂岩
	泥盆系	上统	五通组 上段	D_3w^2	泥质粉砂岩、石英细砂岩
			五通组 下段	D_3w^1	中粗粒石英砂岩、含砾石英砂岩
	志留系	上统	茅山组	S_3m	粉、细砂岩，含铁泥质粉砂岩
		中统	坟头组 上段	S_2f^2	页岩、粉砂质页岩、泥质粉砂岩
			坟头组 下段	S_2f^1	细砂岩夹粉细砂岩
		下统	高家边组	S_1g	页岩、粉砂质页岩、粉细砂岩
	奥陶系	上统	五峰组	O_3w	硅质岩、硅质页岩、页岩
			汤头组	O_3t	页岩、泥岩夹瘤状泥灰岩、黏土岩
		中统	宝塔组 上段	O_2b^2	瘤状泥灰岩、钙质泥灰岩
			宝塔组 下段	O_2b^1	龟裂纹状灰岩、泥质灰岩、瘤状泥灰岩
			大田坝组	O_2d	灰岩及似瘤状泥质生物碎屑灰岩
		下统	牯牛潭组	O_1g	生物灰岩、泥灰岩、白云质灰岩
			大湾组	O_1d	结晶生物碎屑灰岩、泥灰岩、泥岩
			红花园组	O_1h	灰岩、生物碎屑灰岩
			仑山组	O_1l	灰质白云岩、白云岩、白云质灰岩
	寒武系	中上统	观音台群	$\in_{2\text{-}3}gn$	灰色中薄-厚层白云岩，底部夹灰质白云岩，含燧石结核及条带
		下统	炮台山组	$\in_1p$	灰黄色泥质白云岩、灰色中薄层白云岩夹灰质白云岩
			幕府山组 上段	$\in_1m^2$	灰色中薄层白云岩夹硅质页岩、泥岩，顶、底部为磷块岩
			幕府山组 下段	$\in_1m^1$	灰、灰黄色页岩为主，夹灰、灰黑色硅质页岩、碳质页岩及石煤层、灰岩，底部含砂砾岩、铁质砂泥岩
上元古界	震旦系	上统	灯影组	Z_2dn	灰、灰白色薄-厚层白云岩、藻白云岩夹内碎屑白云岩、泥质白云岩、白云质灰岩，含燧石结合、条带及藻礁
			陡山沱组 上段	Z_2d^2	上部深灰色内碎灰岩、灰岩夹白云质灰岩，偶夹泥灰岩，含硅质岩结核及团块；下部灰黄、深灰色砂质泥质灰岩、泥质灰岩相间夹内碎屑灰岩、泥灰岩、泥岩，偶夹泥质白云岩
			陡山沱组 下段	Z_2d^1	上部灰黄、深灰色千枚状泥岩、千枚状粉砂质泥岩夹泥灰岩、砂灰岩薄层或透镜体，顶部夹层增多；下部灰、灰黑色千枚状泥岩夹铁锰质泥岩及含铁锰质白云岩，底部为含铁锰质白云岩

续表

界	系	统	组（群）	代号	主要岩性
上元古界	震旦系	下统	南沱组	Z_1n	上部浅灰、灰绿色含砾千枚状泥质粉砂岩，偏上局部夹含铁质长石砂岩透镜体及细砂岩条带，顶部为含砾千枚状砂质泥岩；下部灰、灰绿色含砾千枚状砂质泥岩夹千枚状砂质泥岩，偏上夹石英砂岩条带
			莲沱组	Z_1l	上部灰、深灰色绢云千枚岩，夹千枚状泥质粉砂岩，局部夹白云石大理岩；中部灰白、灰绿色变质（钙质）长石砂岩夹千枚状砂质泥岩；下部灰、灰绿、灰紫色变质长石砂岩夹千枚状砂质泥岩，底部为含砾砂岩
中-下元古界			埤城群	$Pt_{1-2}pc$	上部深灰色斜（钠）长绢云片岩、阳起片岩、绿泥片岩夹斜长变粒岩，偶夹绿泥大理岩；中部深灰、灰绿色斜长变粒岩，夹磷灰石黑云角闪岩；下部深灰、灰黑色角山斜长变粒岩、斜长角闪岩，夹黑云片岩

区内矿床主要赋存于古生界地层当中且有 3 个主要的赋矿层位，如图 2-2 所示：①高骊山组；②黄龙组底部；③栖霞组顶部。栖霞山矿区最主要的赋矿层位为黄龙组和高骊山组。

2.3　区 域 构 造

宁镇地区自印支运动开始，构造变形就比较强烈，特别是印支晚期南象运动和燕山运动，奠定了该区的基本构造格局，喜马拉雅运动也对该区构造格局的最终定型有一定的影响，发育有大量的褶皱和断裂构造。

2.3.1　褶皱构造

褶皱构造主要由轴向总体近东西向的三个复背斜和二个复向斜（简称“三背二向”）组成，即自北而南为龙潭—仓头复背斜、范家塘复向斜、宝华山—巢凤山—石头岗复背斜、华墅—亭子复向斜、汤山—仑山复背斜（图 2-3）。背斜核部通常由志留系组成，翼部为泥盆-二叠系；向斜核部地层通常为三叠系，翼部由石炭-二叠系组成。背斜紧闭，地层陡倾，甚至发生倒转；向斜开阔，地层平缓。因为后期褶皱变形叠加、多组断裂发育和大面积岩浆侵入破坏，褶皱形态复杂，连续性和完整性均被破坏。

界	系	统	地层名称	代号	厚度/m	柱状图	岩性段	含矿性
古生界	二叠系	上统	龙潭组	P_2l	＞80	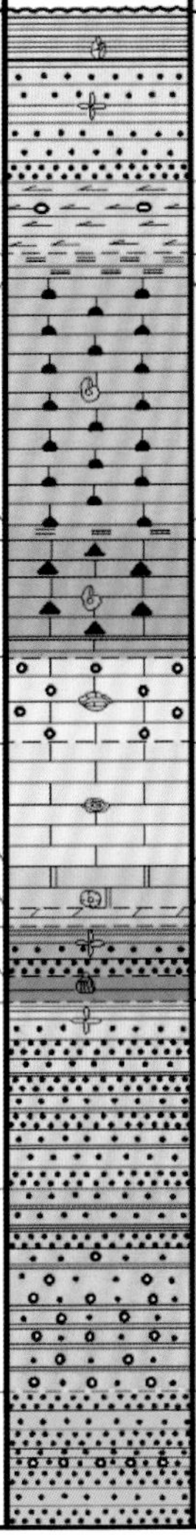	砂页岩	
		下统	孤峰组	P_1g	35		硅质页岩	
			栖霞组	P_1q^4	11		上硅质层	赋存铅锌硫锰矿体
				P_1q^3	117		燧石灰岩	
				P_1q^2	5.5~8		下硅质岩	
				P_1q^1	50~58		沥青质灰岩	
	石炭系	上统	船山组	C_3c	40		黑白相间灰岩	
		中统	黄龙组	C_2h^2	55~60		纯灰岩	黄龙组为最佳含矿层位
				C_2h	6~21		白云岩粗晶灰岩	
		下统	和州组	C_1h	2~5		泥灰岩	含层纹状粉砂岩，黄铁矿透镜体及菱铁矿、铁菱锰矿小透镜体
			高骊山组	C_1g	15~25		杂色砂页岩	
			金陵组	C_1j	0~10		灰黑色结晶灰岩	
	泥盆系	上统	五通组	D_3w^2	15~60		深灰色砂页岩 石英岩状砂岩夹页岩、粉砂岩互层	
				D_3w^1	45~50		含砾石英岩状砂岩夹页岩、粉砂岩	
	志留系	中上统	坟头组	S_2f	未见底		细粉砂岩	

图 2-2　宁镇地区古生界地层柱状图及主要赋矿层位

2.3.2　断裂构造

区内断裂构造主要有4组，分别为近东西向、近南北向、北东向及北西向。①近东西向断裂：这组断裂发育规模通常比较大，走向延伸可达数十千米，大部分贯穿整个宁镇山脉。②近南北向断裂：该组断裂是宁镇分布最为密集的一组断

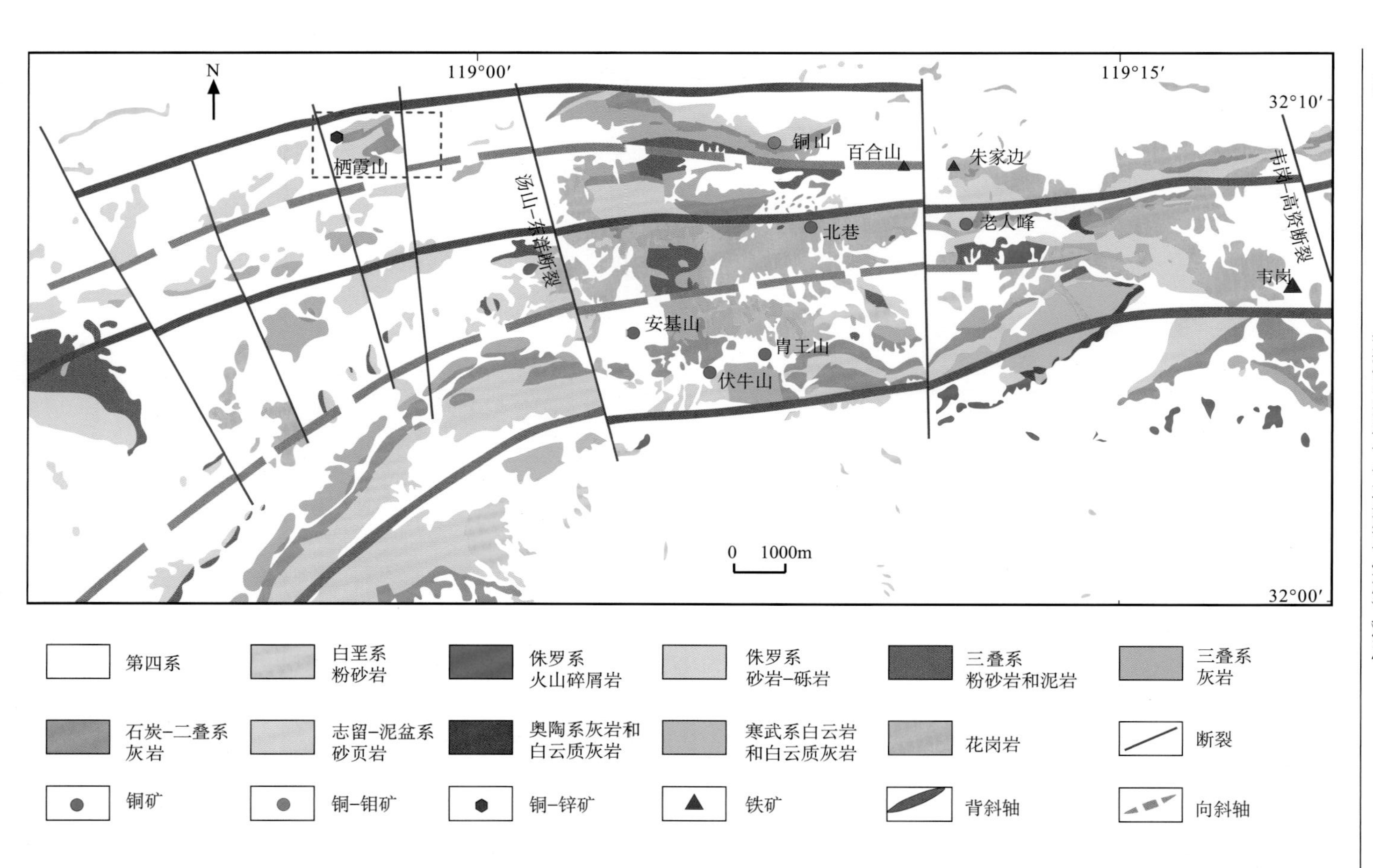

图 2-3　宁镇地区综合地质图

裂，尤以该区北侧更加发育。这组断裂横切近东西向褶皱，走向往往随弧形褶皱的轴向偏转略为偏转，弧顶及其附近主要为南北向。这组断裂除晚期发育者明显穿切岩体和破坏矿体外，早期形成者具有明显的控岩控矿作用，不但被脉岩充填，在部分矿区还见其成为容矿构造。③北西向断裂：北西向断裂在宁镇中段发育密度较小，主要分布在东、西两端，它们明显控制北北西向的岩体与地层接触边界，但又常成为切割岩体的冲沟，第四系沿其呈断续线状分布。早期形成的北西向断裂控岩控矿作用比较显著，除控制北西向岩脉外，其在部分矿区还充当矿化边界断裂，其东侧矿化边界即为北西向断裂。④北东向断裂：宁镇中段北东向断裂形迹稀少，这些断裂可成为上侏罗统地层分布的边界，常为北东向的岩体与地层接触边界断裂，具有明显的控岩控矿作用，但具有多次活动特征，可切割岩体，并有第四系沿断裂带断续线状分布。宁镇地区绝大多数内生矿床呈近东西向分布，与宁镇地区隆褶带展布方向一致，反映了成矿与区域构造之间的内在联系。

2.4　区域岩浆岩

该区燕山期岩浆活动频繁，从早白垩世开始至晚白垩世结束（145～64 Ma）（江苏省地质矿产局，1989）。喜马拉雅期只有微弱的基性岩浆活动，属中新世（11.3～13.1 Ma）。燕山期侵入岩的时代可分为早、晚两期，早期形成辉长岩、橄榄辉长岩、辉石岩、闪长岩、角闪岩等，年龄为 145 Ma；晚期有三次侵入活动，第一次形成（石英）闪长玢岩，第二次形成花岗闪长岩、二长花岗岩及石英闪长岩，年龄为 123～92 Ma，第三次形成碱长花岗（斑）岩、辉绿岩、流纹斑岩，年龄为 88～64 Ma。本区岩浆活动以燕山晚期最为强烈，中酸性岩浆侵入体分布广泛，此外还有陆相火山岩产出，主要发育于中生代的次级断陷盆地中。

总体来说，燕山期岩浆活动产生了一套从超基性至酸性岩石组合，主要为中酸性岩类。根据控岩条件和时空分布规律，划分为西（紫金山地区，中-基性岩区）、中（汤山—镇江，中酸性岩区）、东（镇江—谏壁，酸性岩区）3 个岩区（图 2-3、表 2-2～表 2-4）。分布面积约为 700 km^2，多呈岩株产生，近东西向展布。岩浆岩的成因类型属幔源型和同熔型，与之有关的成矿系列为 Fe-Cu、Pb、Zn-Au、Ag-（W）、Mo。

表 2-2　宁镇地区中生代主要侵入岩年龄统计表

岩体名称	岩石类型	测试对象	测试方法	年龄/Ma	参考文献
板仓杂岩体	辉石闪长岩	锆石	LA-ICPMS	121.2±0.85	孙洋等，2017
	辉长岩	全岩	K-Ar	114.7	江苏省区域地质调查队，1974
	橄榄辉绿岩	全岩	K-Ar	145.0	安徽省区域地质调查队，1977
麒麟门杂岩体	石英闪长斑岩	黑云母	K-Ar	102.0	江苏省区域地质调查队，1974
	石英二长斑岩	黑云母	K-Ar	115.0	安徽省区域地质调查队，1977
安基山杂岩体	花岗闪长斑岩	锆石	SHRIMP	106.9±0.9	曾键年等，2013
	花岗闪长斑岩	锆石	LA-ICPMS	108.9±1.0	本书
	花岗闪长斑岩	全岩	Rb-Sr	111.0±1.0	叶水泉，1999
	石英闪长玢岩	全岩	K-Ar	92.0	江苏地质矿产局，1984
	石英闪长玢岩	锆石	LA-ICPMS	105.7±0.8	王小龙等，2014
	花岗闪长斑岩	锆石	LA-ICPMS	108.8±1.2	刘建敏等，2014
石马杂岩体	斑状花岗闪长岩	锆石	LA-ICPMS	101.6±1.1	孙洋等，2014
	斑状花岗闪长岩	锆石	LA-ICPMS	101.6±1.1	王小龙等，2014
	花岗闪长岩	锆石	LA-ICPMS	108.4±2.2	本书
	石英闪长斑岩	全岩	K-Ar	84.9	江苏地质矿产局，1984
	石英闪长岩	黑云母	K-Ar	82.8	江苏地质矿产局，1984
下蜀-高资杂岩体	花岗闪长斑岩	黑云母	K-Ar	86.2	江苏地质矿产局，1984
	石英闪长玢岩	锆石	LA-ICPMS	109.1±1.9	王小龙等，2014
	石英闪长玢岩	锆石	LA-ICPMS	109.1±1.9	孙洋等，2014
谏壁杂岩体	二长花岗岩	黑云母	Rb-Sr	105.22	江苏省地质矿产局，1989
	二长花岗岩	全岩	K-Ar	102.1	江苏省地质矿产局，1989
	黑云母二长花岗岩	黑云母	Rb-Sr	113.0±22	真允庆等，1988

表 2-3　宁镇地区燕山期侵入岩期次及岩体划分

侵入时代		西区		中区				东区
		板仓杂岩体	麒麟门杂岩体	安基山杂岩体	高资杂岩体	新桥杂岩体	石马杂岩体	谏壁杂岩体
燕山晚期	第三次		碱长花岗斑岩		细粒晶洞花岗岩		钾长花岗斑岩	花岗斑岩
	第二次	花岗闪长斑岩、石英闪长斑岩	花岗闪长斑岩、石英闪长斑岩	花岗闪长斑岩、石英闪长斑岩	二长花岗岩、花岗闪长斑岩、石英闪长斑岩	花岗闪长斑岩	花岗闪长斑岩、石英闪长斑岩	二长花岗（斑）岩、花岗闪长斑岩、石英闪长斑岩
	第一次	钠化（石英）闪长玢岩	钠化（石英）闪长玢岩			钠化闪长玢岩	钠化（石英）闪长玢岩	（石英）闪长玢岩
燕山早期		辉长岩、辉石岩、闪长岩、橄榄辉长岩、角闪岩						

表 2-4 宁镇地区岩浆活动旋回和期次划分

<table>
<tr><th rowspan="2">时代</th><th colspan="3">西区火山岩</th><th colspan="3">中-东区火山岩</th><th colspan="4">侵入岩</th></tr>
<tr><th>旋回</th><th>岩类</th><th>年龄/Ma</th><th>旋回</th><th>岩类</th><th>年龄/Ma</th><th colspan="2">期次</th><th>岩类</th><th>年龄/Ma</th></tr>
<tr><td>中新世</td><td>方山</td><td>橄榄玄武岩</td><td></td><td>方山</td><td>橄榄玄武岩</td><td>13.7～11.3</td><td colspan="2">喜马拉雅期</td><td>玻基橄辉玢岩、煌斑岩</td><td>44.5</td></tr>
<tr><td>晚白垩世</td><td>娘娘山</td><td>含白榴石粗面质碎屑岩</td><td></td><td>圌山</td><td>流纹岩、英安流纹岩、玄武岩</td><td>96～64</td><td rowspan="3">燕山晚期</td><td>第三次</td><td>碱长花岗（斑）岩、辉绿岩、流纹斑岩</td><td>88～64</td></tr>
<tr><td rowspan="4">早白垩世</td><td rowspan="2">姑山</td><td rowspan="2">石英安山岩</td><td rowspan="2">117～112</td><td rowspan="2">上党</td><td rowspan="2">石英粗面岩、石英粗安岩、石英安山岩</td><td rowspan="2">114～98</td><td>第二次</td><td>花岗闪长岩、二长花岗岩、石英闪长岩</td><td>123～92</td></tr>
<tr><td>第一次</td><td>（石英）闪长玢岩</td><td></td></tr>
<tr><td>大王山</td><td>辉石安山岩</td><td>124.6</td><td colspan="3" rowspan="2"></td><td colspan="2" rowspan="2">燕山早期</td><td rowspan="2"></td><td rowspan="2">145</td></tr>
<tr><td>龙王山</td><td>角闪安山岩</td><td></td></tr>
</table>

西区：包括板仓杂岩体和麒麟门杂岩体，主要岩石类型为辉长岩、闪长岩、闪长玢岩、石英闪长玢岩及碱性花岗岩，自老而新岩石以基性-中性-中酸性-酸性偏碱性方向演化。有关的矿产主要是铁、硫、铅、锌。

中区：侵入岩大面积分布，包括安基山杂岩体、高资杂岩体、新桥杂岩体及石马杂岩体，主要岩石类型为闪长玢岩、石英闪长玢岩、石英二长岩、花岗闪长斑岩及花岗岩等。岩石从中性向中酸性、酸性方向演化，有关的矿产主要为铜、钼、铅、锌、黄铁矿及铁矿等。

东区：主要为谏壁杂岩体，西自九华山，东到粮山，南接上党火山岩盆地，北临长江，部分岩枝抵达象山及焦山。岩体东西长约 15 km，南北宽约 10 km，基岩面积 82 km^2 以上，其主要岩石类型为花岗闪长斑岩及二长花岗斑岩等。

西区主要侵入体的岩石结构为斑状，基质具微粒、隐晶、霏细结构，指示其剥蚀深度较浅；中区岩石结构主要为斑状、似斑状，基质细粒-中细粒，指示剥蚀深度中等；东区侵入体岩石结构为似斑状和等粒状，中粗粒，指示其剥蚀深度较深。宁镇地区侵入岩体剥蚀程度东深西浅、北深南浅。东部已经剥蚀到岩体的中深部，而南西部只剥蚀了岩体的浅部，栖霞山铅锌矿区所属的宁镇西部侵入岩体剥蚀程度较浅。

栖霞山矿区内未出露岩体，在甘家巷矿段地表及个别钻孔深部仅见少量闪长玢岩岩脉，矿区东南 6 km 处出露有燕山期花岗闪长岩，西南 9 km 处有辉石闪长岩。

2.5　区域地球物理特征

据重力测量资料宁镇地区主体为低缓重力正异常区，四周则为重力负异常区（图 2-4），正、负异常的边界大体上分别与宁镇地穹、周边地洼边界相吻合，在尧化门—栖霞—龙潭—下蜀一线以北，为大致呈北东向延伸的重力负异常区。

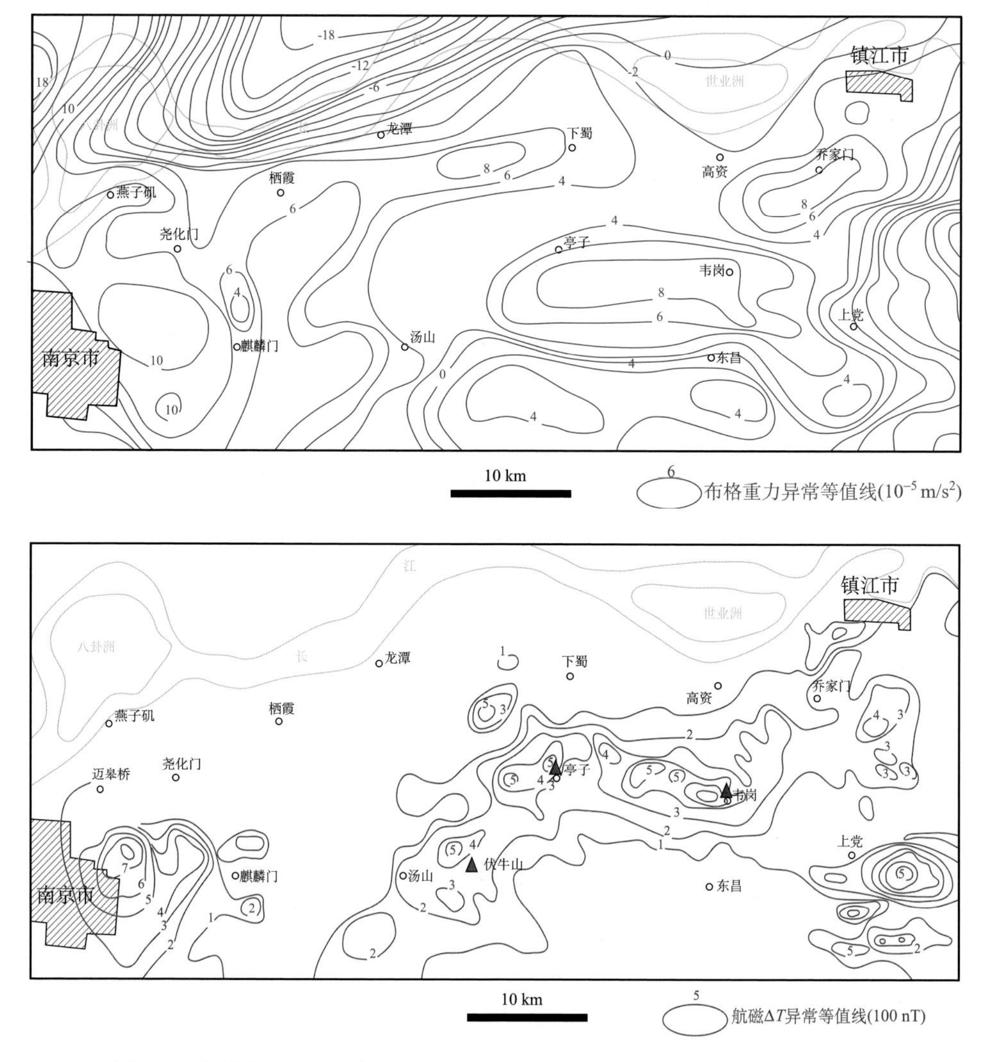

图 2-4　宁镇地区重力、航磁异常图（据 1∶5 万重力、1∶20 万航磁资料）

从宁镇中段的磁异常分布变化特点来看，栖霞、龙潭周边找矿的航磁异常信息相对缺乏，而其他各岩体周边则有比较丰富的磁异常信息可以利用。结合该区同多金属矿床的成矿元素组合特征分析，不难发现，高强度磁异常主要与 Fe-S、Fe-Cu-S 及 Cu-Mo-S 组合有关，如韦岗和亭子均为铁矿，汤山旁的伏牛山矿为铜矿（图 2-4）。浅部磁铁矿和/或磁黄铁矿化显然是该区高强度磁异常产生的关键原因。因此，高强度正磁异常是宁镇中段中北部及东部 Fe-Cu-Mo-S 矿化组合成矿预测的重要有效信息。

2.6　区域矿产特征

宁镇地区是长江中下游多金属成矿带的重要组成部分，在岩体、构造和层位等有利的成矿地质条件下，形成了大量的铁、铜、铅、锌、金、银、钼等多金属内生矿床。已知的矿床（点）有 40 多处，其中已探明储量的有栖霞山铅锌矿床、铜山铜钼矿、安基山铜矿、仓头铜钼矿、九华山铜矿、伏牛山铜矿、韦岗铁矿床、谏壁钼矿等（图 2-3、表 2-5）。其中栖霞山铅锌矿探明铅锌资源量达 260 万 t，是长江中下游成矿带中规模最大的铅锌矿床。

表 2-5　宁镇地区主要矿床（点）特征概述

成矿类型	矿床名称（规模）	成矿时代	赋矿围岩	与成矿有关岩体
接触交代—夕卡岩型	丹徒韦岗铁矿（中型）	—	赋存于花岗闪长斑岩和大理岩接触带的夕卡岩中	石马杂岩体
	镇江巢凤山铁矿（小型）	—	矿体主要产于花岗闪长斑岩与青龙组灰岩及栖霞组灰岩接触带中	
接触交代（夕卡岩）—热液交代型	南京岔路口硫铁矿（中型）	—	产于周冲村组角砾状灰岩、白云质灰岩或膏盐层中，闪长岩类是黄铁矿体的成矿母岩	板仓杂岩体
	江宁安基山铜矿（中型）	辉钼矿 Re-Os：（108±2）Ma	夕卡岩矿体赋存于岩体与碳酸盐岩接触带的夕卡岩中，斑岩型矿体赋存于斑岩体的内外接触带中	安基山杂岩体
	江宁伏牛山铜矿（中型）	—	赋存于中酸性侵入体与灰岩接触带的夕卡岩中	
	句容铜山钼铜矿（中型）	辉钼矿 Re-Os：（106±2）Ma	产于石英闪长玢岩与栖霞组灰岩间的外接触带中	下蜀—高资杂岩体
	下蜀盘龙岗铜矿（小型）	—	矿体主要赋存于花岗闪长斑岩与志留系高家边组、坟头组角岩化泥质粉砂岩的超覆接触带内侧	安基山杂岩体

续表

成矿类型	矿床名称（规模）	成矿时代	赋矿围岩	与成矿有关岩体
接触交代（夕卡岩）—热液交代型	南京红山铁矿点（小型）	—	铁矿体主要产于闪长斑岩与黄龙组灰岩接触带中	板仓杂岩体
	南京蒋王庙铁矿（矿点）	—	铁矿体主要产于辉石闪长岩中	
	镇江九华山多金属矿（矿点）	—	矿体产于石英闪长玢岩与二叠系灰岩之间的接触带中	九华山—谏壁杂岩体
	南京九华山铜矿（矿点）	—	矿体产于花岗闪长岩斑岩与二叠系灰岩之间的接触带中	安基山杂岩体
热液交代型	谏壁钼钨矿床（中小型）	—	钼矿体主要赋存于震旦系地层下覆的二长花岗岩中	九华山—谏壁杂岩体
	句容老人峰铜矿（小型）	—	矿体主要赋存在花岗闪长斑岩中	安基山杂岩体
热液型	南京栖霞山铅锌矿（大型）	—	主要赋存于下构造层纵断裂带及上下构造层断碎不整合面复合部位——硅钙面	

随成矿地质条件和物理化学环境的不同，在不同的部位形成不同类型的矿床。斑岩体内形成斑岩型铜、钼矿床，如谏壁钼矿、猴子石铜钼矿、盘龙岗铜矿等；接触带附近形成夕卡岩型铜、铁矿床，如铜山铜钼矿、安基山铜矿、伏牛山铜矿等；石炭-二叠系灰岩中的纵向断裂带上形成断裂构造控制的热液型铅、锌矿床，如栖霞山铅锌矿、老人峰铅锌矿等。

第3章　矿 床 地 质

3.1　矿区地质特征

3.1.1　矿区地层

栖霞山矿区主要发育志留系至侏罗系地层，可分为上下两个构造层。下构造层由志留系至三叠系海相碳酸盐岩及碎屑沉积岩、陆相碎屑沉积岩和海陆交互相沉积岩组成，其中志留-二叠系地层主要出露在平山头地区，呈北东向展布，三叠系地层出露于矿区南部外围；上构造层由侏罗系陆相碎屑岩和少量火山岩组成，出露在矿区东北部、西南部及南部的边缘，呈北东向展布（图 3-1）。其中，石炭纪黄龙组为最主要的赋矿部位。各时代地层岩性特征分述如下。

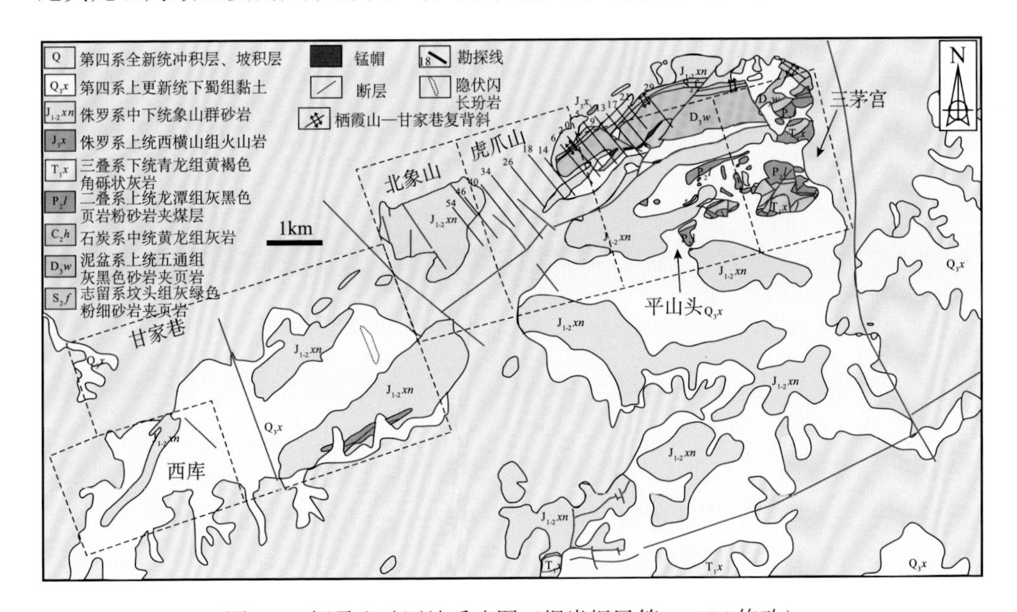

图 3-1　栖霞山矿区地质略图（据肖振民等，1996 修改）

1. 志留系

坟头组（S_2f）：分布在栖霞山北坡，矿区未见底，仅见中上部，可分为两个岩性段。

（1）下段（S_2f^1）：浅灰、灰绿色薄层细砂岩，顶部夹两层灰紫色细砂岩，厚度大于 120 m，未见底。

（2）上段（S_2f^2）：浅灰绿、棕黄色粉砂岩与细砂岩互层，单层厚 5 cm 左右，夹数层透镜状细砾岩。砾石成分为泥钙质，圆状，砾径 2～6 mm。

2. 泥盆系

五通组（D_3w）：地表出露于黑石挡—栖霞山，深部见于–625 m 中段，整体倾向北西，倾角约 80°～85°。分为上下两段，厚 176 m。五通组与下伏坟头组为假整合接触关系。

（1）下段（D_3w^1）：下部为灰白色厚层含砾石英砂岩，夹 2～3 层薄层状浅灰绿色粉砂岩和页岩。含砾稀疏，且多分布于层面附近。砾石成分以石英为主，少量燧石，磨圆度为圆至次圆状，砾径 2～30 mm，局部砾石增多时构成砾岩，底部含砾较多，分布亦较稳定。上部为灰白色厚层、巨厚层状石英砂岩，夹 4～7 层页岩或粉砂岩。砂岩局部稀疏含砾，沿层面相对集中，厚 93～98 m。

（2）上段（D_3w^2）：下部为中厚层、薄层石英砂岩与粉砂岩、页岩互层。粉砂岩、页岩呈浅灰绿色，常含斑点状、层纹状及薄层状沉积型黄铁矿，底部以石英砂岩为主，有一层较稳定的灰白色厚层石英细砂岩，具斜层理，厚 15～20 m。上部以深灰色粉砂岩、页岩为主，夹薄层、中厚层石英砂岩。局部含菱铁矿团块或透镜体，部分被热液改造或氧化成赤铁矿。顶部有一层较稳定的灰黑色碳质页岩，穿脉工程揭露厚 1～5 m，产状 320°∠70°～90°，可作为五通组与上覆金陵组或高骊山组分界的标志层，厚 78～83 m。

3. 石炭系

金陵组（C_1j）：地表未见出露，深部仅见于–625 m 中段，视厚度 10 m，产状 320°∠80°，走向发育不连续，呈透镜状。岩性主要为灰黑色结晶灰岩，底部局部有含菱铁矿、黄铁矿砂岩或薄层菱铁矿（厚 0.5～1 m），顶部局部见薄层碳质页岩（0.3 m）。金陵组与五通组为假整合接触。

高骊山组（C_1g）：地表出露在黑石挡—平山头一线以南，深部见于–625 m 中段，在钻孔中也有揭露。走向、倾向发育较为稳定，纵向上呈波状产出，标高–700 m 以上，倾向北西，倾角 70°～90°，–700 m 以下近于直立或倾向南东，局部北西，倾角 60°～90°。岩性以杂色粉砂岩、页岩和细砂岩为主，自下而上大体可分为 4 个岩性段。总厚 15～30 m。高骊山组和金陵组为假整合接触。

（1）杂色粉砂岩段：以紫红色、灰绿色或两色互杂成“花斑状”的杂色粉砂岩、页岩为主，常夹薄层浅灰绿色、灰白色微晶泥灰岩或钙质粉砂岩，并含铁锰质沉积结核或菱铁矿、菱锰矿透镜体。底部偶见紫红色含角砾的粉砂岩。该段厚5～9 m，可作为高骊山组与五通组分界的标志层。

（2）砂岩段：以浅灰色、灰色薄层、中厚层石英砂岩为主，夹粉砂岩、页岩。砂岩常含白云母小片或风化形成的白色泥质小点，成为特征的“麻点状”砂岩。本段局部为灰黑色碳质砂岩。厚4～6 m。

（3）灰色粉砂岩段：以灰色粉砂岩为主，夹紫红色、灰绿色等杂色粉砂岩，含结核状或层纹状的沉积型黄铁矿。厚5～8 m。

（4）灰黑色碳质页岩段：以灰黑色碳质页岩为主，夹深灰色含碳质的粉砂岩。含层纹状等沉积型黄铁矿。厚0.5～1.5 m。

和州组（C_1h）： 地表未见出露，主要见于探矿工程中。走向发育不连续，呈透镜状。自下而上分为4层，总厚度2～5 m。和州组与高骊山组为假整合接触。

（1）灰黑色钙质页岩与深灰色、褐灰色薄层泥灰岩互层，可作为与高骊山组的分界标志。页岩中常含粉砂状沉积型黄铁矿。厚度1～2.2 m。

（2）浅灰色灰岩或褐灰色含泥质灰岩，厚0.5～1.5 m。

（3）深灰色白云质灰岩，厚0.3～0.5 m。

（4）灰色、浅灰绿色页岩、黏土岩夹灰色灰岩，页岩含黄铁矿结核或斑点，厚0.5～1 m。

黄龙组（C_2h）： 地表出露在黑石挡—平山头一线以南，深部见于–625 m中段，走向、倾向发育较为稳定。综合以往资料，纵向上呈波状产出，标高–700 m以上，倾向北西，倾角70°～90°，–700 m以下近于直立或倾向南东，局部北西，倾角60°～90°。按岩性可分为粗晶灰岩和纯灰岩两个岩性段，其中粗晶灰岩及纯灰岩的底部为该区主要赋矿部位。黄龙组与和州组为假整合接触。

（1）粗晶灰岩段（C_2h^1）：下部为浅灰至深灰色中厚层、厚层白云质灰岩、灰质白云岩，含灰黑色或灰色燧石条带、团块或透镜体。上部为灰白色、浅灰色粗晶灰岩，粗晶结构，块状构造，主要成分为方解石，含量大于95%。局部发育灰色-灰黑色角砾岩，角砾状构造，角砾成分为灰色灰岩，多为次圆状-不规则状，大小约3.5～15 cm，含量25%～65%不等，胶结物主要为方解石，以微晶灰岩形式存在。

（2）纯灰岩段（C_2h^2）：主要为浅灰、带微红的灰白色厚层纯灰岩及生物碎屑灰岩。

船山组（C_3c）： 地表出露在黑石挡—平山头一线以南。岩性为灰黑色、灰白色相间的厚层灰岩，其中，灰白色、浅灰色灰岩单层厚1～4 m，灰黑色灰岩较薄，为 1～2m，两者互层或灰黑色灰岩呈透镜体产出，两者接触界线平行层理或呈不规则状。底部灰黑色灰岩局部含灰色生物碎屑灰岩的大团块。局部见球状构造。顶部以深灰色、灰黑色中厚层灰岩为主，厚度约 40 m。船山组底部与黄龙组之间有一古风化面，为泥钙质胶结的钙质砾岩或含砾黏土岩，厚 10～50 cm 不等，两者为假整合接触。

4. 二叠系

栖霞组（P_1q）：地表出露在黑石挡—平山头一线以南，由下而上分为 4 段。栖霞组与船山组为假整合接触。

（1）臭灰岩段（P_1q^1）：深灰、灰黑色中厚层含沥青灰岩，底部为灰黑色薄层灰岩与钙质、碳质页岩互层，厚 2 m 左右。该层可作为栖霞组与船山组的分界标志。

（2）下硅质层（P_1q^2）：下部 1 m 左右为灰黑色燧石层夹灰色灰岩透镜体，单层厚 10 cm；中部为黑色燧石层；上部为硅质岩。该段厚 5.5～8 m。

硅质岩：灰黑色，微晶结构，块状构造，局部薄层状构造，主要成分为方解石，次为泥质及少量碳质。镜下方解石主要呈微晶集合体形式，局部重结晶晶粒径较大，为 0.1～0.4 mm。局部见生物碎屑，主要为䗴类化石，䗴旋壁显微结构，呈圆形至次圆形，大小不一，由微-细晶方解石，有机质组成，分布不均匀。

（3）燧石灰岩段（P_1q^3）：以深灰色至灰黑色厚层含燧石结核灰岩为主，部分为泥质灰岩或泥灰岩。底部为不含燧石的灰黑色中厚层含硅质碎屑岩，厚 6 m 左右，该段厚 117 m。

（4）上硅质层（P_1q^4），灰黑色硅质页岩，含燧石层，硅藻页岩，夹灰色灰岩透镜体，厚 11 m。

5. 三叠系

青龙组（T_1q）：在矿区未见出露，见于矿区南部外围，岩性为灰岩、泥灰岩、钙质泥岩夹泥质灰岩、钙质泥岩等。

6. 侏罗系

象山群（$J_{1\text{-}2}xn$）：象山群与下构造层为角度不整合接触，为一套陆相碎屑沉积，总厚近千米。分为上下两组，每组又分为 3 个岩性段，各段岩性特征由下而上分述如下。

1）下部（南象山组）

第一段深灰色含砾粗砂岩段（$J_{1\text{-}2}xn^1$）：岩性为深灰色含砾粗砂岩、细砂岩、灰黑色粉砂岩及黏土岩。由粗到细构成2～4个冲积相沉积韵律。细砂岩、粉砂岩中常含层纹状或团块状黄铁矿，交错层理发育，该段厚60～130 m。

第二段深色粉、细砂岩互层段（$J_{1\text{-}2}xn^2$）：灰色细砂岩与深灰色粉砂岩、灰黑色黏土岩互层，单层厚几十厘米至数米，靠下部砂岩粒度偏粗，部分为中砂岩。本段特征为色深粒细有机质高，为湖泊沼泽相沉积，地表常风化成低地，该段厚70～115 m。

第三段浅色中砂岩段（$J_{1\text{-}2}xn^3$）：以浅灰色、灰白色中砂岩为主，夹灰色粉砂岩、细砂岩。下部深色粉、细砂岩夹层较多。岩性与第二段的区别为色浅、有机质少、中砂岩为主，系河床类型的冲击相沉积，厚80～125 m。

2）上部（北象山组）

第四段灰白色含砾砂岩段（$J_{1\text{-}2}xn^4$）：以灰白色、浅灰色中粒、粗粒砂岩或含砾砂岩为主，部分为长石石英砂岩。底部砂岩中含灰黑色粉砂岩角砾，棱角状或次棱角状，粒径1～4 cm。且有1～3层巨粒砂岩、细砾岩或砾岩。本段中部常为浅灰绿色、紫红色等杂色粉砂岩，厚154 m。

第五段杂色粉砂岩（$J_{1\text{-}2}xn^5$）：以浅灰绿、紫红、灰黄等杂色粉砂岩为主，夹浅黄色中细粒岩屑砂岩或成互层。地表风化常成低地，厚132 m。

第六段浅色中粗砂岩段（$J_{1\text{-}2}xn^6$）：灰白、浅灰色中粗粒岩屑石英砂岩，夹灰绿、紫红色粉砂质泥岩。砂岩下部含砾，局部含火山碎屑物，厚325 m。

西横山组（J_3x）：分布于矿区北部，可分为两个岩性段。

（1）砂砾岩段（J_3x^1）：为砖红色砂砾岩和浅灰色钙泥质粉砂岩互层，两者组成3个韵律层。砾岩之砾石成分为石英岩、灰岩和燧石等，分选差，粒径0.2～10 cm，棱角状或次圆状，下部灰岩砾石较多，石英砂岩砾石增多，砾石含量大于50%。粉砂岩之碎屑成分以石英为主，白云母次之，胶结物为碳酸盐、氧化铁及泥质等，厚度58 m。

（2）火山角砾岩段（J_3x^2）：为紫色沉火山角砾岩、沉凝灰岩和沉角砾凝灰岩。碎屑成分为安山岩、英安岩、霏细岩、粉砂岩角砾及岩屑、晶屑等。安山岩中角闪石斑晶完全暗化。其中，火山碎屑占70%～80%，正常沉积碎屑占15%～20%，胶结物为石英、碳酸盐和火山灰，厚度大于93 m。

7. 第四系（Q）

区内广泛分布，根据以往钻探资料，全新统冲积层（Q_4）厚30 m左右，从上到下分为 3 层：亚黏土（厚约 4 m），含淤泥的粉砂、细砂（厚约 3 m），淤泥质亚黏土（厚约 13 m）。栖霞山冲沟内或山坡上常见腐殖土或坡积物。平山头山脊上分布有棕红色、紫红色砂质黏土和棕黄色黏土，厚约 10 m。

3.1.2　矿区构造

印支运动使矿区下构造层发生强烈褶皱，并伴有以北东向断裂为主的配套脆性变形构造。燕山运动以断块作用为主，一方面使先期形成的断裂构造复活和发展；另一方面在区域引力场的作用下，形成了以横向断裂为主的断裂构造体系。

1. 褶皱及不整合构造

矿区的褶皱构造分为下构造层褶皱和上构造层褶皱，两者呈高角度不整合接触。矿区下构造层组成的栖霞山—甘家巷复式背斜为宁镇地区龙（潭）仓（头）背斜的西延部分，为倒转紧闭同斜褶皱，轴面走向北东 50°～60°，略呈弧形扭曲（图 3-2）。背斜北翼断落，南东翼略有倒转，由泥盆纪五通组-二叠纪栖霞组组成，轴面倾向北西，倾角 85°±，在倾向上具有上倒下陡、深部趋于正常的特点，在剖面上略具弧形构造特征。

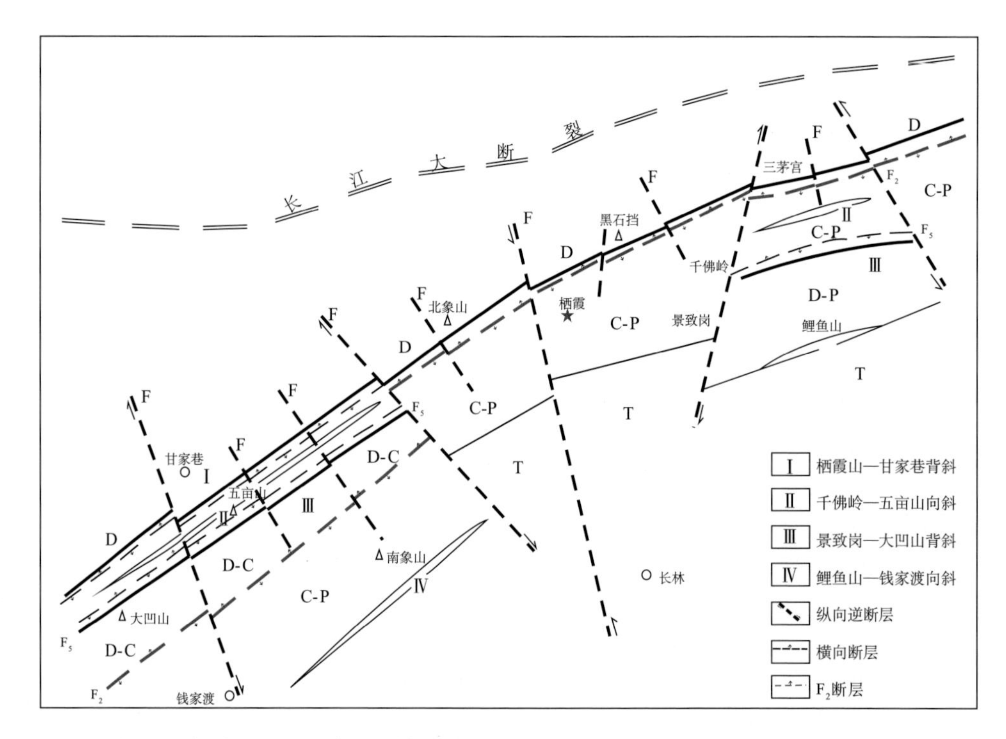

图 3-2　栖霞山矿区下构造层构造纲要示意图（据华东有色地勘局，1989 修编）

上构造层由以象山群砂页岩为主构成的褶皱形式简单，为一开阔的背斜构造，以象山群第一段为核，轴部在天鹅挡—大凹山一线，轴向北东 45°～55°。北翼地层倾向北西，倾角 30°～50°；南翼地层倾向南东 150°，倾角 40°～60°。

2. 断裂

矿区内断裂十分发育，对矿体具有控制作用。根据断裂产状及发育的地质部位划可分为 3 种类型：北东向纵断裂、北西向横断裂和断碎不整合面。这些断裂大部分在印支期强烈褶皱的后期即已产生，至燕山期又有复活发展，构成区内的控矿断裂，个别发育于成矿后的燕山晚期或喜山期。

1）北东向纵断裂

北东向纵断裂是矿区主要的控矿构造，其中以 F_2 最为重要。矿区主要矿体（约 70%），包括甘家巷矿段铅锌矿体、北象山矿段铅锌矿体、虎爪山矿段铅锌矿体和平山头矿段银金矿体，均赋存于 F_2 断裂带中。

F_2 位于栖霞山—甘家巷复式背斜的倒转翼（南翼），断层面与地层层面大致平行或呈低角度相交（一般＜20°），显示层间错动并略有逆冲，浅部为五通组砂岩、高骊山组粉砂岩逆冲到石炭系、二叠系灰岩之上，深部为高骊山组粉砂岩与石炭系黄龙组灰岩间层间错动，多被矿体占据，控制着矿体的形态，局部可见构造角砾状矿石和角砾岩（图 3-3），整体具有“层控性”。断层走向北东 50°，纵贯全区，断续延长 5000 m 以上，东部平山头地区出露地表，向西埋深逐渐增大；倾向北西，上缓下陡，局部转为南东倾，走向和倾向上均具有“尖灭再现”和波状弯曲的特点（图 3-4）。

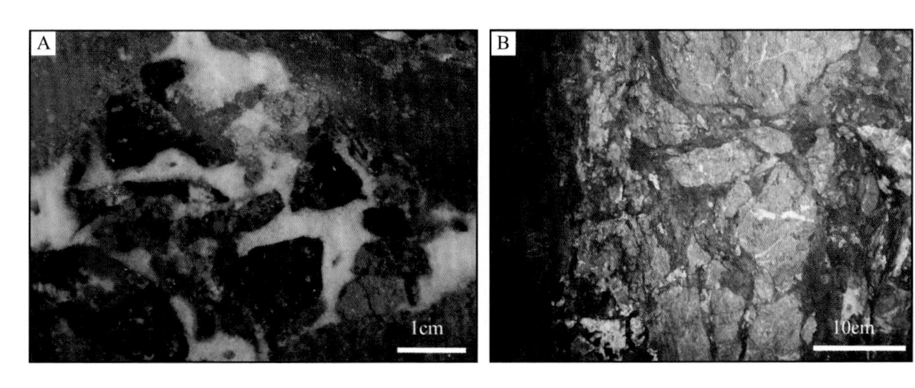

图 3-3　栖霞山构造角砾状矿石和角砾岩

A. –625 m 中段 46 线穿脉中 F_2 部位发育的角砾状矿石；B. –625 m 中段 34 线穿脉 F_2 部位发育的构造角砾岩

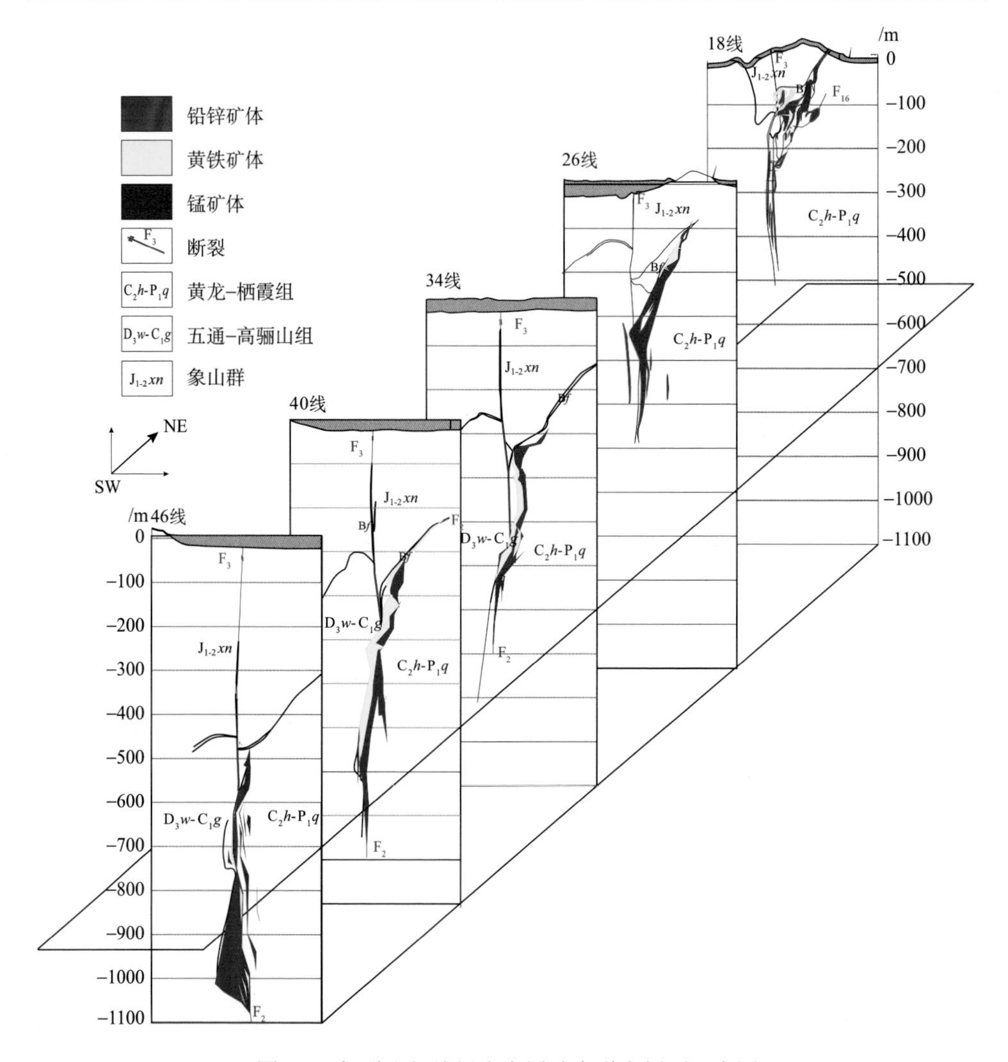

图 3-4　栖霞山铅锌银多金属矿床联合剖面示意图

F_2具层间破碎、层间错动现象，局部使地层缺失，故在矿区不同地段其上、下盘地层岩性不尽相同（表 3-1）。F_2与栖霞山—甘家巷复背斜都在印支期产生，属压性、压扭性构造。至燕山期，F_2复活并发生上冲，切穿象山群并形成F_3。由于区域引力场处于应力释放的“松弛”状态，因此，沿F_2断裂常出现张性特征的角砾岩带，宽数米至数十米。角砾岩带上宽下窄，在剖面上呈“V”字形。F_2断裂因“先压后张”而形成的角砾岩带是储矿的有利空间。

表 3-1　北东向断裂 F_2 特征

勘探线	走向/m	产状			构造特征描述
		走向	倾向	倾角	
57～27	650	80°	NW	45°～80°	地表斜切地层，D 逆于 P_1q、P_1g 之上，上部产状平缓，斜切地层，下部为层间错动
27～13	340	40°	NW	85°	0m 以上，C_1g 逆于 C_2h 之上，向下为错动
13～2	430	80°	NW	80°	斜切地层，C_1g 逆冲于 C_2h、C_3c、P_1q 之上
2～16	460	50°	NW	85°	微弱层间错动，局部地表及浅部为层间破碎
16～62	1100	55°	NW	80°～85°	上部逆冲，深部为层间错动，部分地层缺失，角砾岩带发育，不整合面被错动
62～84	450	60°	NW	85°	微弱层间错动或尖灭
84～104	480	57°	NW	87°	层间破碎为主，局部断失 C_1h
104～122	450	—	—	—	尖灭
122～158	900	60°	NW	80°～85°	逆冲，地层无断失，或仅缺失 C_1h，角砾岩带发育，不整合面被错动

沿 F_2 主断裂旁侧发育规模较小的层间错动或破碎带，与主构造产状基本一致，控制着小矿体的产出。在西库矿段，栖霞山—甘家巷复式背斜南侧的次级背斜（大凹山背斜）南翼，于五通组砂岩、高骊山组粉砂岩与黄龙组灰岩之间发育的断裂构造，其性质与 F_2 断裂相似，但规模较小，称为 F_2^s。断裂亦是矿区西库矿段重要的储矿构造之一。

2）北西向横断裂

矿区北西向断裂十分发育，有两级，计 40 余条，常切割北东向纵断裂。一级横断裂中，规模较大且与成矿作用关系密切的有两条，即甘家巷—钱家渡和栖霞—长林断裂。研究表明这种横断裂切割较深，是矿区热液的上升通道，亦即导矿构造（图 3-5；郭晓山等，1990）。其他断裂断距较小，一般数米至数十米。二级北西向横断裂中，部分与 F_2 纵断裂配套，发生于成矿前，构成容矿断裂，当其与纵向断裂相交时，往往使交叉部位赋存的矿体膨大。也有少数矿脉直接赋存在北西向横断裂中，但这类矿体沿走向延伸较短，规模亦小。

虎爪山矿段范围内有 22 条规模较小的横断裂，依次编号为 F_9～F_{30}。大多倾向北东，部分西倾，倾角 70º～85º。F_{15}、F_{23} 规模相对较大，长 100～200 m，走向北西 310°～330°。由于受岩性的影响，横断裂在南侧的灰岩中有一定的延伸，向北至高骊山组或五通组顶部薄层砂页岩即趋消失，总体而言，横断裂浅部发育、形迹明显。动向有的以升降为主，有的以平移为主，水平断距一般为 10～30 m，局部 30～50 m。大部分呈张扭性或张性。

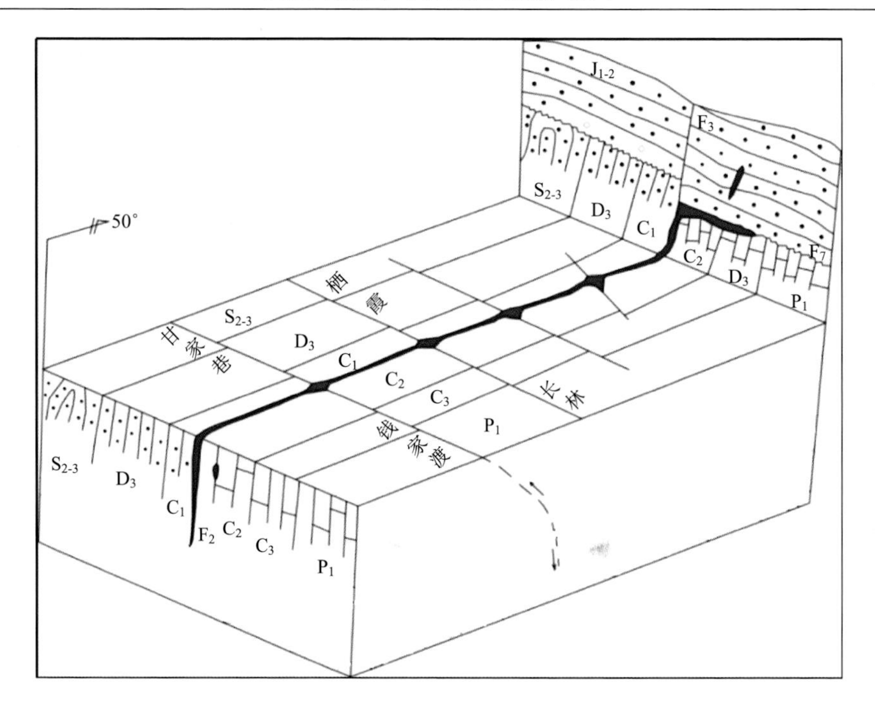

图 3-5　栖霞山矿区控矿断裂示意图（据郭晓山等，1990 修编）

J_{1-2}. 侏罗系中下统象山群砂岩；S_{2-3}. 志留系中统坟头组砂页岩；D_3. 泥盆系上统五通组石英砂岩；C_3. 石炭系上统船山组灰岩；C_2. 石炭系中统黄龙组灰岩；C_1. 石炭系下统砂页岩；P_1. 二叠系下统灰岩；F. 断裂

3）断碎不整合面

断碎不整合面是指沿着象山群砂岩与下构造层之间的不整合面所发生的断裂破碎构造，通常发生在象山群砂岩与石炭-二叠系灰岩之间（图 3-6 A）。燕山运动时 F_2 复活，并发生 F_3 上冲，由此邻近的不整合面亦受其影响发生破碎，但无明显的位移。破碎带宽 1～20 m 不等。角砾岩的角砾成分主要是象山群砂岩和下构造层的灰岩及砂页岩，角砾被铅锌等硫化物及泥钙质胶结形成矿体，故断碎不整合面亦是重要的容矿构造。

断碎不整合面在三茅宫和平山头矿段出露地表；在虎爪山矿段广泛分布于 11 线以西，埋深自东向西逐渐加深，标高约–170～–560 m，破碎带厚度约 10～30 m 不等；在北象山、甘家巷矿段和西库矿段分布标高在–300 m 左右，局部由于断裂构造影响，深度较大。

3. *古岩溶构造*

矿区不整合面及其下伏的灰岩，在印支运动以后，晚三叠世末至象山群沉积初期，在古地文和古构造有利的地段，发育了一些古岩溶，岩溶角砾岩和溶填砂岩即是古岩溶存在的依据（图3-6 B）。

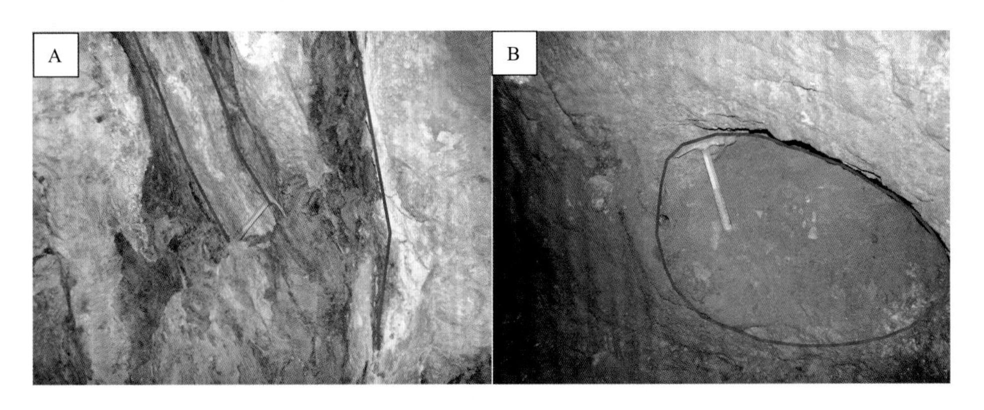

图3-6 栖霞山铅锌矿床断裂不整合面（A）和古岩溶构造（B）

岩溶角砾岩可分为溶解塌陷角砾岩（溶塌角砾岩）和溶解交代角砾岩（溶代角砾岩），以前者为主。溶塌角砾岩角砾成分以灰岩为主，少量近侧的砂页岩。灰岩角砾多半为次棱角状，具溶蚀边，分选差。角砾大者达1 m以上，小者几厘米。其成因系灰岩被地下水溶解呈洞穴或大裂隙后塌陷崩落，而后又被地下水携带的泥钙质胶结成岩。岩溶角砾岩形态呈洞穴状、漏斗状或不规则的裂隙状。主要分布在不整合面以下100～150 m范围的灰岩地段，受古地下水位的控制。由于矿区古岩溶发育于印支和燕山两次构造运动之间，因此形成不少构造-岩溶复合成因的角砾岩，沿断碎不整合面及其附近的断裂，这种复成的角砾岩特别发育。

溶填砂岩指灰岩被地下水溶解成孔洞或裂隙后，又被泥砂质充填形成的灰黑色砂岩或钙质砂岩。外形呈大团块状、透镜体或不规则状，大小1 m至数米不等，多半切穿灰岩层理，成岩良好。溶填砂岩边部钙质较多，有的为次生泥灰岩，中间泥质较高，边部常有细粒黄铁矿沉淀。

矿区岩溶角砾岩集中分布在12～24线不整合面及其以下的灰岩地段，因此，该处控矿构造除了断碎不整合面及其他断裂以外，还受到古岩溶叠加。古岩溶控矿表现如下：①矿体均产在不整合面及其以下100～150 m范围的灰岩地段，向下即消失（受断裂控制的除外）。②矿体形态较复杂，边部弯曲多变，还有一些特殊形态，如漏斗状、袋状和分叉管状等。③矿体与溶塌角砾岩密切伴生，矿体外圈轮廓与溶塌角砾岩分布范围大体吻合。矿石中多见角砾状构造。④矿体中含溶填砂岩的角砾。⑤矿体边部的矿石时有与溶洞壁或裂隙平行的似条带状构造。

需要指出的是在矿山开采过程及本次探矿工程中揭露到多个岩溶构造，规模大小不等，多为地下水充填。这些溶洞大多与地下水源有联系，导致钻孔持续涌水，压力高、流量大，因此深部的部分溶洞既是容水构造又是导水构造。

3.1.3　矿区岩浆岩

矿区中火山岩的分布较少，仅在矿区北缘有侏罗系西横山组火山碎屑岩分布，其上段为灰紫色沉火山角砾岩、沉凝灰岩和沉角砾凝灰岩等火山碎屑岩，碎屑成分为安山岩、英安岩、霏细岩、粉砂岩角砾及岩屑、晶屑等。

矿区侵入岩也不甚发育，仅在甘家巷矿段地表及个别钻孔深部见闪长玢岩岩脉。矿区外围东南 6 km 处出露有燕山期花岗闪长岩（安基山杂岩体），西南 9 km 处有辉石闪长岩出露（板仓杂岩体）。

航磁资料显示在栖霞山象山群砂岩分布区存在 150 nT 的低缓磁异常，有研究者据此推测在大凹山下部有深源隐伏岩体存在（杨元昭，1989；刘沈衡，1991；王世雄和周宏，1993）。

3.2　矿区地球物理、地球化学特征

3.2.1　地球物理特征

矿区重磁异常均呈不规则北东向稍拉长的椭圆状，且分布范围相当，与栖霞山复背斜相吻合。从图 3-7 可以看出，栖霞山和甘家巷矿段磁异常呈北东向分布的串珠状异常，磁异常极值为 200 nT；甘家巷矿段磁异常呈北东向的低缓异常，向南西方向未圈闭，异常值极值为 150 nT，南缓北陡。引起栖霞山铅锌矿床低缓磁异常的磁源可能是隐伏岩体，为此，刘沈衡（1999）对该异常进行了上延、矢量交汇、切线、垂向导数等数据处理，旨在控制磁源的几何参数，在此基础上，用选择法进行反演，最后给出了磁异常的定量解释：推测隐伏岩体的磁化强度 $J=600\times10^{-3}$ A/m，其与中酸性岩磁性相当，磁化方向 $i=35°$，其与地磁场方向相当，符合侵入岩特征。隐伏岩体最浅处深约 1300 m，宽约 2300 m，位于复背斜的中心（大凹山）。

矿区重力异常呈近东西向展布，自北向南，幅值由低变高再变低，且南部重力异常幅值明显高于北部，矿区异常极值为 15×10^{-5} m/s^2。北部重力梯度带对应南京—泰兴断裂（即沿江断裂），南部重力梯度带对应仙鹤观—羊山断裂。

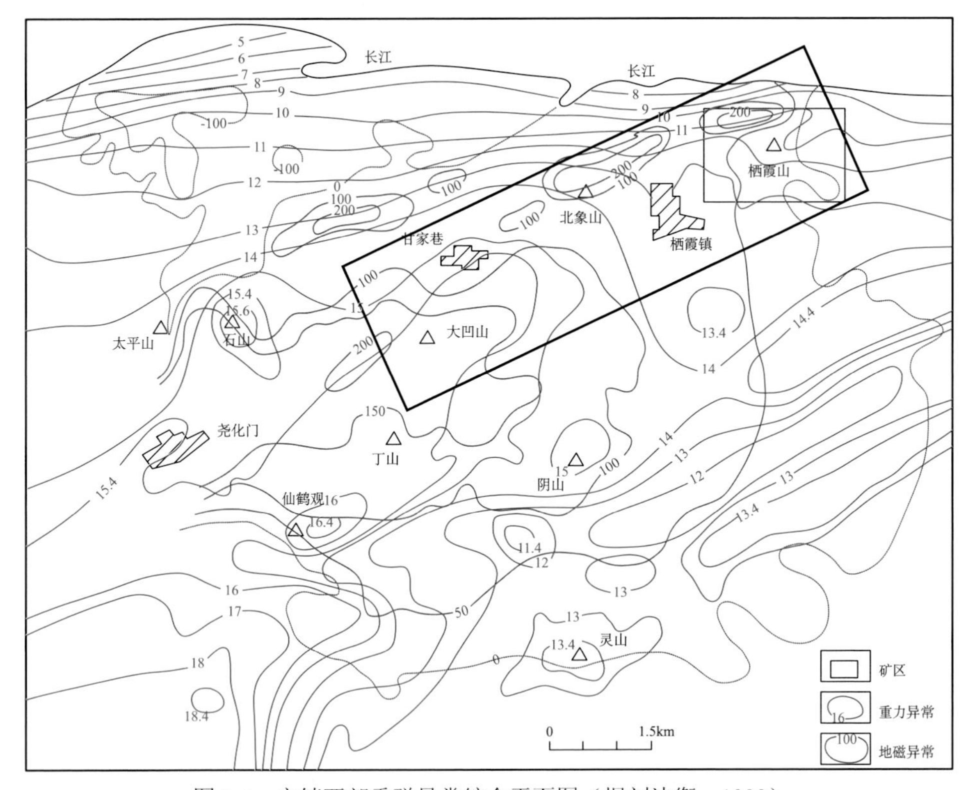

图 3-7　宁镇西部重磁异常综合平面图（据刘沈衡，1999）

3.2.2　地球化学特征

区内地球化学测量所反映的特征基本相同，异常元素组合较为复杂，主要有Pb、Zn、Ag、Cu、Au、As、Sb、Cd、Bi、Hg 等，异常呈北东向展布，异常较好地与栖霞山铅锌矿化分布对应。

1∶50000 土壤测量在栖霞山—南象山一带识别出了面积约 15.1 km^2 呈北北东-南西西向的长条状综合异常，元素组合以 Pb、Zn、Ag、Au、Hg、Sb、As 为主，并有 Cd、Bi、Mo 等。该异常单元素呈现的异常范围由小到大、由内向外依次为：Mo-Bi-Zn-Pb-Au-Hg-Cd-As-Sb，具有一定的元素分带性，越向西南方向元素分带性越明显。多数异常元素都有一定的浓度分带性，但发育程度不同，其中 Pb、Zn、Ag、Sb、As、Bi、Cd 比较完整（图 3-8）。结合已有勘查成果资料，该异常较好反映了栖霞山铅锌银多金属矿床的面貌。异常轴部与矿体水平投影重合，高浓度的异常可以很好地与出露矿体和埋深较浅的隐伏矿体相对应，中等浓度的异常反映矿体埋深较深。自北东向南西 Sb、Hg 等易挥发的元素浓度增高，也与主矿体向南西侧伏明显相似。

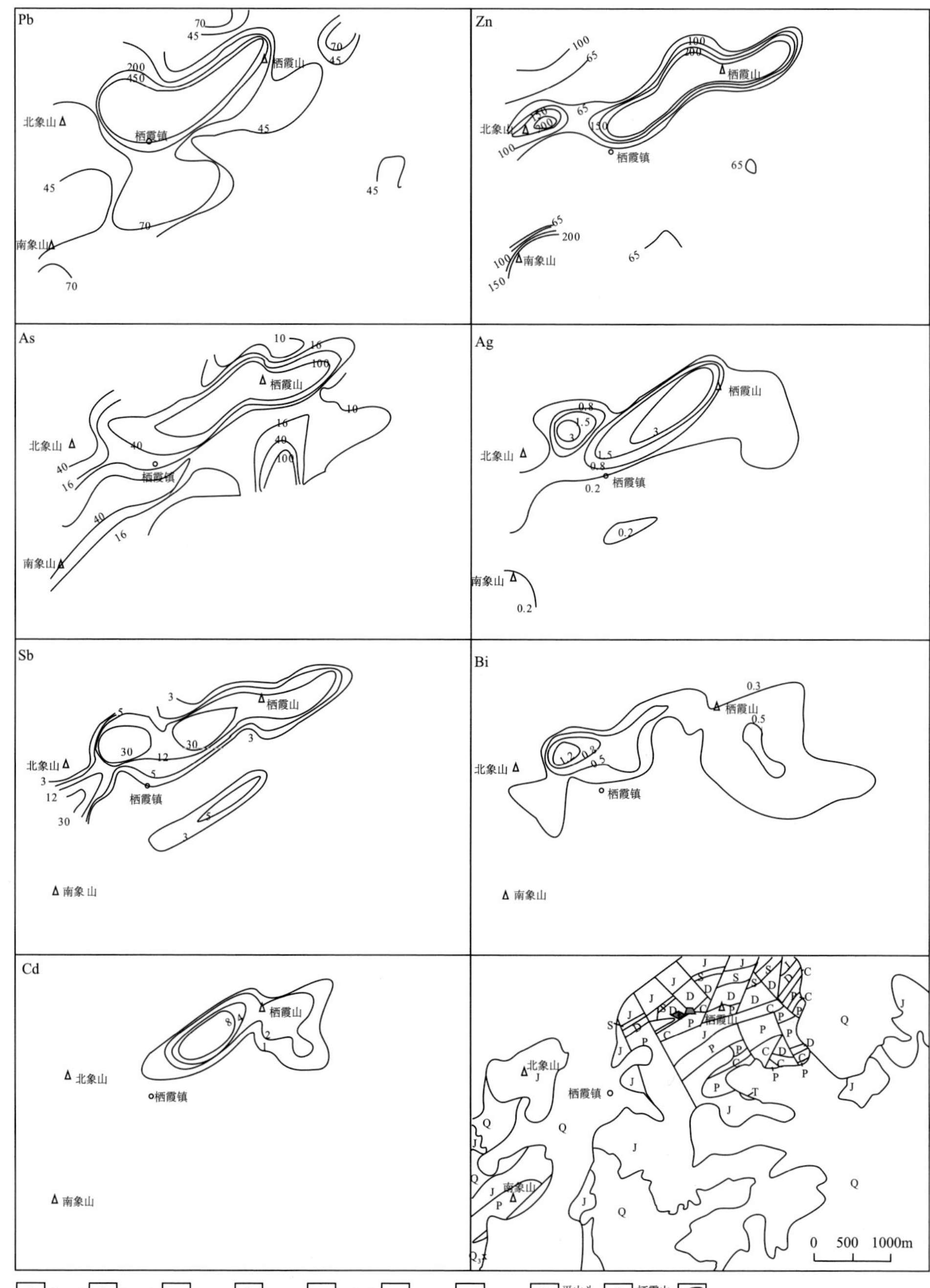

Q 第四系　J 侏罗系　T 三叠系　P 二叠系　C 石炭系　D 泥盆系　S 志留系　平山头金矿　栖霞山铅锌矿　异常等值线及含量

编图技术说明

1. 各元素浓度分带图内，等量线上的数字为等量线数值。
2. 异常检查成果编制的剖析图，等量线数值为浓度，单位为10^{-6}。

图 3-8　栖霞山铅锌银矿区土壤异常剖析图（据《宁镇地区 1∶5 万区调报告化探成果资料》，1984 年）

3.3　矿化围岩蚀变

矿体围岩蚀变较为微弱，且范围狭小，一般在矿体顶、底板出现数十厘米宽的褪色蚀变带，灰岩发白，有机质被淋滤。

围岩蚀变主要为硅化、碳酸盐化、大理岩化、重晶石化和绢云母化。在虎爪山矿段48线和–50线深部局部发育绿泥石、绿帘石、透闪石、透辉石等蚀变矿物。

（1）硅化：通常出现在矿体顶底板数十厘米内，与黄铁矿化关系密切。主要有两种形式（图3-9 A、B）：①砂页岩中表现石英碎屑次生加大，胶结物重结晶，灰岩中见微细粒次生石英；②石英不规则状、脉状、透镜状，沿层理或裂隙充填。

（2）碳酸盐化：主要以方解石脉的形式出现，多见于矿体下盘灰岩中，其次为上盘砂岩中。表现为不规则的网脉状、脉状（图3-9 C、D），脉宽在5 mm～5 cm之间，一般为1 cm左右。另见含锰方解石脉，一般宽1 m至数米。

（3）大理岩化：主要表现为灰岩经重结晶，粒径明显加大，在黄龙组灰岩中较发育，船山组灰岩次之。

（4）重晶石化：发育于灰岩中，结晶粗大，与粗晶方解石共生（图3-9 E），呈充填裂隙的脉状或晶洞内的晶簇状产出，常伴有星点状桔红色的闪锌矿化。

（5）绢云母化：见于砂页岩裂隙面，显微镜下表现为鳞片状，分布不均匀（图3-9 F）。

（6）绿泥石、绿帘石化：主要沿围岩裂隙发育（图3-9 G、H）。绿泥石，见于KK4001、KK4604和KK4801钻孔中，浅绿色，一般呈细小鳞片状，交代绿帘石，部分集合体呈绿帘石假象，分布不均匀；绿帘石，见于KK4001、KK4202和KK4801钻孔中，浅绿色，干涉色不均匀，呈微粒状、板柱状，集合体呈不规则状、细脉状等，不同程度被菱锰矿、绿泥石交代，部分残留呈不规则状、孤岛状，分布不均匀。

（7）透闪石化：仅见于48线钻孔KK4801和KK4601中，与磁铁矿伴生，呈长柱状，集合体呈放射状，分布不均匀（图3-9 I）。

（8）透辉石化：仅见于50线钻孔KK5003中，柱状-长柱状，粒径一般为0.3～2.0 mm，集合体呈放射状，部分蚀变为滑石、绿泥石，与粒状磁铁矿、它形黄铁矿伴生，分布不均匀（图3-9 J）。

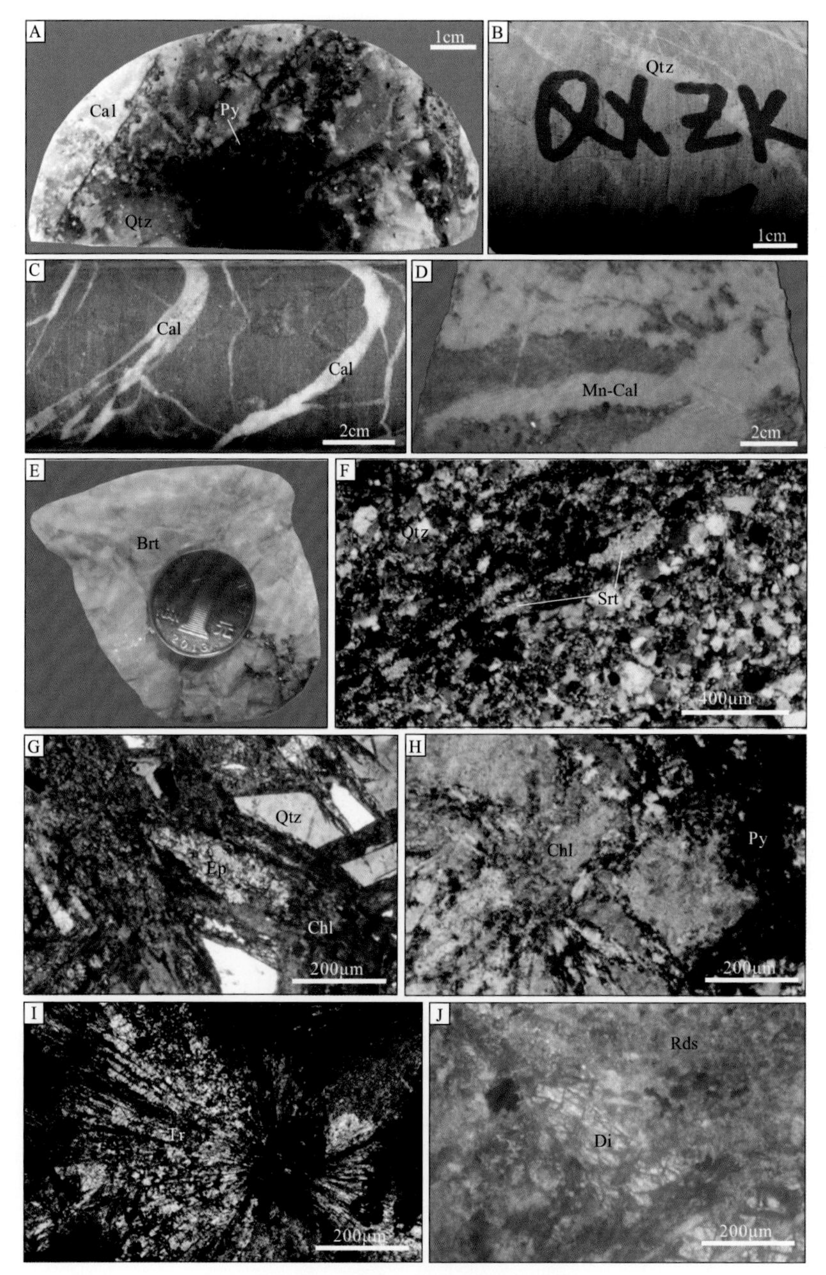

图 3-9　栖霞山铅锌矿典型蚀变

A. 钻孔 KK4801 岩心 50.4m 处灰岩中次生石英颗粒；B. –625m 中段 40 线穿脉灰岩中发育的石英脉；C. 钻孔 KK5002 岩心 93m 处灰岩中发育的方解石脉；D. 钻孔 KK4203 岩心 48m 处发育的含锰方解石脉；E. 灰岩中与粗晶方解石共生的重晶石（Brt）；F. 钻孔 KK4602 岩心 97.4m 处砂岩中的绢云母化；G. 钻孔 KK4801 岩心 102.4m 处绿泥石交代绿帘石；H. 钻孔 KK4801 岩心 104.8m 处黄铁矿交代绿泥石；I. 钻孔 KK4801 中放射状透闪石与磁铁矿伴生；J. 钻孔 KK5003 中透辉石被菱锰矿交代；Py. 黄铁矿；Mn-Cal. 含锰方解石；Di. 透辉石；Tr. 透闪石；Rds. 菱锰矿；Qtz. 石英；Chl. 绿泥石；Ep. 绿帘石；Brt. 重晶石；Srt. 绢云母

3.4 矿体特征

矿区主要控矿构造是北东向纵断裂 F_2 和断碎不整合面，此外，部分矿体受到北西向横断裂和古岩溶角砾岩带控制。矿区分为 6 个矿段，自东向西为三茅宫矿段、平山头矿段、虎爪山矿段、北象山矿段、甘家巷矿段和西库矿段，其中以平山头矿段、虎爪山矿段、甘家巷矿段、西库矿段为主。栖霞山矿区共计有大小矿体近 70 个，其中，主矿体 6 个（图 3-10）。

三茅宫矿段出露地层有侏罗系、二叠系、石炭系、泥盆系和志留系。区内构造发育，有纵向断层和横向的逆冲断层，在断裂带中有铁锰帽（图 3-1）。

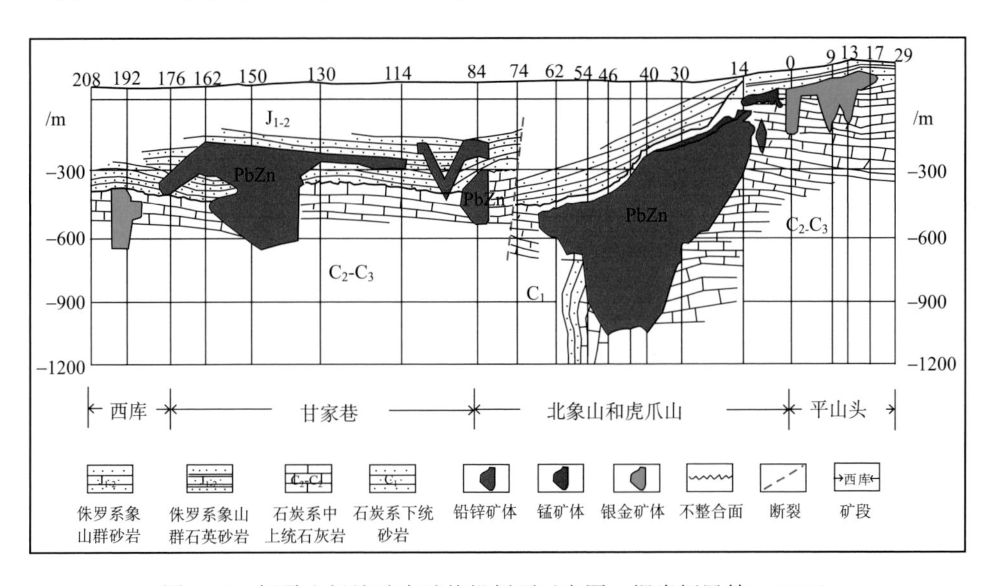

图 3-10 栖霞山铅锌矿床矿体纵剖面示意图（据肖振民等，1996）

1. 平山头矿段（0～29 线）

平山头矿段为中型银金矿，共有矿体 10 个。其中，1 号矿体为主矿体，其银储量占矿段银总储量的 99.06%，其余均为小矿体。

1 号矿体分布于栖霞山复式倒转背斜南翼，受矿区主要控矿断裂构造 F_2 控制。当北东向纵断裂 F_2 与北西向横断裂以及断碎不整合构造相交时，破碎角砾岩带变厚，银金矿体的厚度也增大，品位变富，形成了银金矿柱（图 3-11）。矿化角砾岩带在平面上沿北东方向呈似层状分布，厚度数米至数十米不等，其形态随控矿

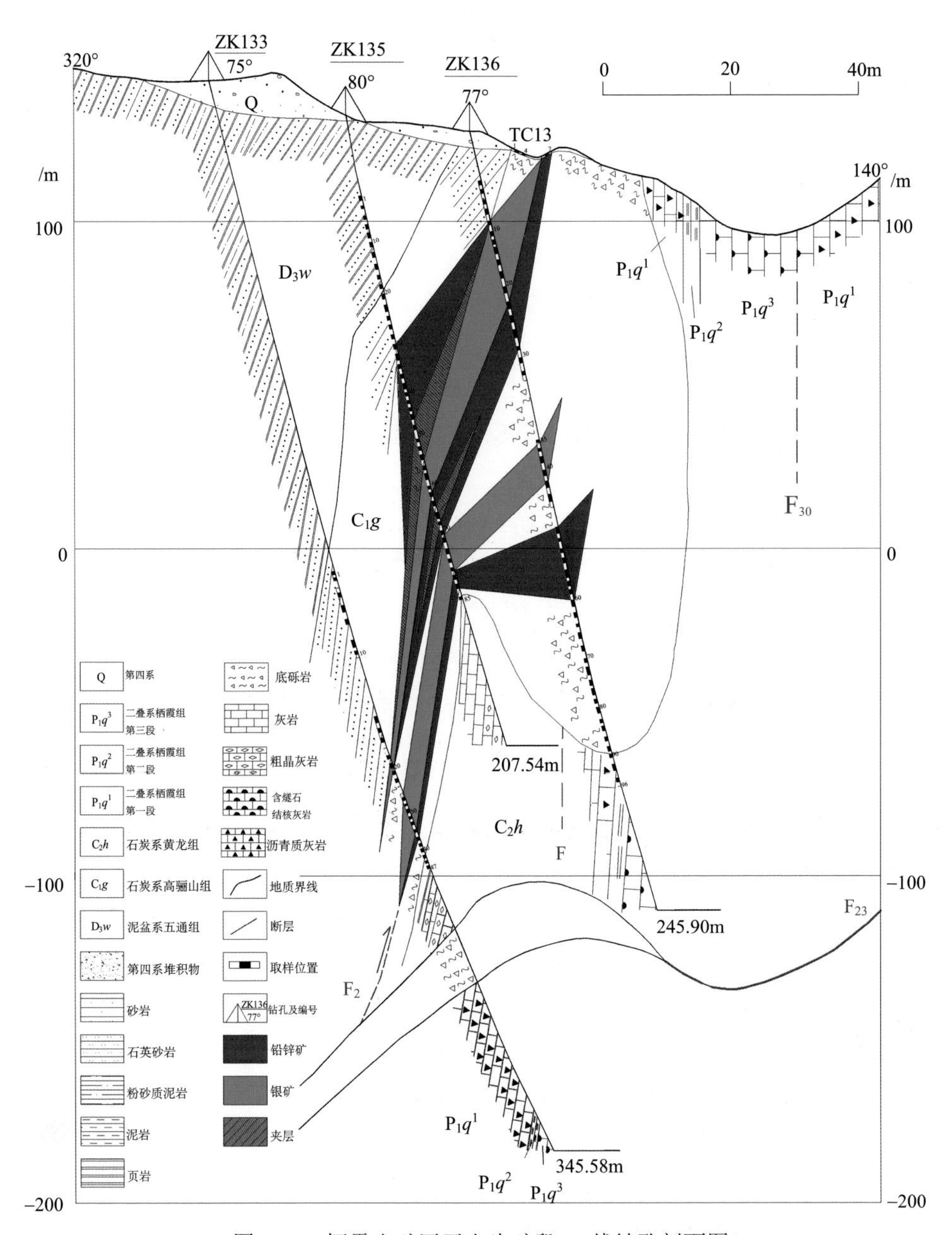

图 3-11　栖霞山矿区平山头矿段 13 线钻孔剖面图

断裂 F_2 形态的变化而变化，大致呈“S”形。银金矿体赋存于角砾岩带内，因横向断裂的影响，银金矿体局部膨大，在走向上呈稀疏的串珠状。矿体品位在平面上表现为中间（7～13 线）高，西（0～7 线）、东（13～29 线）两侧偏低。1 号矿体在倾向上变化较大，倾向延伸一般为 30～50 m，因受横向断裂的影响，部分地段倾向延伸较大，最大延伸 312.5 m。矿体品位在倾向上也有变化，在 0 m 标高附近银金的品位较高，而向上、向下均有变贫的趋势。这一现象是由银、金次生富集作用引起的。

1 号矿体位于 0～29 线，走向长 746.7 m，倾向延伸 30～312.5 m，厚 1～52.5 m，平均厚 7.34 m。矿体品位银 51.50～1167.00 g/t，平均品位 236.51 g/t；金 1.17～34.40 g/t，平均品位 2.35 g/t。矿体走向北东 40°～80°，倾向北西，倾角 40°～80°，浅部缓，深部陡。

2. 虎爪山和北象山矿段（0～84 线）

1）浅部锰矿（虎爪山矿段浅部）

锰矿体主要分布在虎爪山矿段，赋存位置严格受断裂构造控制，其断裂构造有北东向纵断裂（F_2）及北西向横断裂。两组断裂多为含矿热液上升的通道及矿液沉淀场所，且往往在两组断裂交叉部位形成三角形矿柱。锰矿体由于赋存在断裂带、层间裂隙或溶洞中，矿体形态产状随断裂或层间裂隙和溶洞的变化而不同，共圈定锰矿体 9 个，依次编号为 Mn1～Mn9，具体特征见表 3-2、图 3-12 和图 3-13。

2）深部铅锌矿体

北象山—虎爪山矿段为大型铅锌银矿，共有矿体 20 个，其中 1 号矿体为矿段主矿体，其储量占矿段总储量的 93%，其余均为小矿体。

1 号主矿体分布于 12～54 线之间，矿体受纵向断裂 F_2、上下构造层间断碎不整合面、北西向横断裂和不整合面以下 150 m 范围内的古岩溶构造控制，以 F_2 断裂为主。垂向上，1 号矿体上部赋存于断碎不整合面及其以下 150 m 范围内的古岩溶构造中，中、下部赋存于 F_2 断裂中。走向上，东部（12～18 线）主要赋存于断碎不整合面及其以下的古岩溶和北西向断裂中；中部（20～30 线），上部与东部相同，下部赋存于 F_2 断裂中；西部（34～54 线）则主要赋存于 F_2 断裂中。

1 号主矿体呈似层状和大透镜状，赋存于黄龙组灰岩与高骊山组砂页岩接触界面（图 3-14），受黄龙组灰岩及其叠加的纵向断裂 F_2 联合控制。走向北东 52°～58°，长 486 m，向东在 34 线东侧尖灭，向西未控制封闭，仍有延伸趋势。其中，虎爪山 46 线钻探深度已经达到–1380 m，矿体深度控制到–1079 m（图 3-15）。46 线主矿体以地层和纵向断裂控制为主，主要赋存在石炭系黄龙组灰岩中，与围岩整合产出，产状倾向呈波状扭曲，具有膨大收缩、尖灭再现的特点。铅锌沿主矿体的中心轴分布，硫和锰矿体分布于铅锌矿体两侧，厚度 3.5～90.5 m。小矿体受层间断裂控制，大多赋存于黄龙组灰岩中。

表 3-2　南京栖霞山锰矿矿体特征一览表

赋存部位	矿体编号	水平中段	矿体形态、产状、规模	地表出露情况	深部揭露情况	分布层位
北东向纵断裂 F_2	Mn1	地表～14 m	不规则、不连续，脉状、锯齿状、三角柱状（与横断层交叉处）。走向 N50°~55°E，倾向 NW，倾角 65°～80°。厚 2～10 m，最宽处达 13 m，不连续延长 2400 m，延深 100 m。锰矿体向深部变薄，部分有分枝现象，矿体上部受纵向断裂影响，倾向 NW，下部近直立	断层出现锰矿化或较富之氧化锰矿	深部变薄，西部在 –6 m 以下即见原生多金属矿，而锰矿则逐渐变薄	象山群或五通组与黄龙灰岩或船山、栖霞灰岩接触带
	Mn5	地表～97 m				
	Mn6	137～97 m				
	Mn9	137～97 m				
横向断裂	Mn3	50～14 m	较规则之脉状、透镜体，与纵向断层交汇处呈三角柱状，走向 NW-NWW，倾角近直立 75°～80° 或微向 NE 倾，厚度 2～6 m 不等，最宽处达 40 m，延长约 300 m，延深至 120 余米，向深部有部分变窄	多为盲矿体，少数地表有出露	深部变薄，西部–28 m 中段 F_5 断层尚见硬锰矿，但厚度变薄，且为多金属矿体氧化过渡带	黄龙灰岩、船山灰岩或栖霞灰岩质断裂内
	Mn4	62～–28 m				
	Mn8	137～97 m				
层间裂隙	Mn2	97～14 m	不规则的脉状，走向 N40°E，倾向 NW，倾角近直立，宽 2 m 左右，长 120 m，延深 60～80 m	盲矿体	深部为原生多金属矿体	黄龙及船山灰岩
溶洞	Mn7	137～97 m	极不规则，走向 NW、NE，随溶洞的变化而不同。矿体厚度一般数米～10 m，长 20～40 m，延深 40～60 m	盲矿体	深部尖灭	灰岩内

注：据王凤全等，1966，《南京栖霞山锰矿地质总结报告》修改。

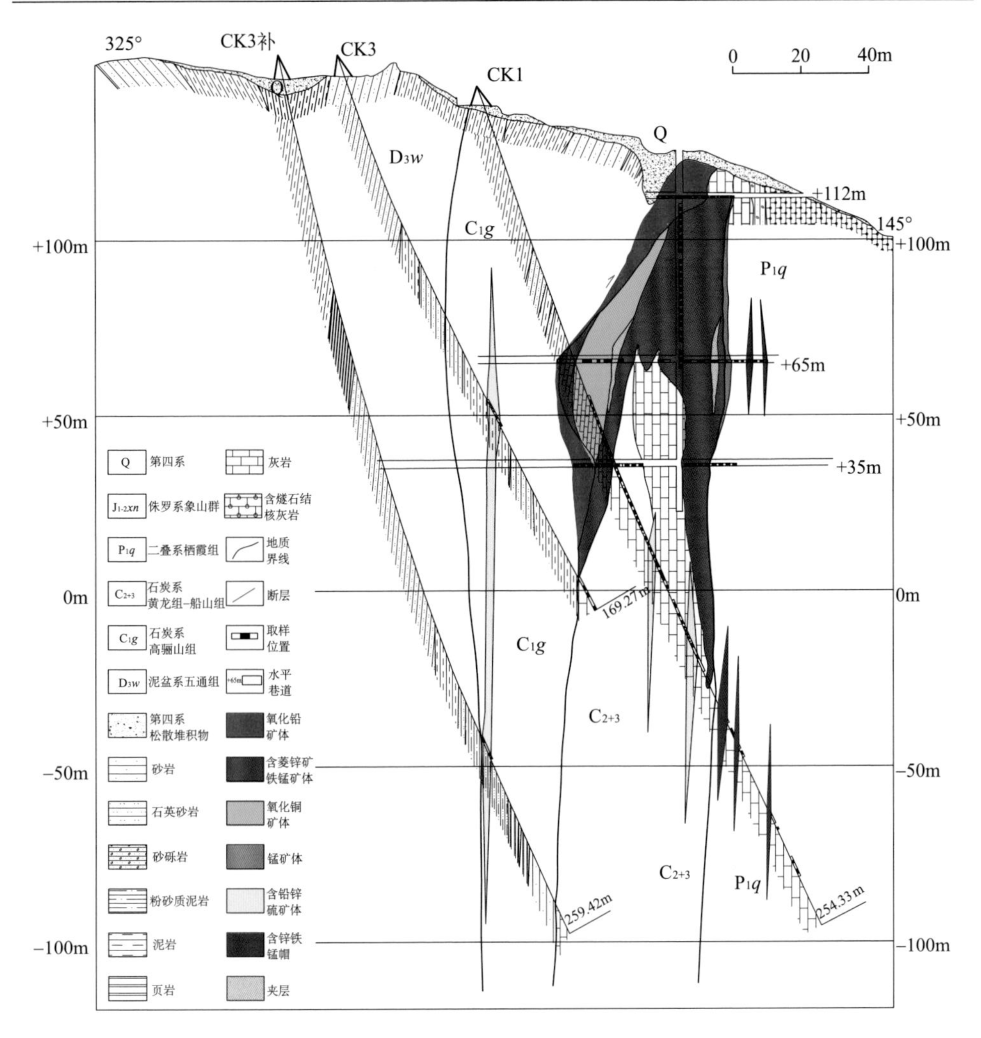

图 3-12 栖霞山铅锌矿区 20 线地质剖面图（据《南京栖霞山氧化锰矿地质总结报告》, 1966 年）

总体而言，矿体形态在 20 线以西赋存于 F_2 部位的比较规则，沿走向或倾向亦稳定，呈大透镜状或似层状，走向上长度比厚度大 20 倍，横向上长度比厚度大 10 倍（图 3-16）。F_2 部位矿体构成了 1 号矿体的主要部分。其中，26～54 线，由于 F_2 逆冲明显，破碎带宽，矿体内几乎未发现夹石，形态比较规则；20～26 线，由于 F_2 主要表现为强烈的层间错动，矿体除了受其控制外，还受 F_2 旁侧的北东和北西向次级裂隙控制，故夹石稍多，而且出现不规则的梳状分枝，形态不如 26 线以西规则。赋存于断碎不整合面部位的矿体形态稍为复杂一些，其东部 12～24 线由于古岩溶的发育，形态比较复杂。北西向横断裂对 1 号矿体形态有一定的影

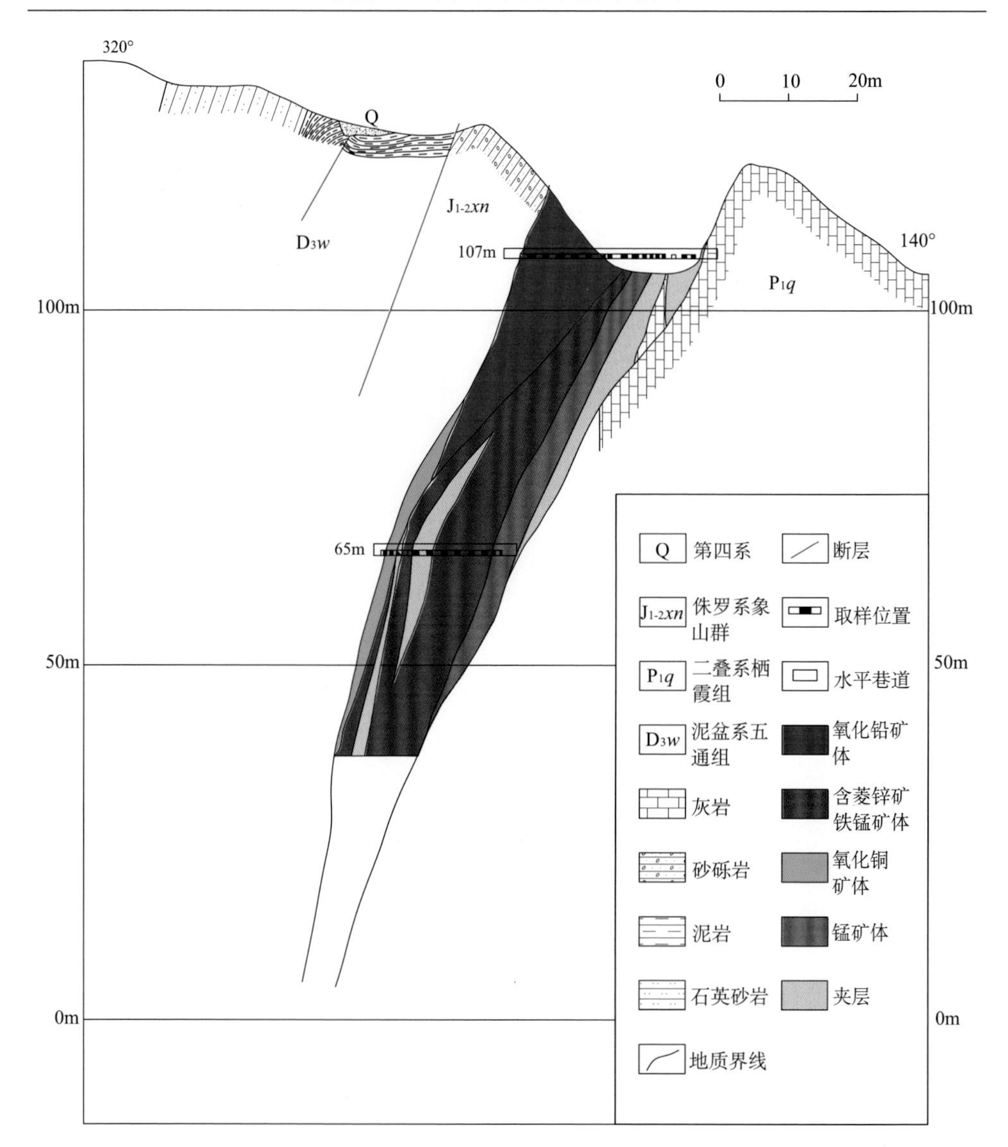

图 3-13　栖霞山铅锌矿区 19 线地质剖面图（据《南京栖霞山氧化锰矿地质总结报告》，1966 年）

响，其与 F_2 及不整合面的交会部位使矿体膨大，并沿北西向断裂充填，形成北西向分枝，使矿体形态和厚度有所变化（图 3-16）。

3. 甘家巷矿段（84～176 线）

甘家巷矿段为中型铅锌矿，共计有盲矿体 35 个，其中 1、2、3、4 号矿体为主矿体，其铅锌金属储量占矿段铅锌总储量的 98.9%。

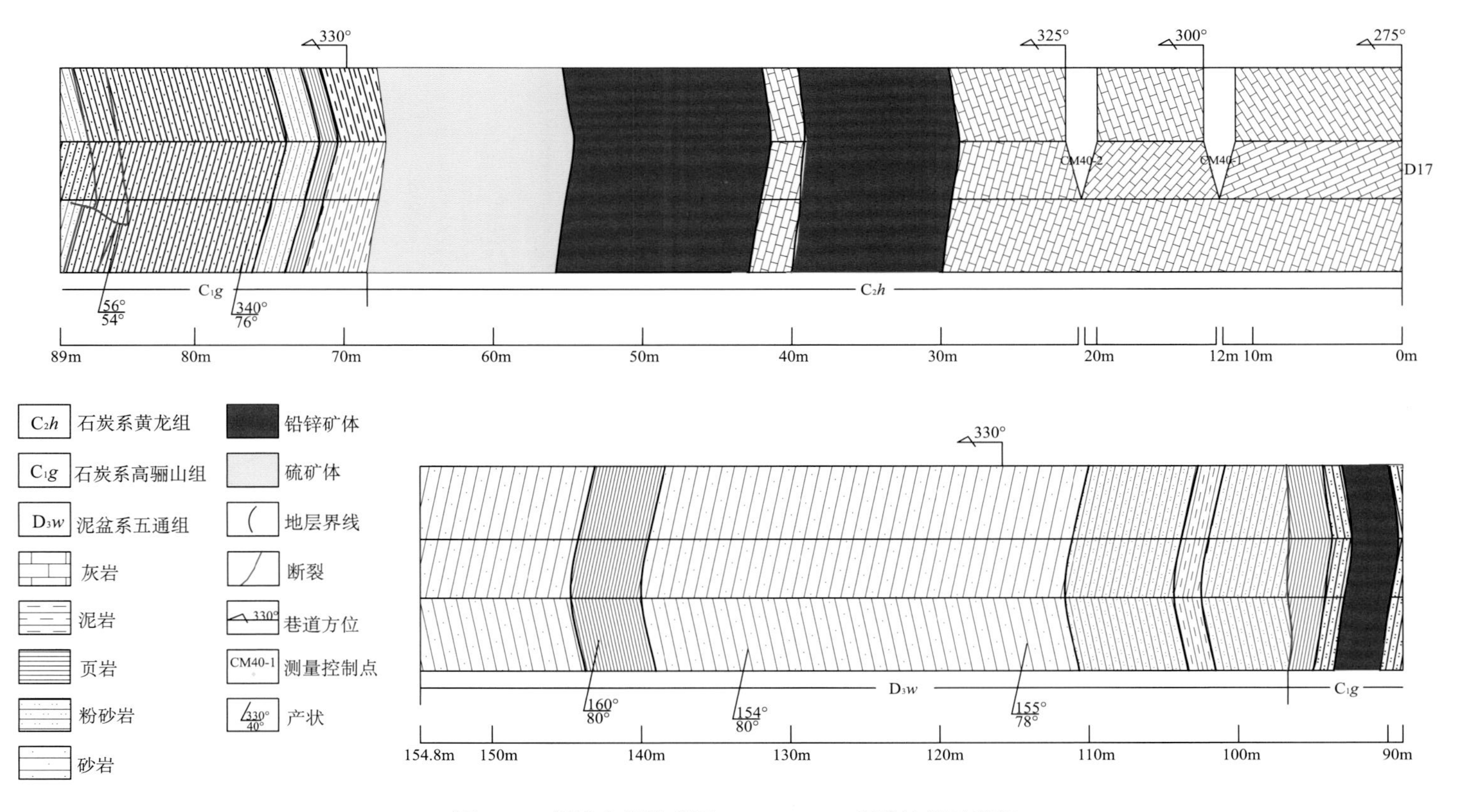

图3-14 栖霞山铅锌矿区−625m CM40 穿脉坑道示意图

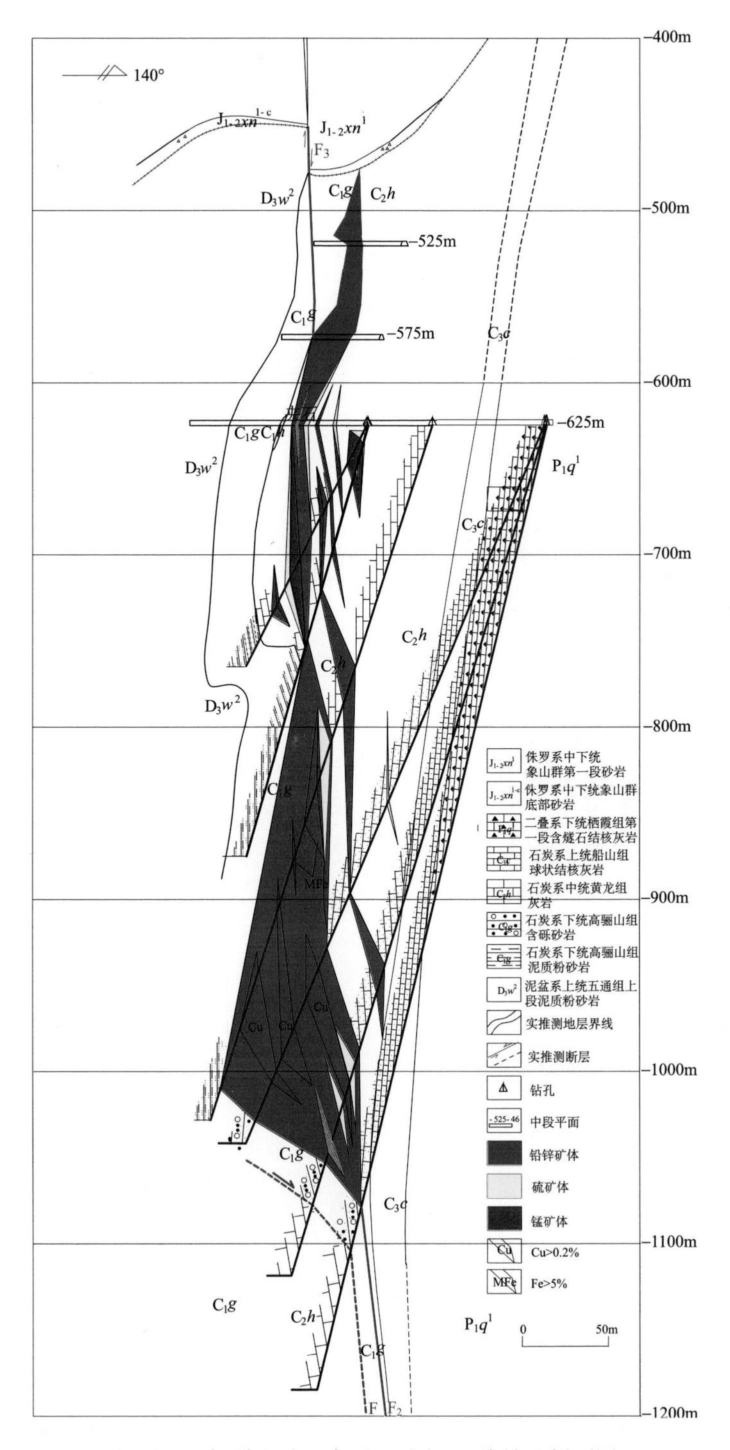

图 3-15　栖霞山矿区虎爪山矿段 46 线钻孔剖面图

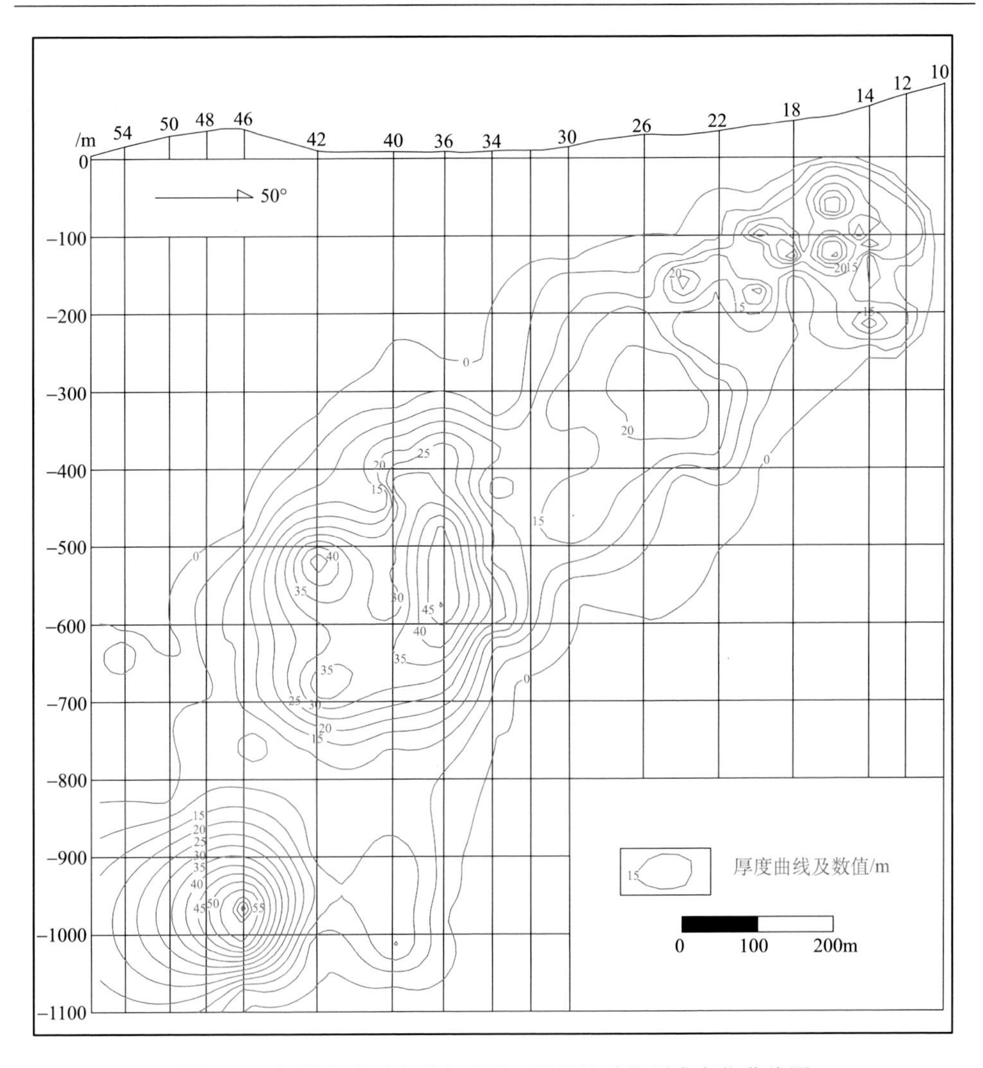

图 3-16 栖霞山矿区虎爪山矿段 1 号铅锌矿体厚度变化曲线图

1 号矿体位于 114～158 线，走向长 1053 m，沿倾向延伸 50～585 m，平均厚度 5.1 m。矿体走向北东 30°～60°，倾向北西，倾角 30°～80°，浅部较缓，深部较陡。1 号矿体规模最大，铅锌金属储量占全矿段铅锌储量的 78.3 %。平均品位：铅 3.825%、锌 6.438%。金、银、铜含量也较高，平均品位：金 0.577 g/t、银 44.218 g/t、铜 0.285%。

1 号矿体受纵向断裂 F_2^N 及其南侧的断碎不整合面控制（图 3-17）。燕山运动时，F_2^N 断裂复活上冲并使之与毗邻的不整合构造发生破碎，因此，F_2^N 断裂构造破碎带与断碎不整合构造的角砾岩带彼此衔接，形成了一个互相贯通的储矿空间。

在此空间内，闪锌矿、方铅矿、黄铁矿等充填、交代破碎角砾岩，形成矿体。在垂向上，矿体上部赋存于断碎不整合面中，倾角较缓 30°～40°，顶板为象山群砂岩，底板为黄龙组、船山组、栖霞组碳酸盐岩；下部赋存于纵向断裂 F_2^N 中（1～2 矿体），倾角较陡 80°，顶板为五通组或高骊山组砂页岩，底板为黄龙组碳酸盐岩。矿体形态呈透镜状或似层状，在横向断裂与 F_2^N 及断碎不整合面交会部位，可使矿体膨大。

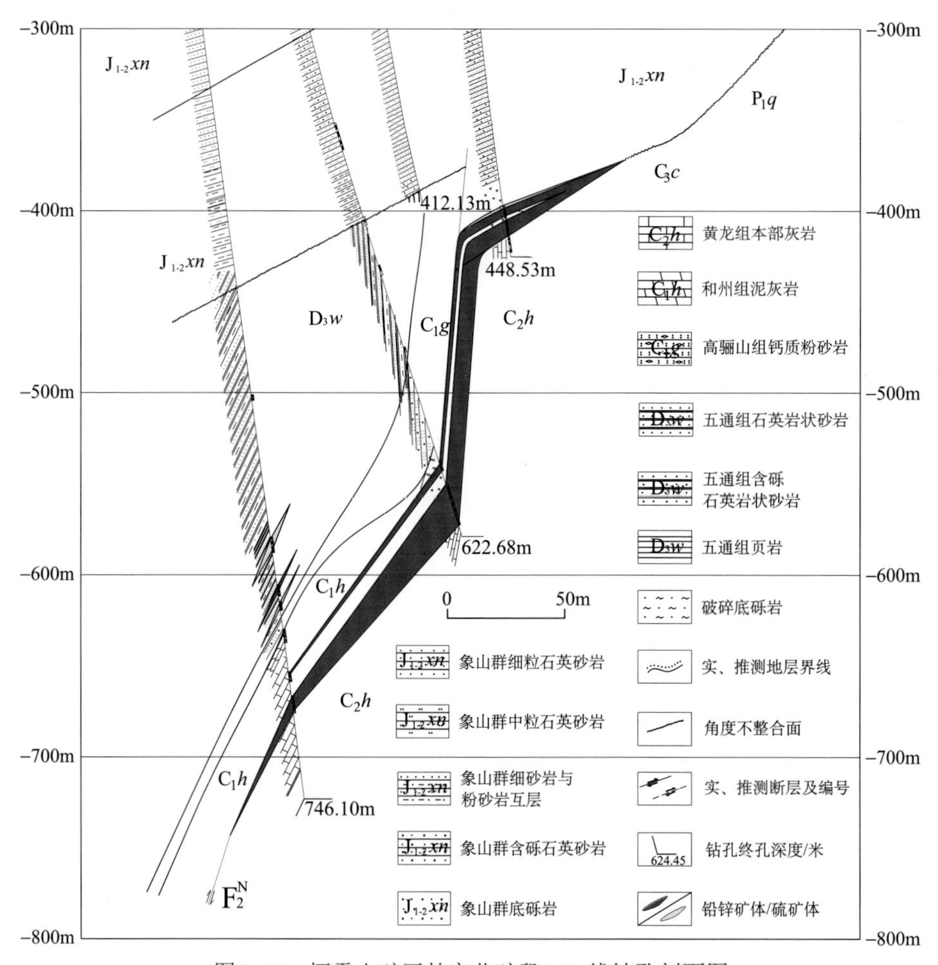

图 3-17　栖霞山矿区甘家巷矿段 142 线钻孔剖面图

2 号矿体位于 84～104 线，走向长 573.9 m，沿倾向延伸 50～285 m，平均厚度 3.1 m，厚度变化系数 59.9%，变化幅度小-中等。走向北东 10°～60°，倾向北西，倾角上缓（30°～40°）下陡（80°）。平均品位：铅 0.935%、锌 3.452%。铅锌储量占全矿段铅锌总储量的 2.0%。矿体上部受断碎不整合面控制，下部受纵向断

裂 F_2^N 控制，呈似层状，顶板为象山群砂岩，底板为碳酸盐岩地层。

3 号矿体位于 134～138 线、158～176 线间，走向长 758.7 m，沿倾向延伸 85～175 m，厚 4～26 m，平均厚 9.5 m，厚度变化系数 82.8%。走向北东，倾向北西 335°，倾角 30°～35°。铅锌品位：铅 1.919%、锌 4.149%。铅锌储量占矿段铅锌总储量的 12.5%。矿体受纵向断裂 F_5 北侧的断碎不整合构造控制。燕山运动时，F_5 断裂复活并向上切割象山群砂岩，使与 F_5 毗邻的不整合面受其影响而发生破碎，形成断碎不整合构造。方铅矿、闪锌矿、黄铁矿等矿物充填于象山群破碎底砾岩中，部分交代下伏灰岩，形成矿体。矿体顶板为象山群砂岩，底板为栖霞组燧石灰岩。

4 号矿体位于 158～166 线，呈透镜体状，走向北东 50°～60°，长 589.8 m，近于直立，浅部北西倾，深部南东倾，呈“弓”形，倾角 80°～90°。沿倾向延伸 50～255 m，矿体厚度 1.0～5.2 m。矿体受纵向断裂 F_2^S 控制，赋矿地层、岩性与 1 号矿体下部相似，但控矿断裂构造 F_2^S 比 F_2^N 的规模小得多，矿体规模也远不及 1、2 号矿体。4 号矿体中局部含银品位较高，在长 200 余米范围内可圈出独立银矿体。

4. 西库矿段（176～208 线）

西库矿段在甘家巷南 1.5 km 处，为小型银矿，仅进行了普查，控制独立银矿体走向长 300 m，倾向延伸 240 m，最大厚度 6.28 m。矿体分布于 184～192 线间，赋存于不整合构造和纵向断裂中（图 3-18）。矿体走向北东，倾向北西，总体向西侧伏。银平均品位 352 g/t。

F_2^S 是西库矿段的主要控矿构造，F_2^S 位于大凹山背斜南翼，使石炭系高骊山组砂页岩逆冲于黄龙组灰岩之上，走向 50°～55°，断层面中上部北西倾，下部南东倾，剖面上呈“弓”字形。纵向断裂 F_5 位于大凹山背斜北翼，也是矿区主要控矿构造，二叠系栖霞组灰岩与泥盆系五通组砂岩呈断层接触，产状 320°，倾角 80°～85°。

综上所述，矿区主矿体一般走向北东 50°左右，具“尖灭再现”特点，断续延长近 5000 m，倾向北西，上部平缓约 30°，下部陡立约 85°，局部向南东倾，倾向延伸 50～585 m，厚度数米到数十米，最厚达 100 m。矿体上部主要受断碎不整合面、古岩溶构造控制，中下部受北东向纵断裂 F_2 控制，从控矿部位的岩性界面特征来看，两个控矿部位均为硅钙界面，断碎不整合面部位的矿体上盘为象山群砂岩，下盘为石炭-二叠系碳酸盐岩；纵向断裂 F_2 部位的矿体上盘为五通组砂岩或高骊山组砂页岩，下盘为黄龙组灰岩。

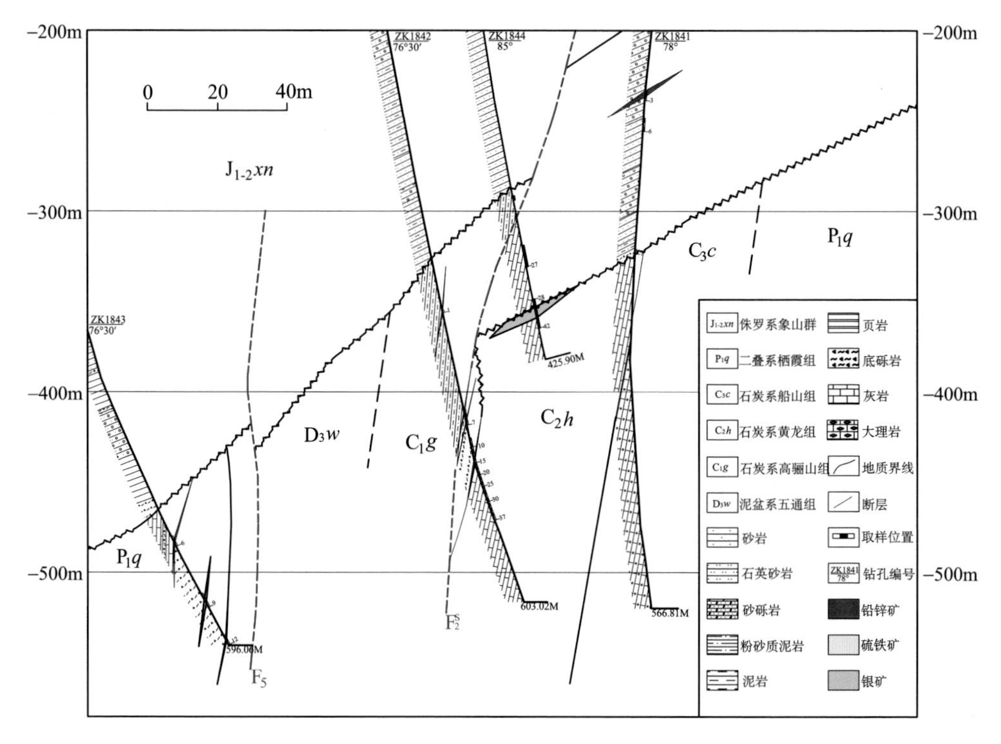

图 3-18　栖霞山矿区西库矿段 184 线钻孔剖面图

3.5　矿化分带

根据已有勘查成果资料，矿区成矿元素、矿石类型、矿石结构构造等具有明显的分带特征。

在矿带走向的水平方向上，以甘家巷—钱家渡横断裂与纵向断裂交会处为中心向两侧，特别是自西向东呈现明显的金属元素水平分带（表 3-3）。

在矿体的纵剖面上，具有明显分带性。以北象山—虎爪山矿段 1 号主矿体为例，地表及浅部由于矿床遭受了表生氧化作用，致使成矿元素发生次生富集，深部随成矿温度的增加，成矿元素组合也发生明显变化，导致形成成矿元素、矿石类型、矿石结构构造等在垂向上的分带（图 3-19，表 3-4）。由浅部到深部，矿体中 Pb/Zn 比值呈明显上升趋势，Mn 总体呈下降趋势，Cu 的品位逐渐升高，出现磁铁矿、透闪石、透辉石等代表高温的矿物。

表3-3 栖霞山矿区矿化水平分带特征表

项目	南西 ← 西库矿段	甘家巷矿段 西部	甘家巷矿段 中部	甘家巷矿段 东部	北象山—虎爪山矿段 西部	北象山—虎爪山矿段 东部	平山头矿段	三茅宫矿段 → 北东
成矿元素	Ag	Pb、Zn	Cu、Pb、Zn	Pb、Zn	Pb、Zn、Ag	Pb、Zn、Au、Ag	Ag、Au、Pb、Zn	Mn、Ag
矿石类型	硫化物型	硫化物型	硫化物型	硫化物型	硫化物型	硫化物型	氧化物型、硫化物型	氧化物型
矿石结构	粒状结构、镶嵌结构、显微包含结构	主要：粒状结构、镶嵌结构、交代结构；次要：显微压碎结构、微包含结构和乳滴状结构；少量：叶片状结构、胶状结构、填穴结构、环状结构			粒状结构、镶嵌结构、交代结构、显微压碎结构、显微包含结构、草莓状结构、乳滴状结构等		交代残余结构、粒状结构、脉状结构、固溶体分离结构	
矿石构造	主要：角砾状构造；次要：块状构造	主要：角砾状、块状构造；次要：浸染状、条带状、脉状和网脉状构造；少量：层纹状、残余状构造			角砾状构造、浸染状构造、块状构造、脉状-网脉状构造、条带状构造等		角砾状、土状、粉末状、蜂窝状构造	肾状、致密块状、多角蜂窝状、同心圆皮壳状、葡萄状、钟乳状、土状等
矿石矿物	深红银矿、螺状硫银矿、含银黝铜矿等	主要：闪锌矿、方铅矿、黄铁矿；次要：黄铜矿、黝铜矿（包括砷黝铜矿和含银黝铜矿）、白铁矿；少量：毒砂、磁铁矿、磁黄铁矿、菱铁矿、菱锰矿；微量：螺状硫银矿、深红银矿及自然金等			主要：闪锌矿、方铅矿、黄铁矿、菱锰矿、钙菱锰矿；次要：黝铜矿、黄铜矿、白铁矿；少量：磁铁矿、菱铁矿、铁菱锰矿、毒砂、磁黄铁矿、辉银矿、深红银矿、螺状硫银矿等		褐铁矿、赤铁矿、银铅铁矾、辉银矿、淡红银矿、深红银矿、铅矾、水锌矿、方铅矿、闪锌矿等	主要：硬锰矿、软锰矿；次要：锰土、水锰矿、钙锰矿、偏锰酸矿等

表3-4 栖霞山矿区矿化垂直分带特征表

标高 项目	成矿元素	矿石类型	矿石结构	矿石构造	矿石矿物	平均品位
地表（氧化锰帽）	Mn	氧化物型		肾状、致密块状、多角蜂窝状、同心圆皮壳状、葡萄状、钟乳状、土状等	锰土、软锰矿、硬锰矿、水锰矿、褐铁矿、偏锰酸矿等	Mn 25.75 %

续表

标高 项目	成矿元素	矿石类型	矿石结构	矿石构造	矿石矿物	平均品位
近地表铁帽型银金矿	Au、Ag	氧化物型	交代残余结构、粒状结构、脉状结构、固溶体分离结构	角砾状、土状、粉末状、蜂窝状构造	褐铁矿、赤铁矿、银铅铁矾、辉银矿、淡红银矿、深红银矿	Au 2.35 g/t、Ag 236.51 g/t
0m 以上（氧化带）	Au、Ag、Pb、Zn	氧化物型			锰土、软锰矿、硬锰矿、水锰矿、褐铁矿、偏锰酸矿、褐铁矿、赤铁矿、银铅铁矾等	Ag 2.36 g/t、Au 2.37 g/t、Pb 2.07 %、Zn 2.53 %
0～–50m（氧化带底部及混合带，即铜次生富集带）	Ag、Cu、Pb、Zn	氧化物型 硫化物型			褐铁矿、赤铁矿、银铅铁矾、辉银矿、淡红银矿、深红银矿、铅矾、水锌矿、方铅矿、闪锌矿等	Ag 430 g/t、Cu 0.40 %、Pb 0.71 %、Zn 1.45 %
–50～–625m（原生硫化物带）	Pb、Zn、Ag	硫化物型	粒状结构、镶嵌结构、交代结构、显微压碎结构、显微包含结构、草莓状结构、乳滴状结构等	主要：浸染状、角砾状构造； 次要：脉状-网脉状、团块状、条带状构造等	主要：闪锌矿、方铅矿、黄铁矿、菱锰矿、钙菱锰矿； 次要：黝铜矿、黄铜矿、白铁矿； 少量：磁铁矿、菱铁矿、铁菱锰矿、毒砂、磁黄铁矿、辉银矿、深红银矿、螺状硫银矿等	Pb 2.58%、Zn 4.89%、Ag 89.65g/t
–625m 以下（原生硫化物带）	Pb、Zn、Ag、Au、Cu	硫化物型	主要：粒状结构、镶嵌结构、交代结构、显微压碎结构； 次要：乳滴状结构、显微包含结构、浸蚀结构、骸晶结构、草莓状结构等	主要：块状、浸染状、角砾状、构造； 次要：角砾状、脉状-网脉状、条带状、层纹状构造等	主要：闪锌矿、方铅矿、黄铁矿、菱锰矿； 少量：黝铜矿、黝锡矿、方黝锡矿、毒砂、白铁矿及银金矿、硫银铋矿等； 局部见大量黄铜矿、磁铁矿	Pb 6.64 %、Zn 10.77 %、Au 0.97 g/t、Ag 141.32 g/t、Cu 0.25 %

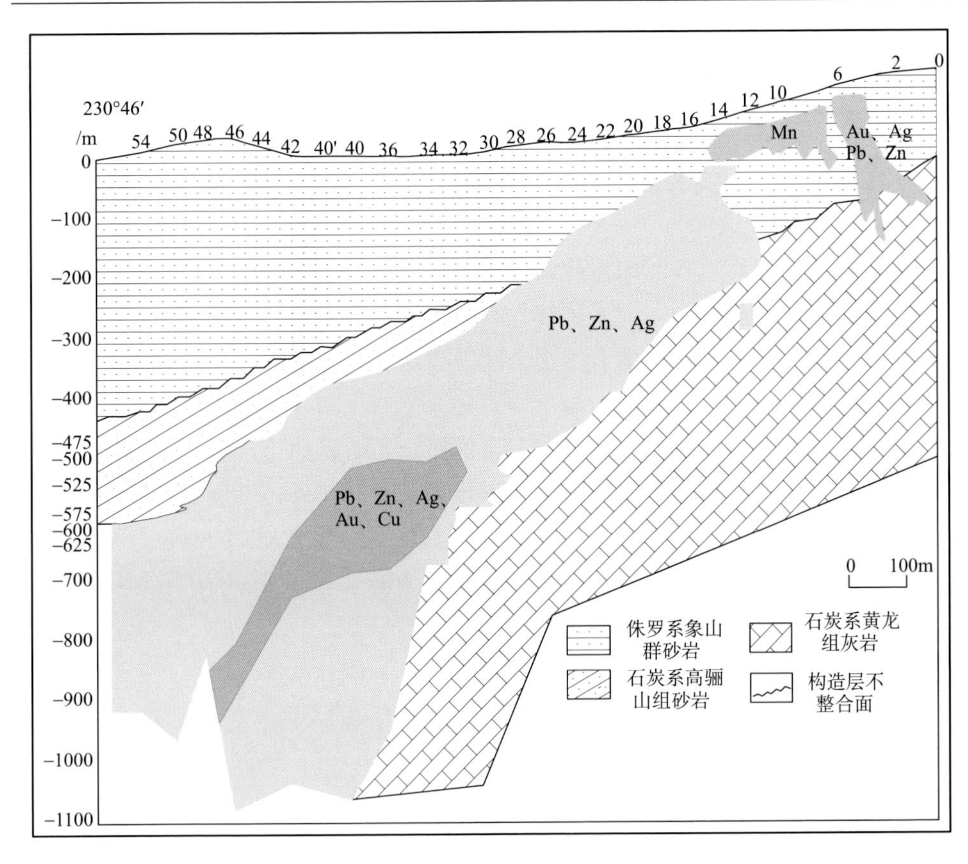

图 3-19　北象山—虎爪山矿段 1 号主矿体垂向分带示意图

第 4 章　矿石组构、成矿期次与矿物地球化学特征

根据矿石类型可以判断原生硫化物矿体经历次生氧化作用程度。如果以硫化物型为主，氧化物型较少，表明矿体保存较好，次生氧化作用较弱。矿石的化学成分包括主要有用组分、伴生有用组分和有害组分。主要有用组分是组成矿石的主要矿化元素，伴生有用组分为与主要矿化元素共生的、不能单独开采的有用组分；有害组分为对环境、人类健康有危害的组分。矿石的结构和构造、结合矿石矿物组成和元素组成，是划分成矿期次的重要信息。此外，贵金属金、银的赋存方式是金属选冶的重要制约因素。近年发展起来的 LA ICP-MS 的原位分析技术为研究硫化物和氧化物的演化和形成条件提供了关键信息。详细的矿石组构和微量元素信息，可为矿床成因探讨提供可靠的证据。

4.1　矿石类型和化学组成

4.1.1　矿石类型

该矿区矿石类型按氧化程度可分为硫化物型、氧化物型及混合型矿石。

1. *硫化物型矿石（原生带矿石）*

硫化物型矿石是矿区主要矿石类型，占 92%以上。虎爪山、甘家巷、西库等矿段均为硫化物型矿石。按矿石内有用元素组合不同可分为 Pb-Zn-S 型（包括 Pb-Zn-S-Cu-Ag 型、Pb-Zn-S-Au 型、Pb-Zn-S-Mn 型）、Pb-Zn-Cu 型、单硫型（包括硫金型）及碳酸锰型等工业类型。

2. *氧化物型矿石、混合型矿石*

氧化物型矿石大体分布在潜水面即 0 m 标高以上，沿断裂往下有延伸，矿石量约占全区的 6%。混合型矿石分布于 0～–50 m 标高之间的氧化带与原生带的过渡带，矿石量仅占全区 2%。

氧化物型和混合型矿石主要分布于平山头矿段及虎爪山矿段浅部的局部地段。主要有用元素有 Ag、Au、Pb、Zn、Cu、S、Mn 等，按其有用元素组合不同有 4 种工业类型：Ag-Au-Pb-Zn 型、单金型、Pb-Zn 型、氧化锰型。

4.1.2　矿石化学成分及分布特征

平山头矿段矿石主要有用组分为 Ag、Au、Pb、Zn，伴生有用组分为 Cu、Mn、S、Fe，有害组分主要为 As。北象山—虎爪山矿段矿石主要有用组分为 Pb、Zn、S、Mn，伴生有用组分主要为 Au、Ag、Cu，其次为 Cd、Ga、In、Se、Te、Tl，有害组分为 C 和 As。甘家巷矿段矿石主要有用组分为 Pb、Zn、S，伴生有用组分为 Cu、Ag、Au、Cd、Se、Ga，有害组分为 As。西库矿段主要有用组分为 Ag，伴生有用组分为 Au、Pb、Zn，有害组分为 P。其中，以北象山—虎爪山矿段的研究资料最为丰富，以下元素空间分布以此矿段的主矿体为例。

1. 伴生有用组分分布特征

铅锌：北象山—虎爪山矿段 1 号主矿体的铅锌平均品位分别为 5.27%和 8.11%，具有局部富集的特点，存在 3 个富集部位，并且铅和锌的含量伴随深度逐渐升高。

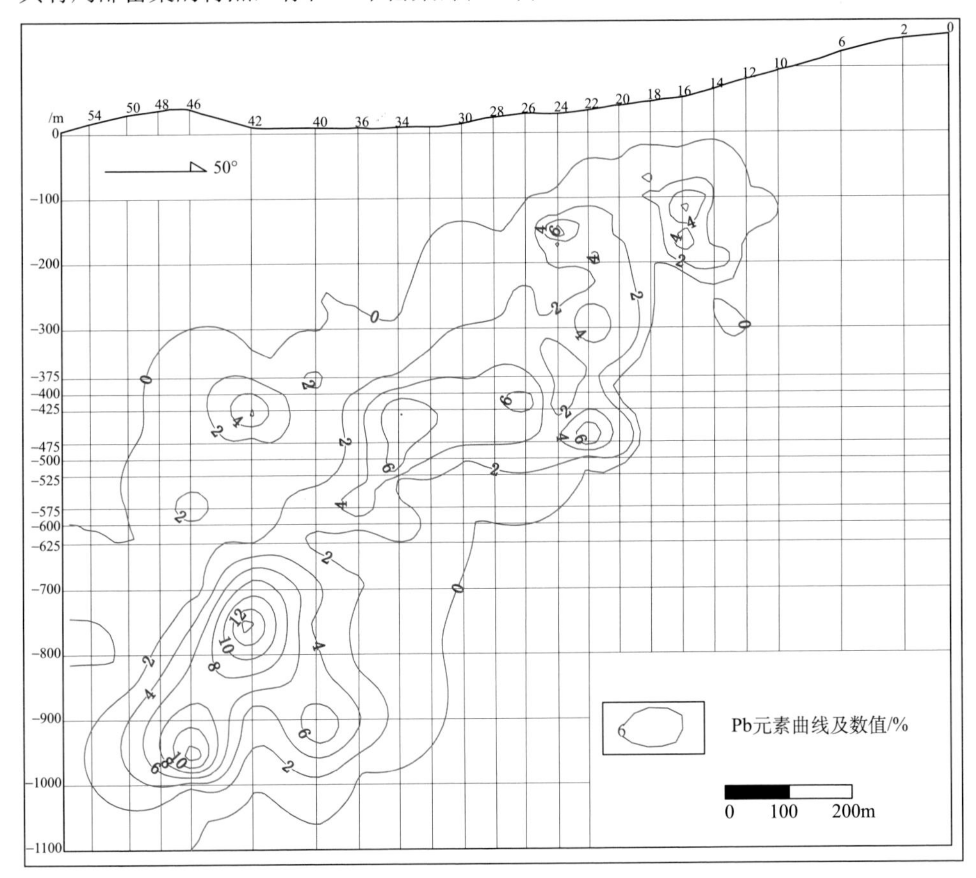

图 4-1　1 号主矿体铅元素等值线图

12～24 线–100～–200 m，铅品位达到 4%，锌品位达到 8%；20～44 线–375～–475 m，铅品位达到 6%，锌品位则达到 12%；40～48 线–650～–1000 m，铅品位达到 12%，锌品位则达到 14%，–625 m 以上平均品位铅 2.37%、锌 3.86%，–625 m 中段以下平均品位铅 5.94%、锌 9.10%，显示向深部有逐渐升高的趋势（图 4-1、图 4-2）。

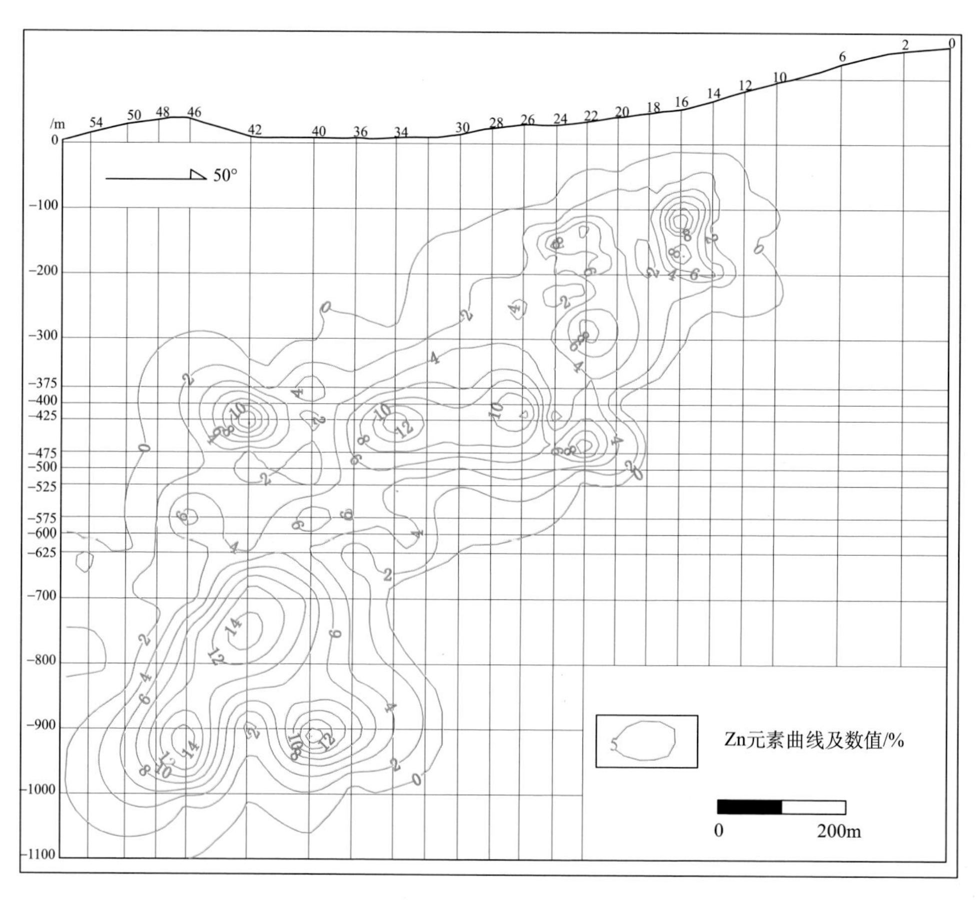

图 4-2　1 号主矿体锌元素等值线图

硫：硫的矿段平均品位为 33.25%，硫矿体大多分布于铅锌主矿体的边部或旁侧，0～–625 m，主要位于铅锌矿体的上盘，品位为 15%～35%；–625 m 以下，主要位于矿体的下盘，品位为 15%～30%。与铅锌主矿体共（伴）生的硫，具有与铅锌近于相同的分布特征，品位一般为 20%～30%（图 4-3）。

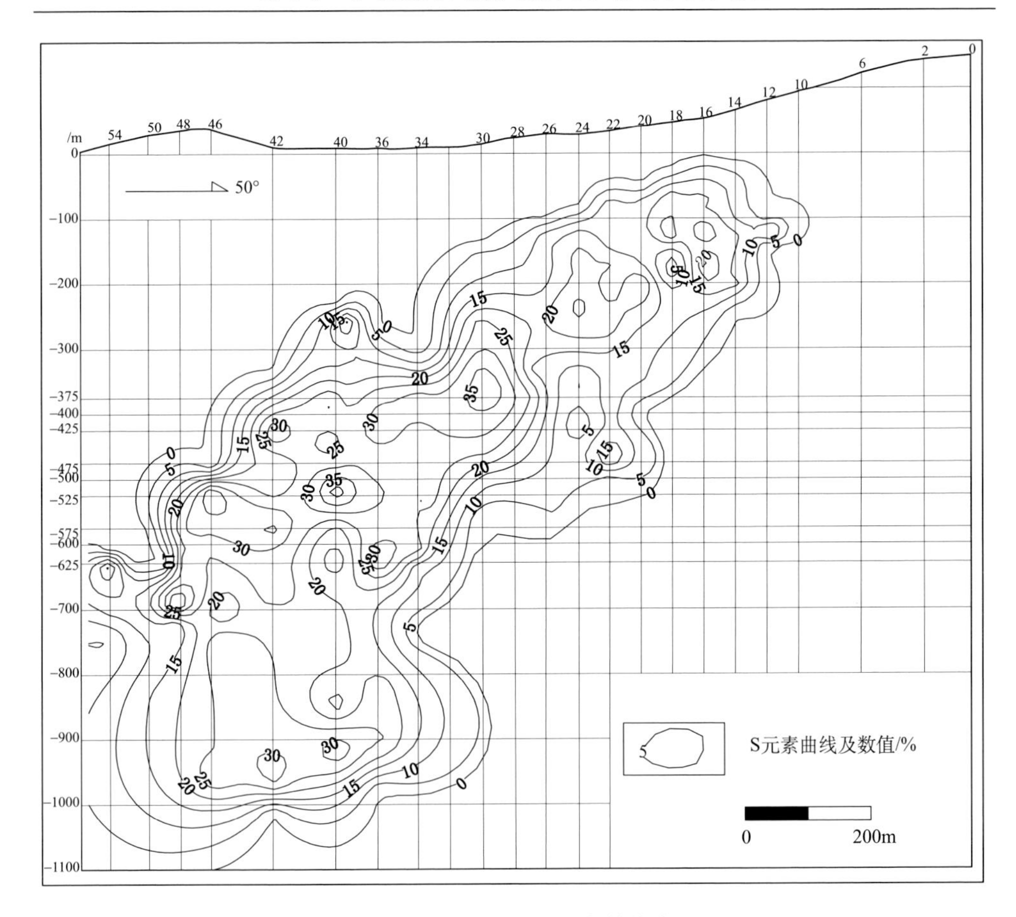

图 4-3　1 号主矿体硫元素等值线图

锰：圈定锰矿锰的平均品位为 15.73%，锰矿体大多分布于铅锌主矿体的边部或旁侧，主要分布在 12～50 线之间，在 26～30 线–150～–250 m 和 40～46 线–350～–450m 处，锰的品位最高达到 12%，在 46～50 线–950～–1050 m 处，锰的品位最高只有 4%；与铅锌主矿体共（伴）生的锰，随着深度的增加含量逐渐降低（图 4-4）。

磁性铁：富集于 34～42 线–650m～–800m 之间（图 4-5），浓集中心位于 1 号主矿体的深部 40 线–750m 的位置，品位一般为 8%～14%，向深部和浅部品位逐渐降低。

2. 伴生有用组分分布特征

金：金主要分布在 36～42 线，尤其是 40 线附近，在–475～–575 m、–725～–800 m、–900～–1000 m 3 个部位较为富集，品位一般为 2～3 g/t（图 4-6）。–625 m 以上铅锌矿矿石中平均品位 Au 1.08 g/t，黄铁矿矿石中平均品位 Au 0.89 g/t，–625 m

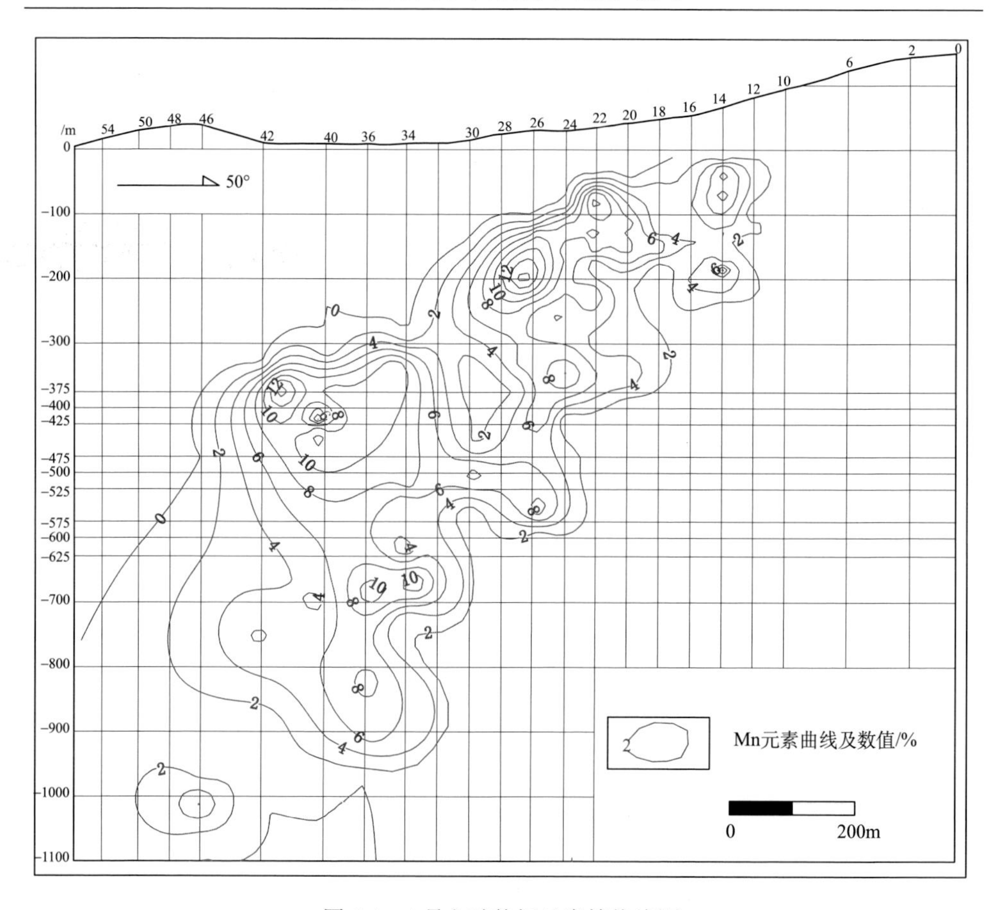

图 4-4　1 号主矿体锰元素等值线图

中段以下铅锌矿矿石中平均品位 Au 0.88 g/t，黄铁矿矿石中平均品位 Au 1.21 g/t，显示在黄铁矿矿石中向深部有逐渐升高的趋势。

银：银主要分布于铅锌矿与黄铁矿矿石中，伴生银的品位分别为铅锌矿中 114.88 g/t、黄铁矿中 84.43 g/t。在 1 号铅锌主矿体中，银主要分布在 26 线（–425～–525 m），品位为 100～300 g/t；34 线（–425～–525 m），品位为 300～600 g/t；42 线（–650～–675 m），品位为 100～200 g/t；42 线（–900～–1000 m），品位为 150～300 g/t（图 4-7）。–625 m 以上铅锌矿矿石中平均品位 Ag 81.48 g/t，黄铁矿矿石中平均品位 Ag 70.78 g/t；–625 m 中段以下铅锌矿矿石中平均品位 Ag 122.59 g/t，黄铁矿矿石中平均品位 Ag 113.60 g/t，显示向深部升高趋势明显。

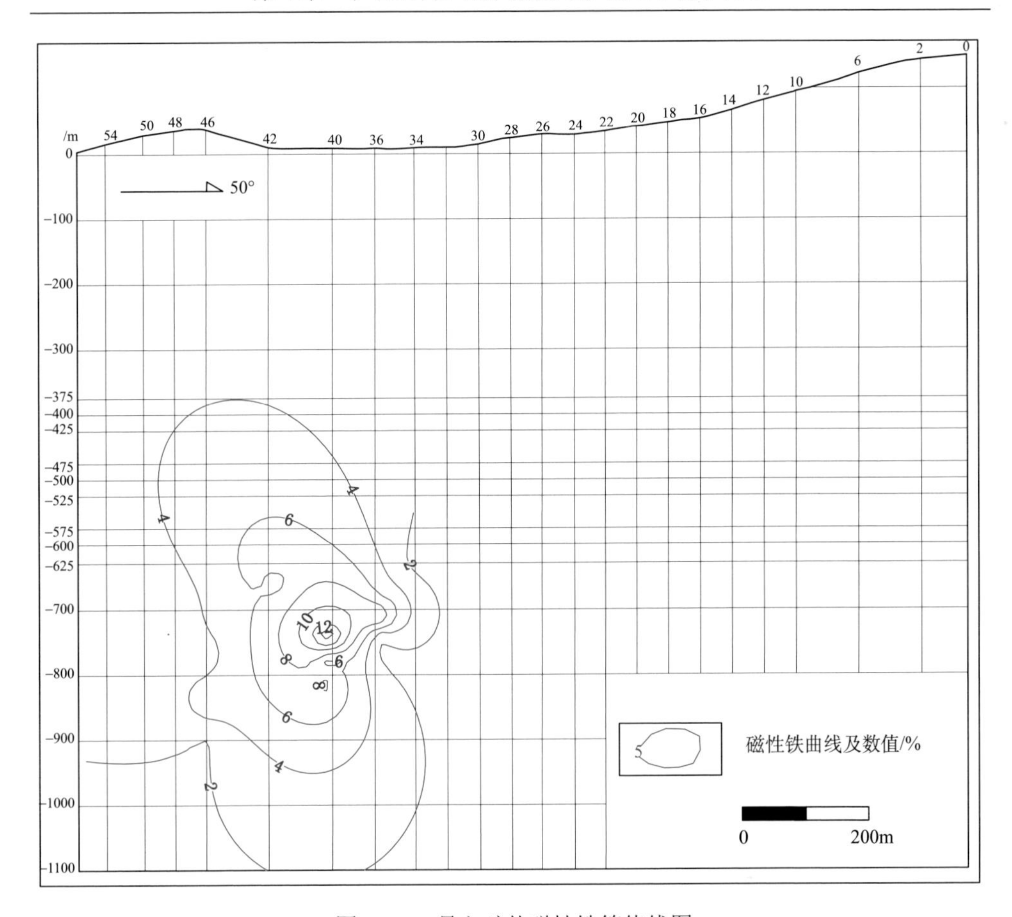

图 4-5　1 号主矿体磁性铁等值线图

铜：铜主要分布于铅锌矿与黄铁矿矿石中，伴生铜的品位分别为铅锌矿中 0.22%、黄铁矿中 0.10%。在 1 号铅锌主矿体中，铜主要分布在 34 线（–400～–575 m），品位为 0.1%～0.3%；42 线（–650～–675 m），品位为 0.1%～0.5%；42 线（–900～–1000 m），品位为 0.4%～0.8%。–625 m 以上铅锌矿矿石中平均品位 Cu 0.13%，–625 m 中段以下铅锌矿矿石中平均品位 Cu 0.24%，显示向深部升高趋势明显（图 4-8）。

经统计发现，铜、金、银的含量在 40～46 线的深部相对较高，–625 m 中段以下，铜在铅锌矿矿石中的平均品位为 0.24%，银为 122.59 g/t，金为 0.88 g/t；金在黄铁矿矿石中的平均品位为 1.21 g/t，42、46 线局部可圈出铜、金、银的富集地带。

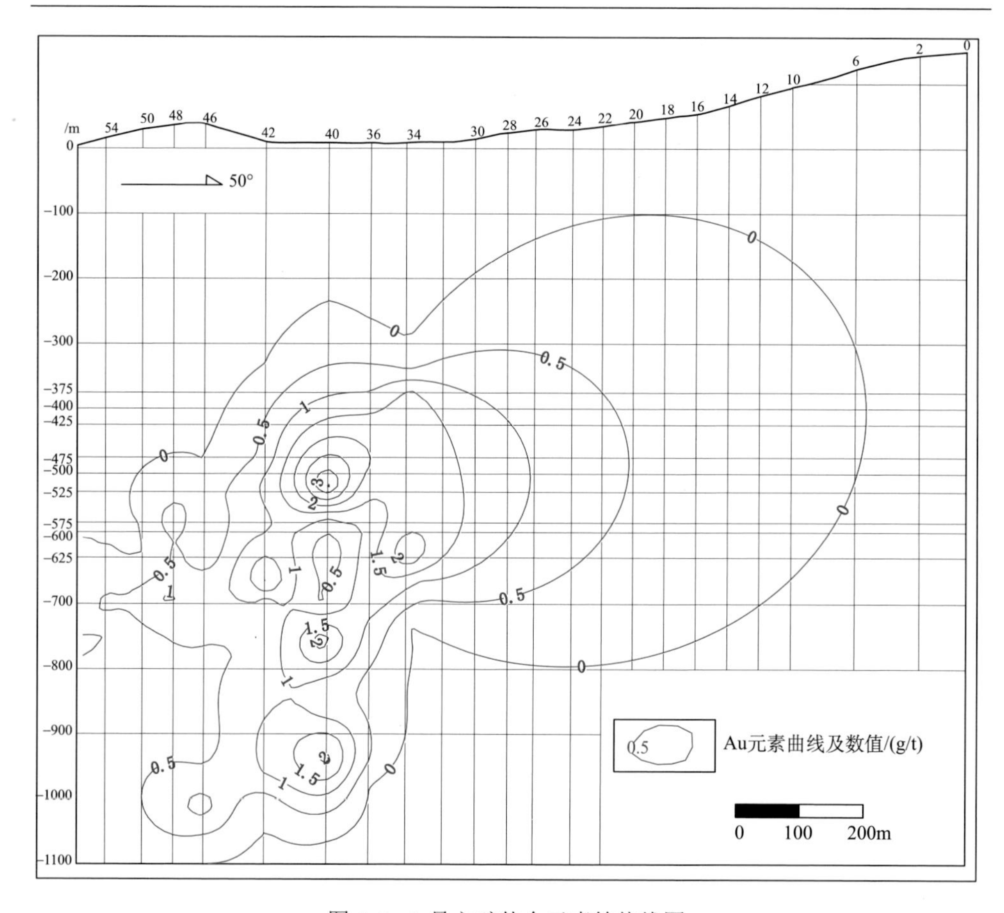

图 4-6　1 号主矿体金元素等值线图

通过铜、金、银含量较高的 40 线、42 线和 46 线矿体中铅、锌、银、铜、金、硫（黄铁矿）、全铁 7 个有益元素的相关性分析发现，铅、锌、银、铜 4 种元素具有正相关性，金、全铁和黄铁矿中的硫具有正相关性（图 4-9～图 4-11）。

3. 有害组分特征

矿石中的有害组分为碳和砷，碳的平均含量为 0.684%，砷平均含量为 0.863%。碳质物有硬软两种，硬者为硬质类石墨，在矿体破碎带内或附近分布；软者在矿区石炭-二叠系、侏罗系围岩内广泛分布，近矿围岩中的有机质碳常常混入矿体。角砾状黄铁矿矿石含碳量较其他矿石高。–625 m 以下组合分析资料显示，碳的含量为 0.03%～13.5%，平均含量为 5.72%；砷的含量为 0.01%～3.918%，平均含量为 0.447%，可见深部碳的含量明显增加，砷含量有所减少。

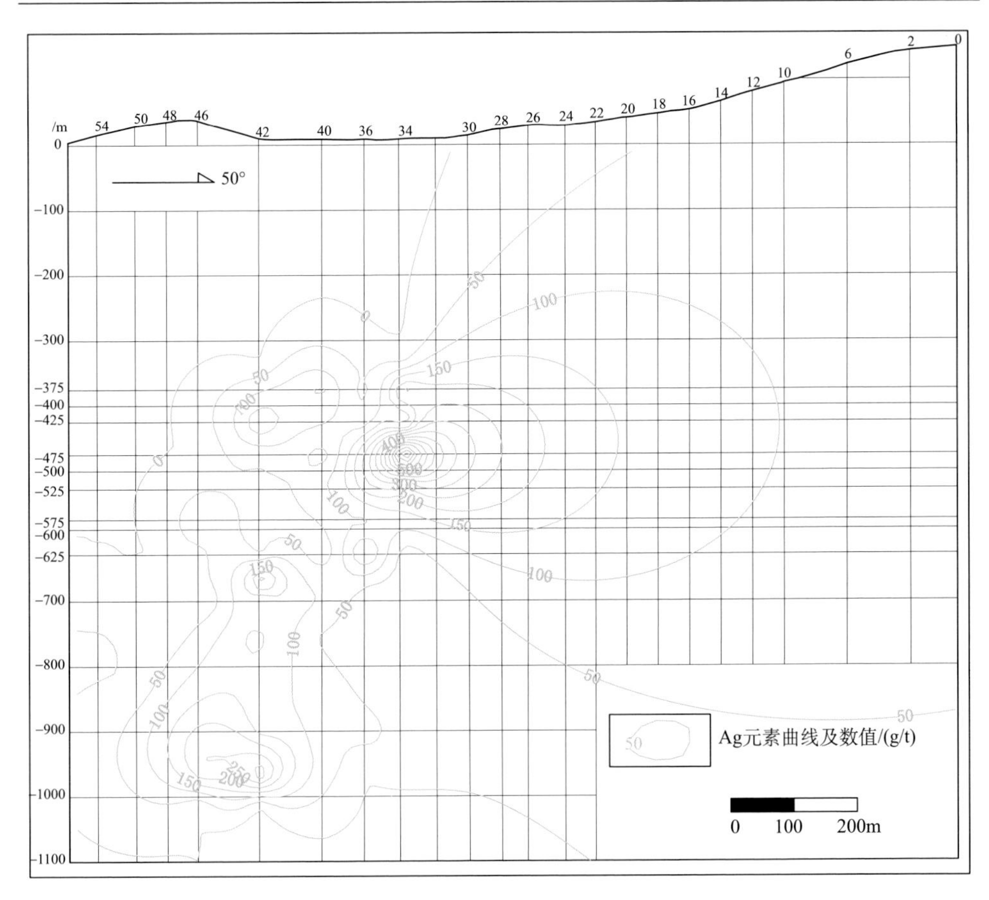

图 4-7　1 号主矿体银元素等值线图

4.2　矿石结构构造

4.2.1　矿石结构

矿石常见的结构有自形粒状结构（4-12 A）、半自形晶粒结构、它形晶粒结构、它形镶嵌结构（4-12 B）、交代骸晶结构（4-12 C）、交代残余结构（4-12 D）、显微包含结构（4-12 E）、乳滴状结构（4-12 F）、碎裂充填结构（4-12 G）、草莓状结构（4-12 H）、似凝灰质结构、束状变晶结构等。

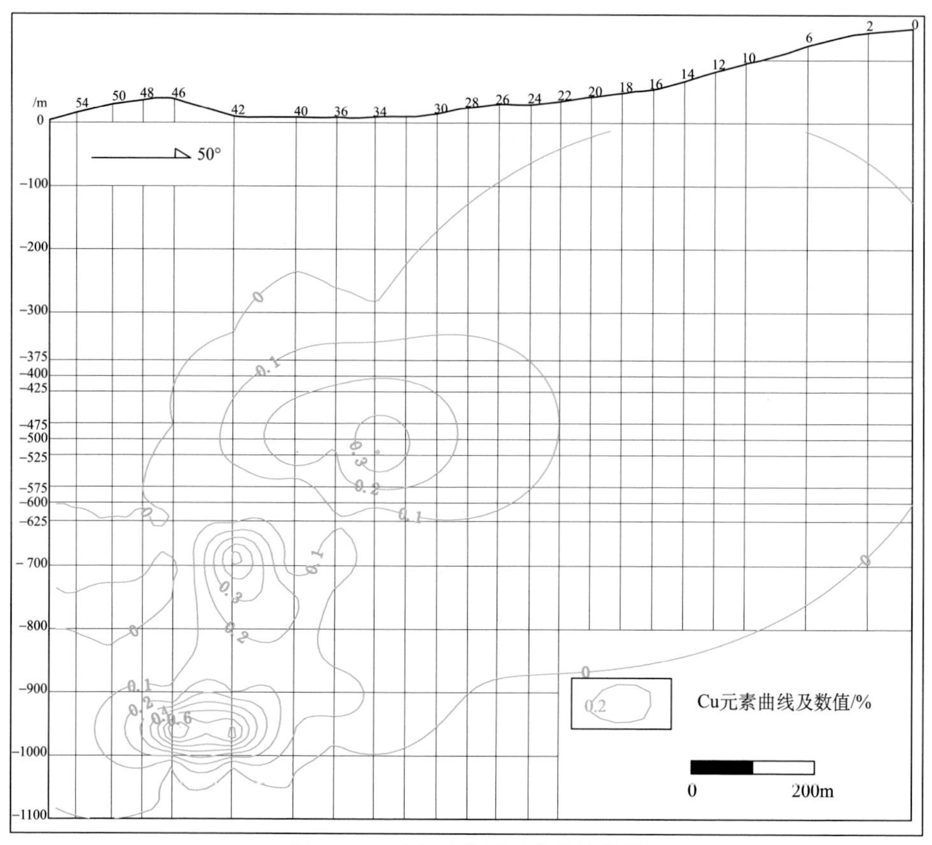

图 4-8　1 号主矿体铜元素等值线图

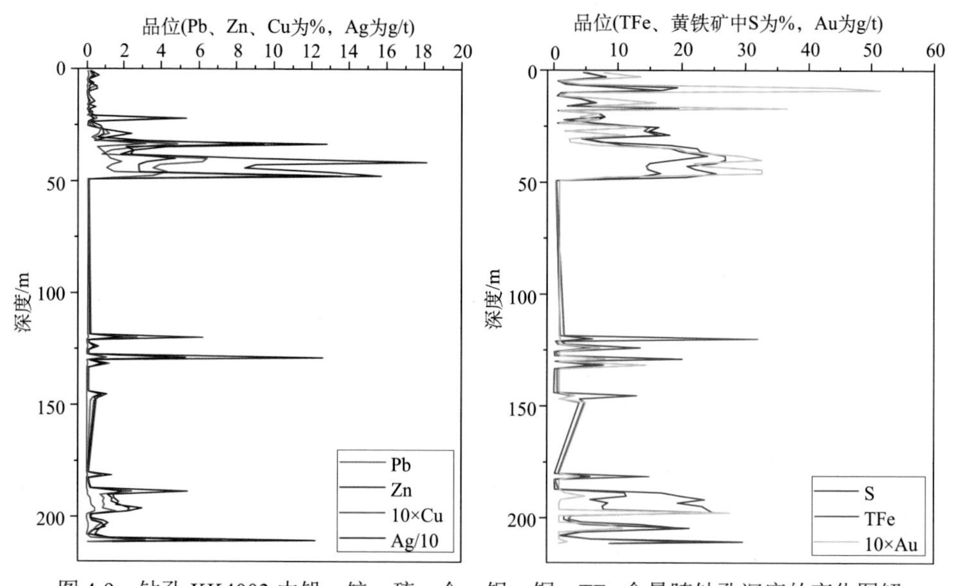

图 4-9　钻孔 KK4003 中铅、锌、硫、金、银、铜、TFe 含量随钻孔深度的变化图解

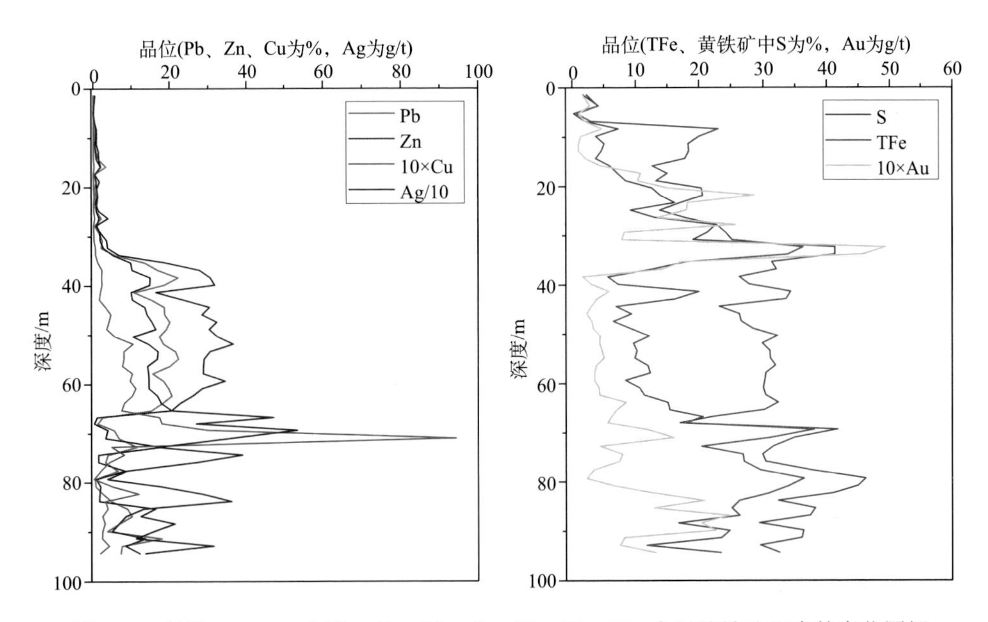

图 4-10　钻孔 KK4202 中铅、锌、硫、金、银、铜、TFe 含量随钻孔深度的变化图解

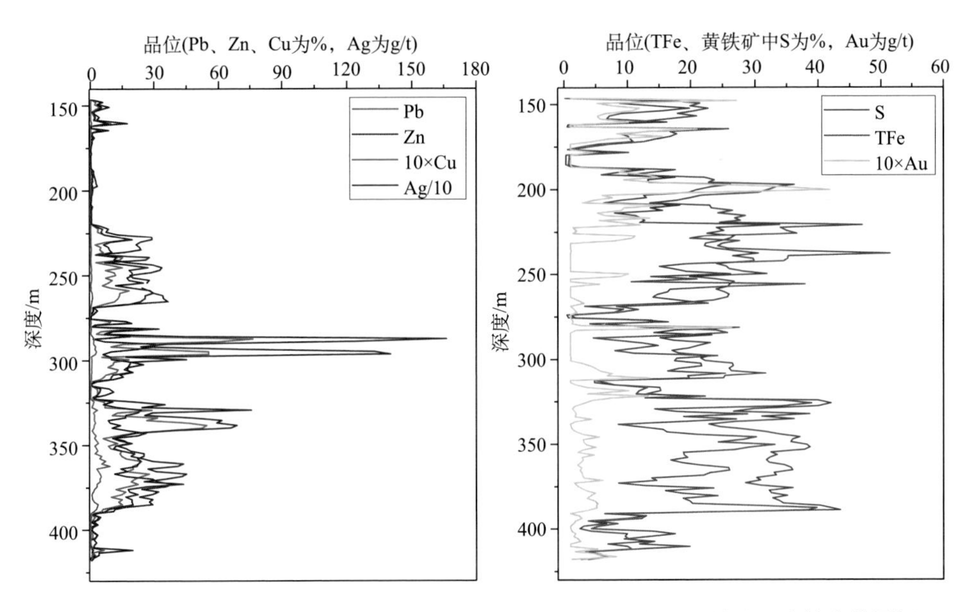

图 4-11　钻孔 KK4603 中铅、锌、硫、金、银、铜、TFe 含量随钻孔深度的变化图解

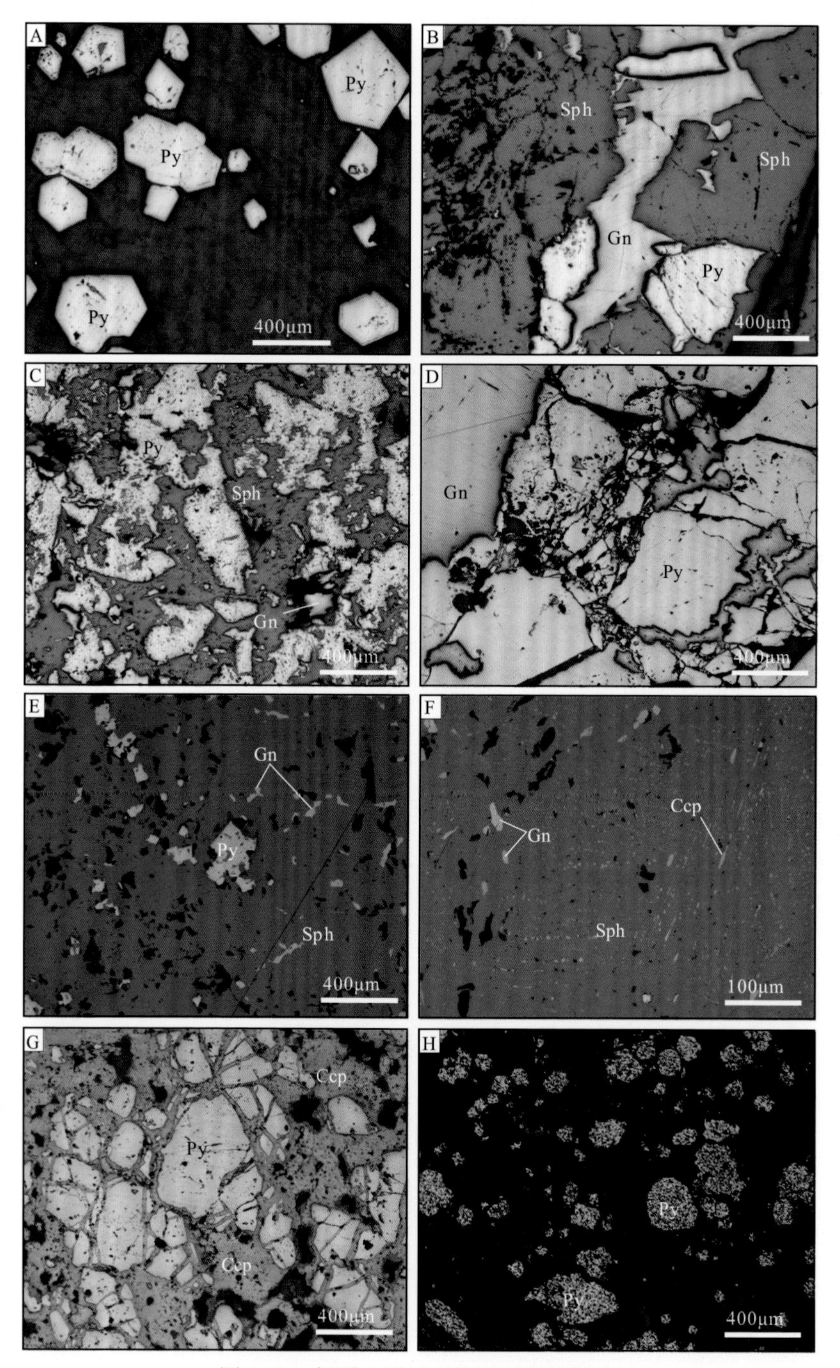

图 4-12　栖霞山铅锌矿床矿石结构照片

A. 自形粒状结构，黄铁矿自形晶粒；B. 方铅矿和闪锌矿镶嵌；C. 黄铁矿被闪锌矿交代；D. 黄铁矿被方铅矿交代充填；E. 方铅矿和黄铁矿包含于闪锌矿中；F. 闪锌矿中见乳滴状黄铜矿；G. 黄铜矿充填于碎裂的黄铁矿裂隙中；H. 草莓状黄铁矿；Py. 黄铁矿；Sph. 闪锌矿；Gn. 方铅矿；Ccp. 黄铜矿

4.2.2 矿石构造

钻孔样品中显示了清晰的矿石构造特征，具体包括块状黄铁矿（图 4-13 A）、团块状黄铁矿（图 4-13 B）、角砾状铅锌矿矿石（图 4-13 C、D）、致密块状铅锌矿（图 4-13 E）和条带状黄铁矿（图 4-13 F）。此外，其他手标本中也显示了相似的矿石构造特征，包括块状构造（图 4-14 A）、条带状构造（图 4-14 B）、角砾状构造（图 4-14 C）、浸染状构造（图 4-14 D）、脉状构造（图 4-14 E、F）、致密块状构造（图 4-14 G）、层纹状构造（图 4-14 H）。此外，氧化矿石常呈土状、粉末状、蜂窝状、胶状和似条带状构造。

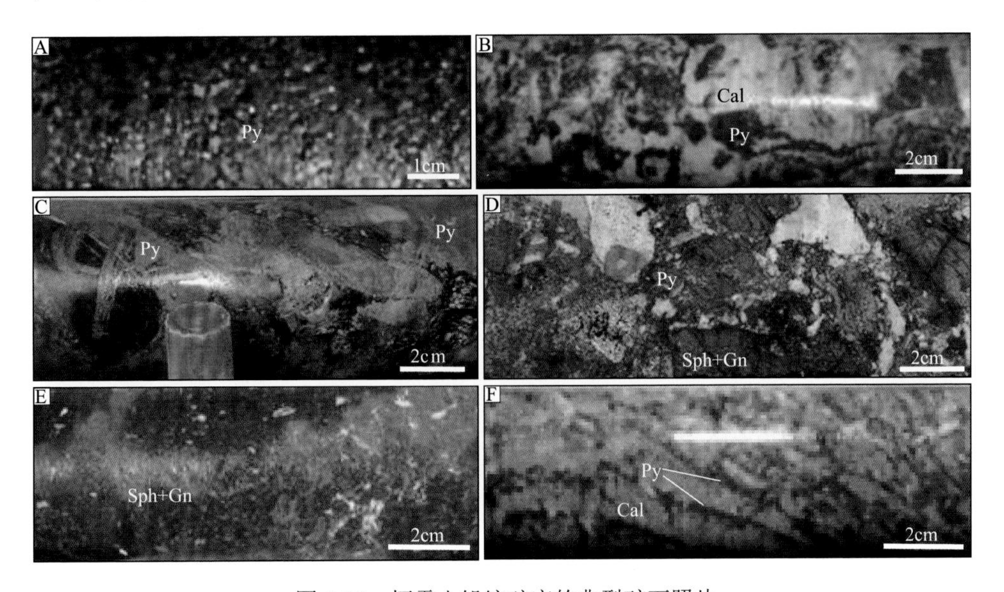

图 4-13　栖霞山铅锌矿床的典型矿石照片

A. 块状黄铁矿；B. 团块状黄铁矿；C. 角砾状矿石；D. 方铅矿、闪锌矿、黄铁矿角砾状矿石；E. 致密块状铅锌矿；F. 条带状黄铁矿；Py. 黄铁矿；Sph. 闪锌矿；Cal. 方解石；Gn. 方铅矿；Ccp. 黄铜矿

4.3 矿石矿物组成

4.3.1 矿石矿物类型

矿区已查明的矿物有 30 多种。硫化物矿石和氧化物矿石中的矿物分述如下。

硫化物矿石：主要矿石矿物有闪锌矿、方铅矿和黄铁矿，次为菱锰矿（包括钙菱锰矿和铁菱锰矿）、黄铜矿、黝铜矿、白铁矿，此外尚有少量磁铁矿、菱铁矿、磁黄铁矿、毒砂、辉银矿、螺状硫银矿、深红银矿、含银自然金、辰砂、镜铁矿

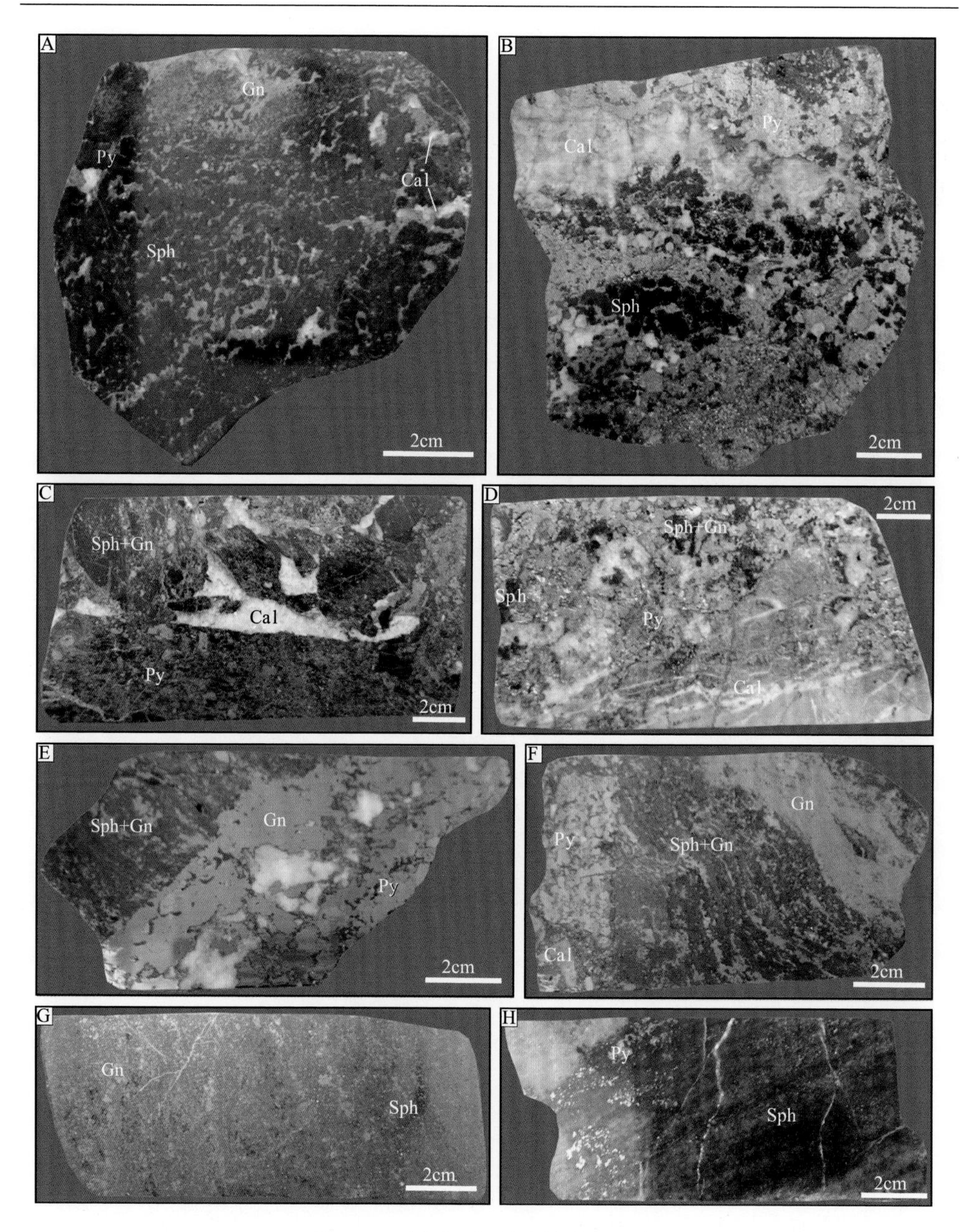

图 4-14　栖霞山铅锌矿的矿石照片

A. 块状构造；B. 条带状构造；C. 角砾状构造；D. 浸染状构造；E、F. 脉状构造；G. 致密块状构造；H. 层纹状构造；Py. 黄铁矿； Sph. 闪锌矿；Cal. 方解石； Gn. 方铅矿

等；脉石矿物主要有方解石、石英，次为白云石、重晶石、玉髓，此外有少量萤石、石膏、化石，偶见透辉石、绿泥石、钙铁辉石、阳起石、透闪石等。

氧化物矿石：矿石矿物有褐铁矿、银铁矾、铅铁矾、辉银矿、淡红银矿、深红银矿、自然金、白铅矿、铅矾、菱锌矿、水锌矿、软锰矿、硬锰矿、水锰矿、锰土、钙锰矿、偏锰酸矿、赤铁矿等；脉石矿物有石英、重晶石、氧化锰、碳酸盐类矿物、黏土矿物、基矾石、明矾石、黄钾铁矾、胆矾等。

4.3.2 拉曼光谱研究

本书对栖霞山出现的主要矿石矿物进行了拉曼光谱研究以准确确认矿物组成。拉曼光谱技术可以提供快速、简单、可重复、更重要的是无损伤的定性定量分析，并且拉曼光谱谱峰清晰尖锐，更适合定量研究、数据库搜索以及运用差异分析进行定性研究（Turrel and Corset，1996）。

对栖霞山的黄铁矿进行拉曼测试，典型的拉曼谱峰显示在图 4-15 和图 4-16，结果显示主要峰位有 3 个，集中在 343.34～347.49 cm^{-1} 、377.92～384.83 cm^{-1} 、430.47～440.15 cm^{-1}，与黄铁矿的标准谱峰一致。另外部分黄铁矿出现 1346.00～1359.80 cm^{-1} 的峰位，可能指示了混入与生物沉积过程的碳质。

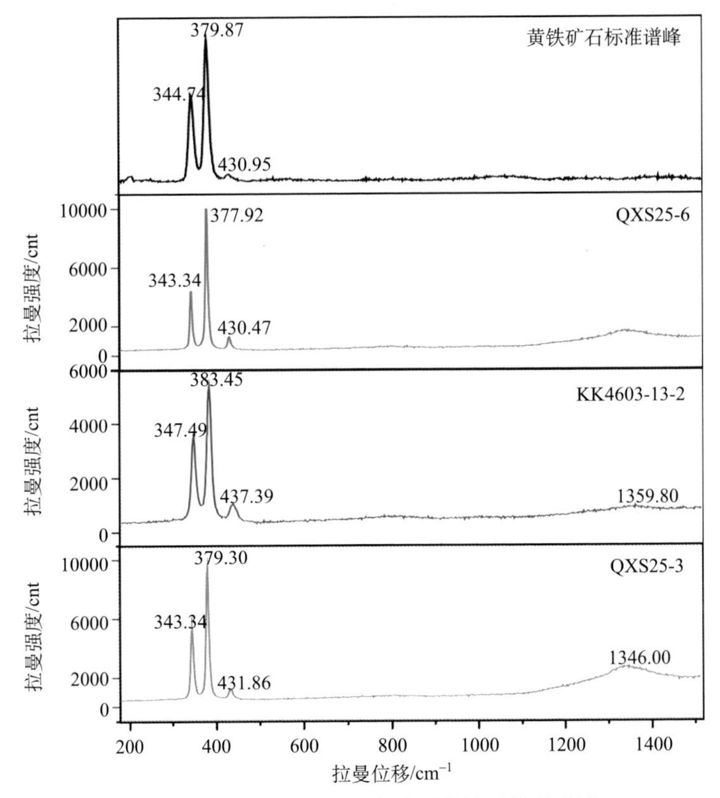

图 4-15 栖霞山铅锌矿含碳质黄铁矿拉曼光谱

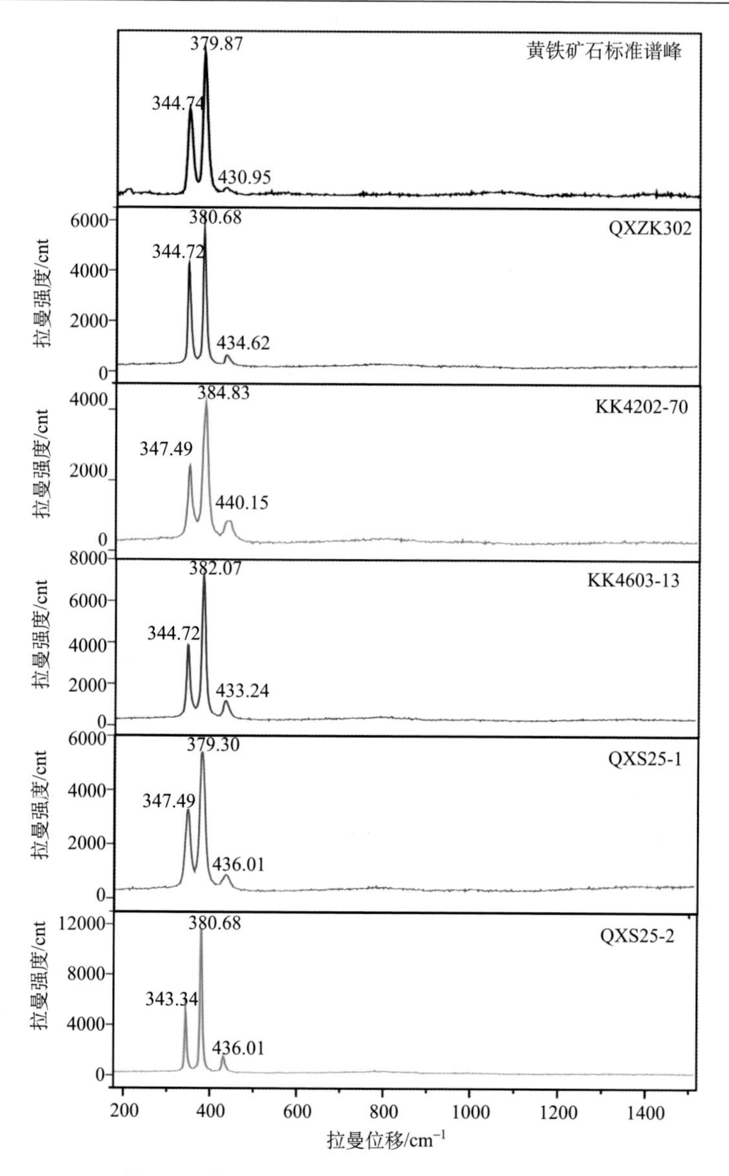

图 4-16　栖霞山铅锌矿不含碳质黄铁矿拉曼光谱

对栖霞山的闪锌矿进行拉曼测试，典型的拉曼谱峰显示在图 4-17，结果显示主要峰位有 8 个，集中在 175.99～179.92cm^{-1}、214.72～216.10 cm^{-1}、297.70～301.50 cm^{-1}，329.51～334.00 cm^{-1}，348.87～350.26 cm^{-1}，442.92～448.45 cm^{-1}，608.89～617.39 cm^{-1}，666.36～668.36 cm^{-1}，与闪锌矿的标准谱峰一致。

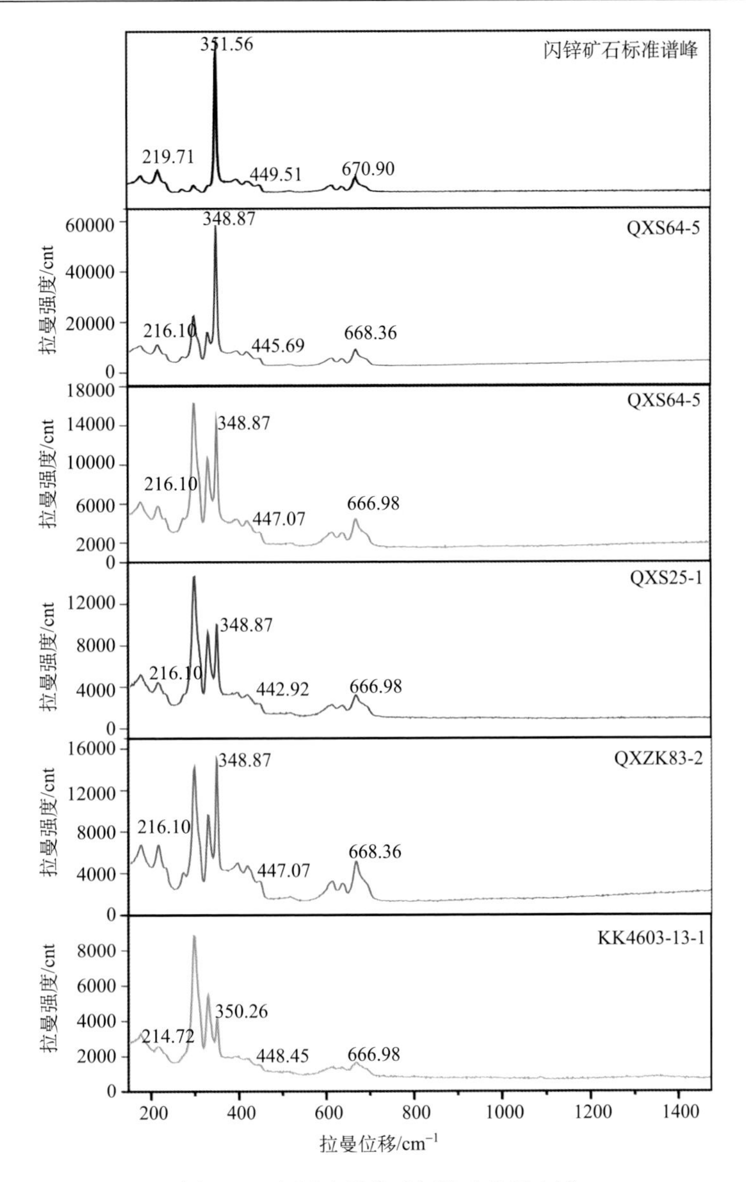

图 4-17　栖霞山铅锌矿闪锌矿拉曼光谱

对栖霞山的方铅矿进行拉曼测试，典型的拉曼谱峰显示在图 4-18，结果如下：主要峰位有 2 个，集中在 206.42～209.18cm^{-1} 、455.37～462.28 cm^{-1}，与方铅矿的标准谱峰一致。

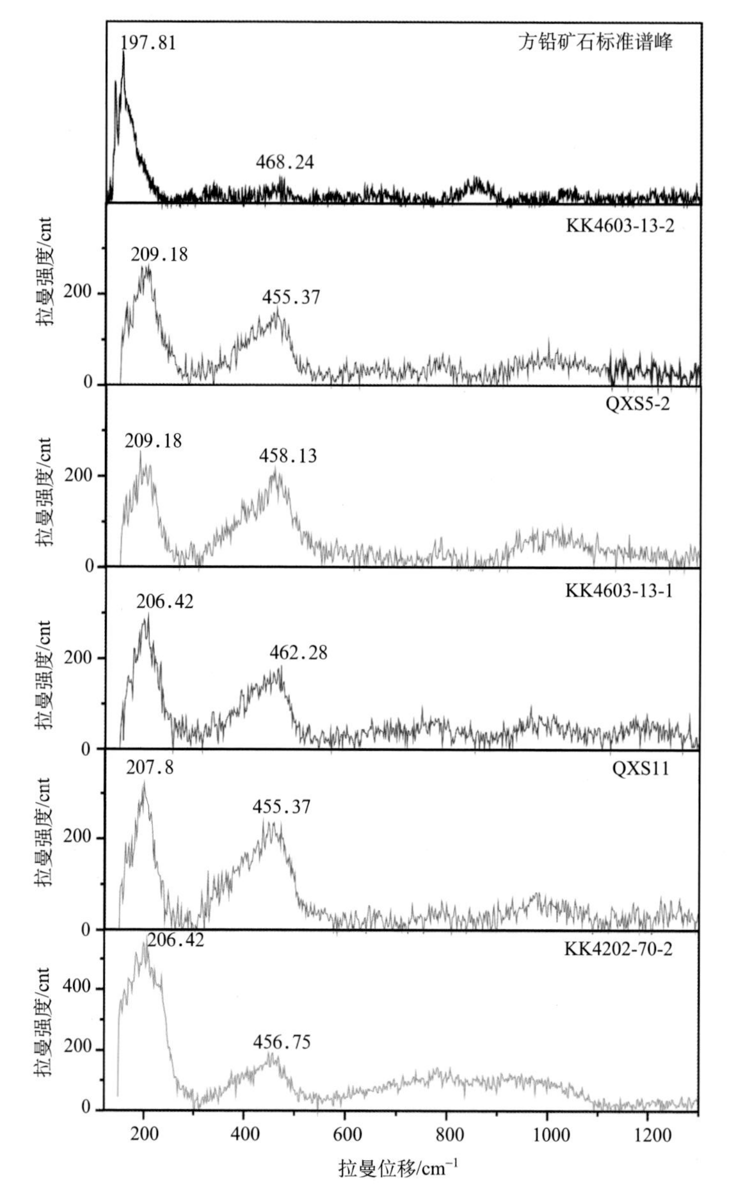

图 4-18　栖霞山铅锌矿方铅矿拉曼光谱

对栖霞山的黄铜矿进行拉曼测试，典型的拉曼谱峰显示在图 4-19，结果如下：主要峰位有 4 个，集中在 290.78～292.17 cm^{-1}、314.3～318.45 cm^{-1}、350.26～353.02 cm^{-1}、470.58～474.73cm^{-1}，与黄铜矿的标准谱峰一致。

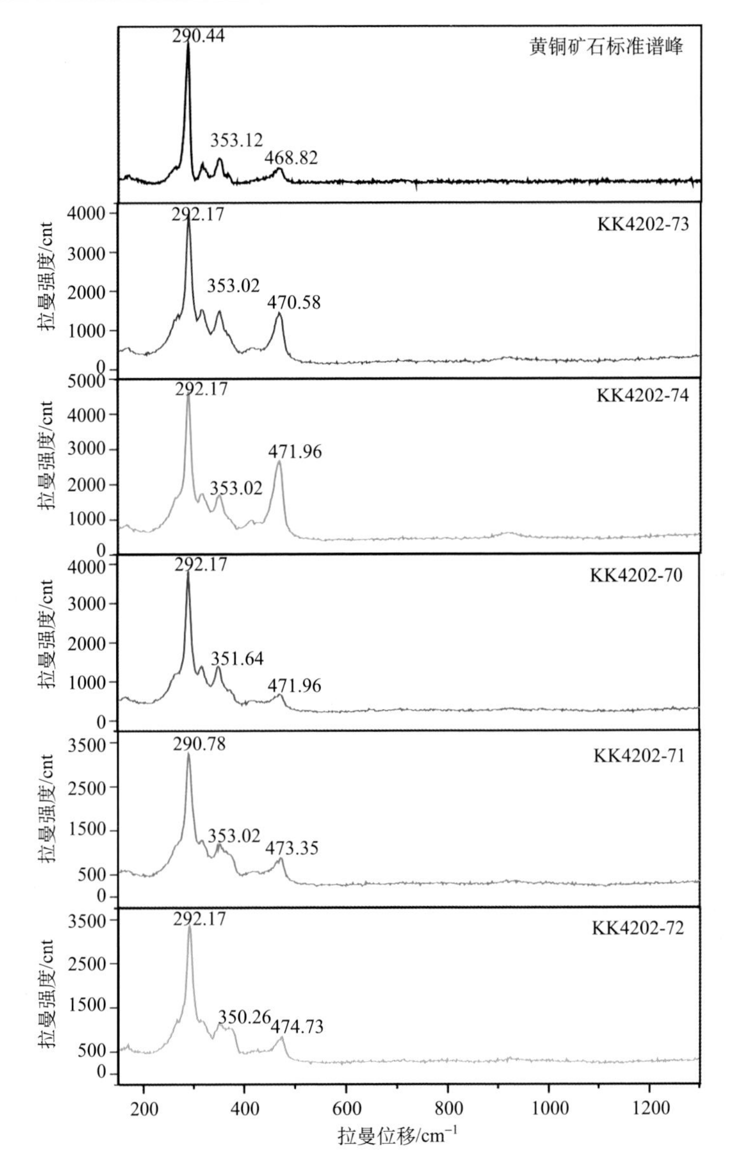

图 4-19　栖霞山铅锌矿黄铜矿拉曼光谱

对栖霞山的磁铁矿进行拉曼测试，典型的拉曼谱峰显示在图 4-20，结果如下：主要峰位有 3 个，集中在 292.17～307.38 cm^{-1}、545.27～548.03 cm^{-1}、671.13～675.27 cm^{-1}，与磁铁矿的标准谱峰一致。

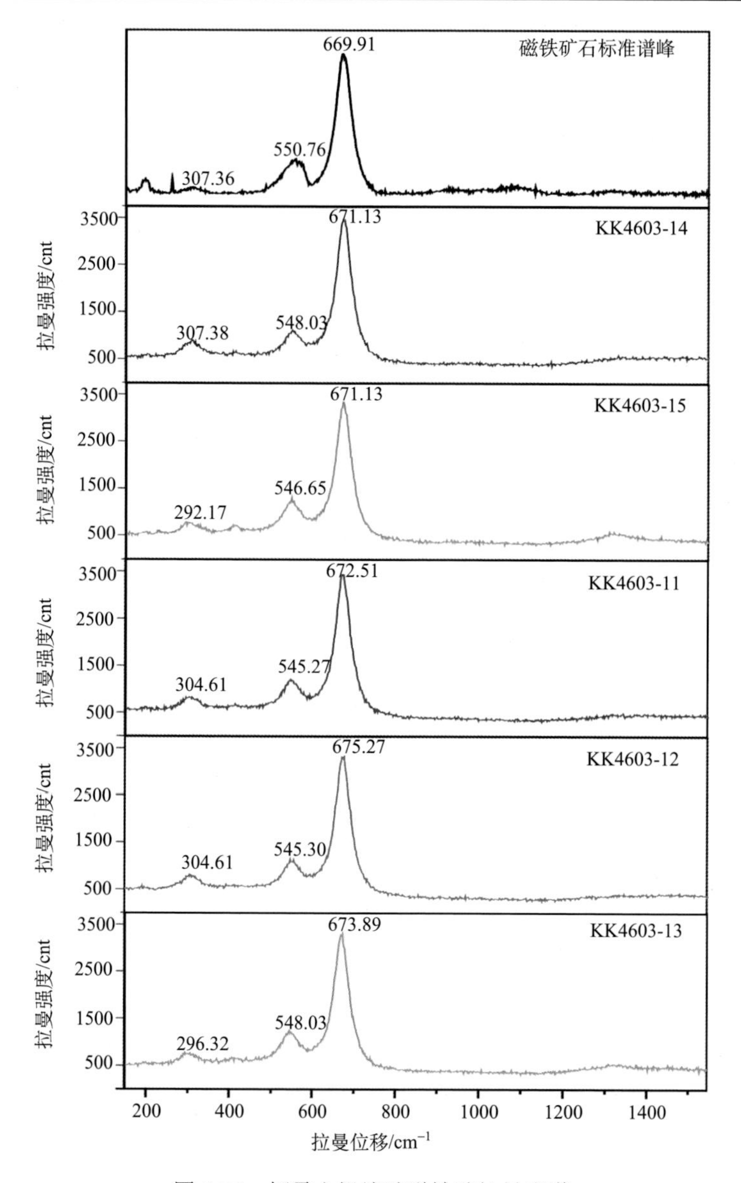

图 4-20　栖霞山铅锌矿磁铁矿拉曼光谱

4.4　成矿期次划分

根据虎爪山矿段坑道及钻孔常见矿物的结构、构造特征和共生组合关系及矿物之间的穿插交代关系，铅锌矿化经历了 4 个矿化阶段（图 4-21）。

矿物种类	生物成因阶段(Stage1)	早期黄铁矿–闪锌矿–方铅矿阶段(Stage2)	晚期黄铁矿–方铅矿–闪锌矿–黄铜矿阶段(Stage3)	石英–方解石阶段(Stage4)
菱锰矿	━━━━━━		──────	
黄铁矿	━━━━━━	──────	- - - - - -	
白铁矿	- - - - - -			
磁黄铁矿	- - - - - -			
闪锌矿		━━━━━━	──────	
方铅矿		- - - - - -	━━━━━━	
黄铜矿			- - - - - -	
磁铁矿			- - - - - -	
黝铜矿			- - - - - -	
毒砂		- - - - - -		
辉银矿			- - - - - -	
银金矿			- - - - - -	
硫银铋矿			- - - - - -	
石英		- - - - - -	- - - - - -	- - - - - -
方解石		- - - -	──────	──────
绿泥石			- - - - - -	
绿帘石			- - - - - -	
透闪石			- - - - - -	

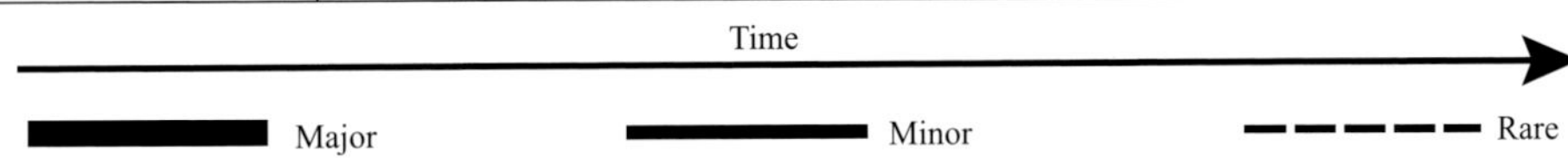

图 4-21　栖霞山铅锌矿成矿阶段和矿物生成顺序图

生物成因阶段

第一阶段矿石主要呈层纹状（图 4-22 A）和结核状（图 4-22 B）分布于黄龙组灰岩中，以黄铁矿（Py1）为主，并伴生菱锰矿，显微镜下该阶段黄铁矿多呈草莓状（图 4-23 A）或胶状（图 4-23 B）结构，但是由于后期热液作用，多数发生了一定程度的重结晶。细粒薄层的黄铁矿镜下为草莓状的黄铁矿 Py1，颗粒大小 5～50 μm；结核状构造的手标本镜下为胶状结构的黄铁矿颗粒 Py1，颗粒大小 100～200 μm。胶状黄铁矿表面较粗糙多具孔隙，并被黏土和有机质填充。

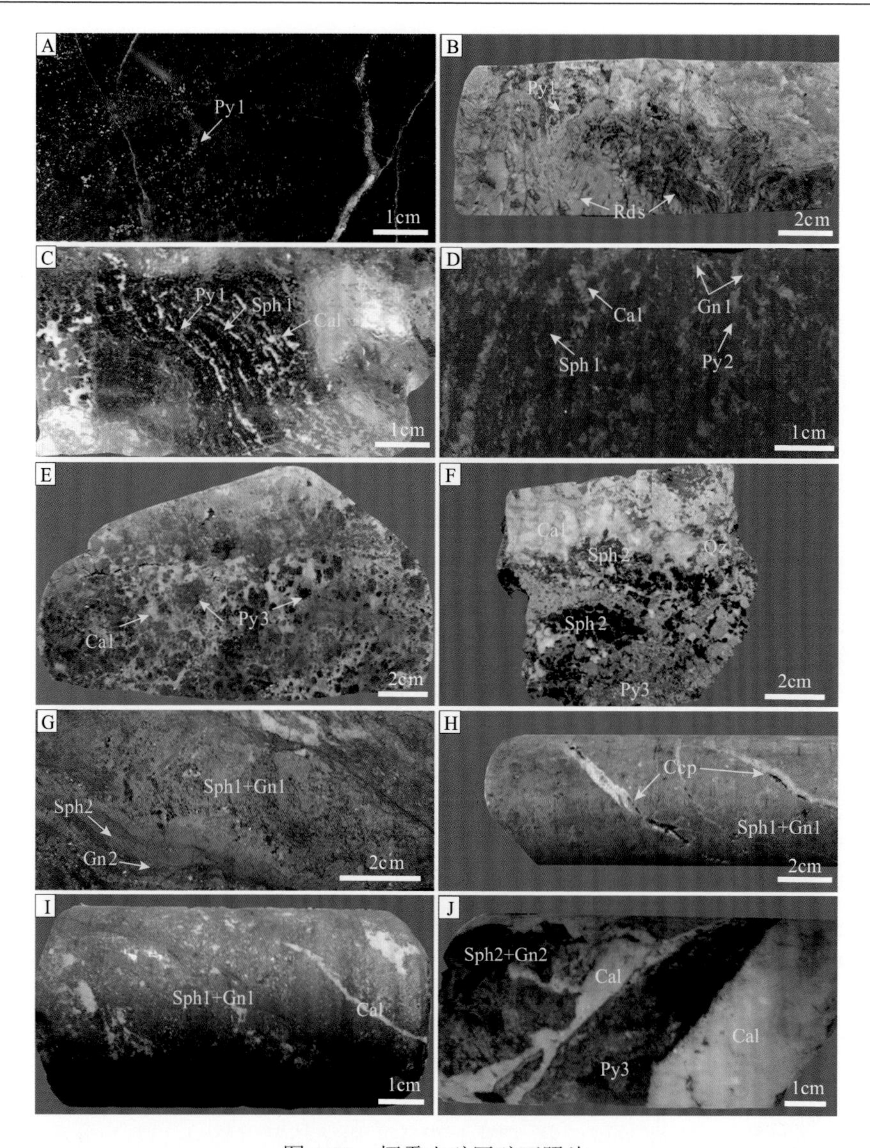

图 4-22　栖霞山矿区矿石照片

A. 生物成因的层纹状黄铁矿矿石（Py1）；B. 生物成因的块状、结核状的黄铁矿矿石（Py1）；C. 早期揉皱状铅锌矿矿石（Py2-Sph1-Cal）；D. 早期条带状铅锌矿矿石（Py2-Sph1-Gn1-Cal）；E. 晚期浸染状黄铁矿矿石（Py3）；F. 晚期块状铅锌硫矿石（Py3-Sph2-Cal-Qz）；G. 晚期铅锌矿细脉（Gn2-Sph2）穿切早期块状铅锌矿矿石（Gn1-Sph1）；H. 晚期黄铜矿（Ccp）细脉穿切早期块状铅锌矿矿石（Gn1-Sph1）；I、J. 最晚期方解石脉（Cal）切穿铅锌矿矿石（Gn1-Sph1 和 Gn2-Sph2）；Py. 黄铁矿；Sph. 闪锌矿； Gn. 方铅矿； Cpy. 黄铜矿；Rds. 菱锰矿；Qz. 石英；Cal. 方解石

早期黄铁矿-闪锌矿-方铅矿阶段

第二阶段矿化多呈揉皱状（图 4-22 C）、致密块状、条带状（图 4-22 D），矿

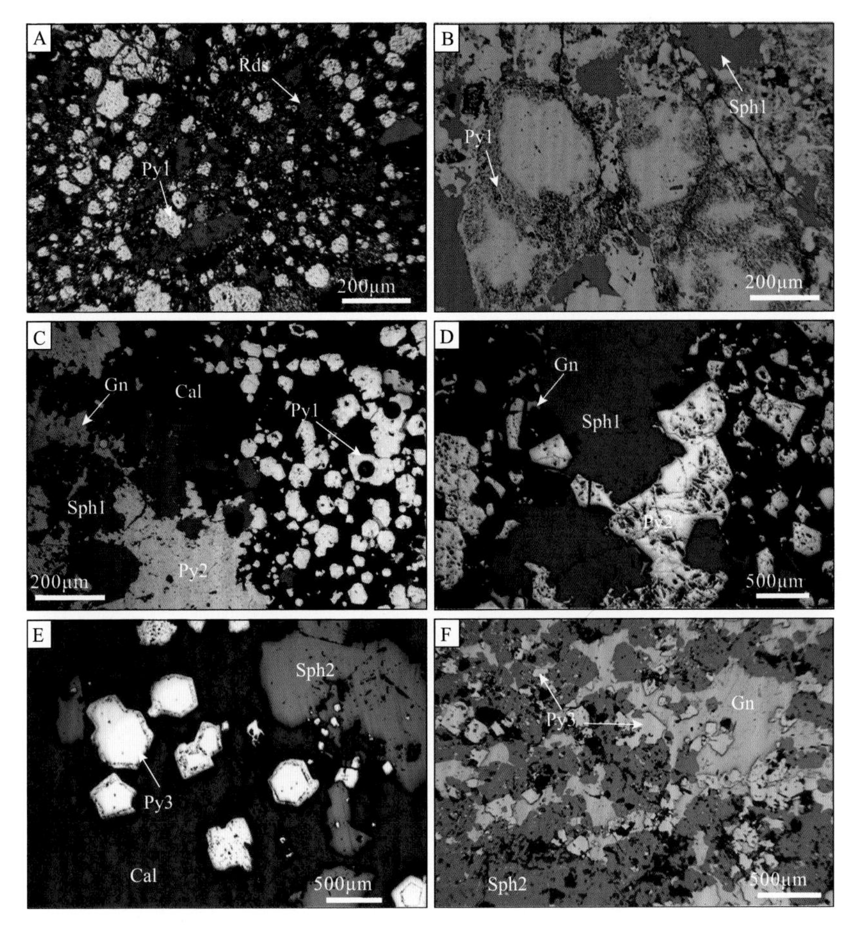

图 4-23　栖霞山铅锌多金属矿不同阶段硫化物显微构造图

A. 灰岩中草莓状的黄铁矿 Py1；B. Py1 为胶状黄铁矿颗粒，颗粒边部有凝胶收缩的裂纹；C. 细粒的分散的 Py1，大颗粒的 Py2 与闪锌矿 Sph1 共生，被方铅矿 Gn 交代；D. 自形-半自形黄铁矿 Py2 与 Sph1 共生；E. 自形较好的有环带的黄铁矿 Py3 及闪锌矿 Sph2；F. 晚期的闪锌矿 Sph2、方铅矿及黄铁矿 Py3；Py. 黄铁矿；Sph1. 早期深色闪锌矿；Sph2. 晚期浅色闪锌矿；Gn. 方铅矿；Cal. 方解石；Rds. 菱锰矿

石矿物以闪锌矿（Sph1）为主，次为黄铁矿（Py2）和方铅矿（Gn1），这一阶段黄铁矿（Py2）多呈自型、半自型（图 4-23 C），结晶颗粒较小（图 4-23 D），部分较粗粒的黄铁矿呈碎裂状。第二阶段黄铁矿（Py2）交代、包裹第一阶段黄铁矿（Py1），部分第二阶段黄铁矿（Py2）中残余有第一阶段黄铁矿（Py1）的现象指示其形成较晚。闪锌矿呈深灰-红棕色，细粒，交生或者交代黄铁矿，一些粗粒的闪锌矿多发生碎裂结构，伴生的蚀变为硅化、碳酸盐化、绢云母化。

晚期黄铁矿-方铅矿-闪锌矿-黄铜矿阶段

第三阶段矿化呈脉状、浸染状（图 4-22 E）、角砾状、块状构造（图 4-22 F），可见本阶段铅锌矿脉和铜矿脉切穿第二阶段块状铅锌矿矿石的现象，说明其形成较第二阶段晚（图 4-22 G、H）。这一阶段矿石矿物组合为黄铁矿、方铅矿、闪锌矿和黄铜矿。这一阶段黄铁矿（Py3）多呈自形半自形粒状，相较于第二阶段结晶较好，形成良好的环带（图 4-23 E），晶形较大，50～2000 μm，也有些具有核边结构的黄铁矿，核部为自形的黄铁矿，边部重结晶的黄铁矿，大部分黄铁矿颗粒表面较干净。闪锌矿（Sph2）呈棕黄色，大部分为它形晶，矿物颗粒表面干净无碎裂（图 4-23 F）。深部发育磁铁矿化-透闪石化-绿帘石化-绿泥石化的蚀变组合，其中也伴生铅锌矿化，主要以脉状、浸染状，块状矿化为特征，闪锌矿呈现棕黄色，与第三阶段矿化特征基本一致，推测与第三阶段矿化密切相关。

石英-方解石阶段

此阶段主要形成贫矿的石英-方解石脉，切穿之前形成的矿石矿物，作为栖霞山最晚期的脉体（图 4-22 I、J）。

4.5　硫化物原位微量元素特征

为了进一步厘定各个成矿阶段的硫化物成分特征，开展了原位硫化物微量元素测试。硫化物微量在南京聚谱检测公司完成，分析仪器为 Agilent 7700x 型 ICPMS 和 Photon Machines Excite 193 准分子激光联机。激光束斑大小为 40 μm，剥蚀频率为 6～8 Hz，激光输出能量为 6 mJ，能量密度 6～7 J/cm^2。分析时背景时间为 15 s，样品分析时间 40 s。标准物质为 NMC-66036 和 NMC-12744 黄铁矿。

原位微量元素分析结果列于表 4-1，微量元素蛛网图见于图 4-24。第一阶段黄铁矿（Py1）具有很低的 Co/Ni（0.0025～0.0327），具有较高的微量元素含量，如 Ni（80.99～152.66 ppm①）、Cu（72～212ppm）、Zn（3.28～32.20 ppm）、Ag（130.43～137.72 ppm）、Sb（45.23～442.38 ppm）。第二阶段和第三阶段黄铁矿相较于第一阶段均具有较高的 Co/Ni，分别为 0～1.1311 和 1.2851～4.2758，但均具有较低的微量元素含量。第二阶段的黄铁矿中 Pb 和 As 含量较高，分别为 87.21～2718.59 ppm 和 694.00～5571.18 ppm，而第三阶段黄铁矿中 Pb 和 As 含量较低，分别为 9.46～93.61 ppm 和 226.04～299.73 ppm。

① ppm=百万分之一。

表 4-1 栖霞山铅锌矿黄铁矿 LA-ICP-MS 微量结果表

样品号	Co /ppm	Ni /ppm	Cu /ppm	Zn /ppm	As /ppm	Ag /ppm	Se /ppm	Sb /ppm	Te /ppm	Au /ppm	Pb /ppm	Bi /ppm	Co/Ni	成矿期
QXS7-1	2.65	80.99	72	3.28	1696.93	135.05	0.64	45.23	0.55	0.09	126.57	0.01	0.0327	
QXS5-3	0.38	152.66	212	32.20	4119.00	137.72	0.72	442.38	0.16	0.49	56449.74	0.00	0.0025	Py1
QXS5-4	0.40	117.14	116	21.04	6931.00	130.43	0.26	175.33	0.00	0.57	962.08	0.01	0.0034	
KK4603-2	126.86	112.15	4.3	1393	694.00	10.49	0.36	7.87	0.00	0.05	87.21	0.00	1.1311	
QXS25-2	0.12	1.26	44	17	5571.18	34.13	0.70	59.64	0.40	0.05	1026.10	0.00	0.0950	
QXS25-3	0.17	0.87	31	34	4707.20	30.48	1.13	57.57	0.09	0.03	1317.20	0.00	0.1934	Py2
QXS25-4	0.00	0.11	12	0.9	1291.06	65.17	0.45	18.28	0.08	0.01	2718.59	0.00	0.0000	
QXS25-5	0.08	0.25	75	1.2	4838.01	44.25	1.49	62.21	0.35	0.04	2660.99	0.00	0.3086	
KK4004-1	22.27	5.21	4.4	0.73	283.47	1.37	0.15	3.30	0.16	0.22	30.58	0.00	4.2758	
KK4004-2	4.08	3.17	5.7	0.69	299.73	1.28	0.00	3.83	0.00	0.05	93.61	0.03	1.2851	Py3
KK4004-3	2.39	1.79	0.8	0.84	226.04	0.33	0.00	0.75	0.15	0.03	9.46	0.00	1.3388	

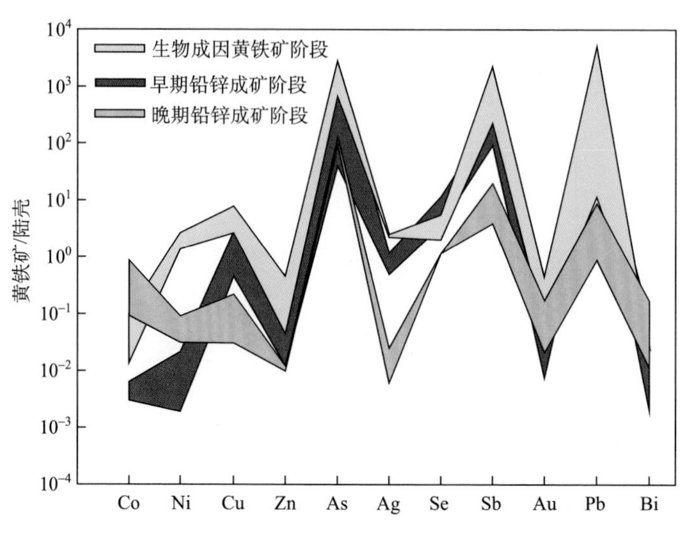

图 4-24　不同阶段黄铁矿的微量元素蛛网图（据 sun et al.,2019）

不同阶段黄铁矿在微量元素组成上显著不同。第一阶段黄铁矿富含大量微量元素，如 Ni、Cu、Zn、Ag 和 Sb。从早期铅锌成矿阶段至晚期铅锌成矿阶段，这些微量元素含量在黄铁矿中逐渐降低。另外，As 和 Pb 等微量元素在生物成因黄铁矿和早期铅锌成矿阶段黄铁矿含量相似，但是 Co 在晚期铅锌成矿阶段黄铁矿中含量相对较高。相比之下，晚期铅锌成矿阶段黄铁矿含量更低的 As 和 Pb。

4.6　磁铁矿微量元素地球化学特征

晚期铅锌矿中发育磁铁矿矿物，为了确定其成分特征、厘定矿床成因类型，针对晚期铅锌矿矿石中的磁铁矿进行了电子探针成分分析。电子探针分析在南京大学内生金属矿床成矿机制国家重点实验室进行，采用 JEOL-JXA8800M 型电子探针进行测试分析。测试条件为加速电压 15kV、探针电流 2×10^{-8}A，电子束直径 1 μm，标样为磁铁矿标样（Fe Mα，O Kα），Au/Pd 合金（Au Mα），金属银（Ag Lα），黄铜矿（Cu Kα，S Kα，Fe Kα），黄铁矿（FeKα，S Kα），方铅矿（Pb Kα，S Kα），闪锌矿（Zn Kα，S Kα），采用 ZAF 修正法，分析结果参见表 4-2。

磁铁矿主要有两种结构，一种是团块状并有环带，另一种为叶片状（图 4-25），但是不同结构的磁铁矿成分较均一，主量和微量元素未呈现出明显变化。电子探针分析结果表明，它们的铁含量较高（质量分数为 90.7%～93.3 %），有明显低的 Al_2O_3（质量分数为 0.00～0.23%）和 CaO（质量分数为 0.00～0.46%），具有较高的

MgO（质量分数为 0.00～0.07%）和 MnO（质量分数为 0.20%～0.84%）。另外，磁铁矿有较低含量的 Ca+Al+Mn（质量分数为 0.14%～0.69%）和 Ti+V（质量分数为 0.00～0.02%）及较低的 Ni/(Cr+Mn）比值（0.00～0.19），并有较高的 Fe（质量分数为 55.1%～55.7%）。

表 4-2 栖霞山铅锌矿磁铁矿电子探针数据（质量分数，%）

样品号	QXTZ8					
	1	2	3	4	5	6
NiO	0.00	0.04	0.00	0.02	0.00	0.00
CaO	0.00	0.00	0.00	0.01	0.04	0.46
Al_2O_3	0.06	0.00	0.02	0.00	0.23	0.00
FeO	92.7	93.3	92.1	90.7	92.0	92.4
MgO	0.00	0.02	0.00	0.00	0.07	0.00
MnO	0.20	0.23	0.26	0.37	0.75	0.84
Cr_2O_3	0.01	0.00	0.05	0.02	0.04	0.03
V_2O_3	0.03	0.00	0.02	0.01	0.03	0.01
TiO_2	0.00	0.00	0.00	0.03	0.00	0.04
总计	93.0	93.6	92.5	91.2	93.2	93.8
Ni	0.00	0.03	0.00	0.01	0.00	0.00
Mg	0.00	0.01	0.00	0.00	0.03	0.00
Si	0.00	0.00	0.00	0.00	0.00	0.00
Ca	0.00	0.00	0.00	0.00	0.02	0.19
Al	0.02	0.00	0.01	0.00	0.09	0.00
Fe^{2+}	18.5	18.4	18.5	18.4	18.1	17.9
Fe^{3+}	37.2	37.2	37.2	37.2	37.0	37.2
Mn	0.12	0.14	0.15	0.23	0.45	0.50
Cr	0.00	0.00	0.03	0.01	0.02	0.01
V	0.01	0.00	0.01	0.01	0.01	0.01
Ti	0.00	0.00	0.00	0.01	0.00	0.02
Ti+V	0.01	0.00	0.01	0.02	0.01	0.02
Ca+Al+Mn	0.14	0.14	0.16	0.23	0.56	0.69
Ni/（Cr+Mn）	0.00	0.19	0.00	0.05	0.00	0.00

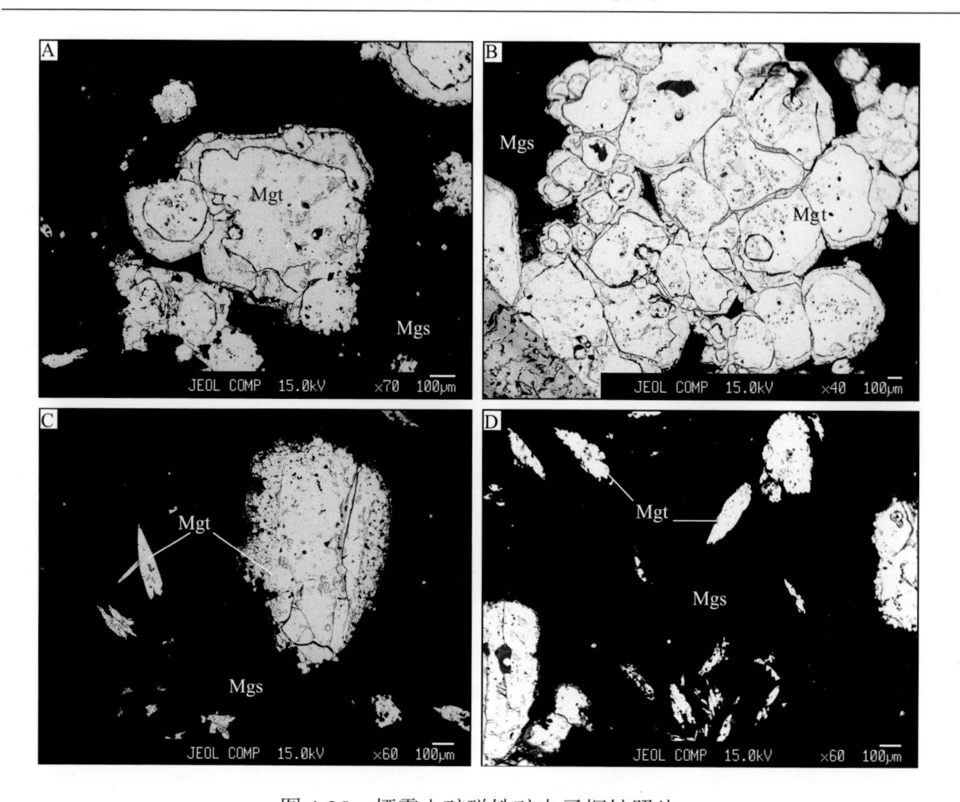

图 4-25　栖霞山矿磁铁矿电子探针照片

A.团块状的磁铁矿颗粒，且磁铁矿具有环带状结构；B.团块状磁铁矿的集合体；C.叶片状的磁铁矿；D.叶片状的磁铁矿；Mgt.磁铁矿；Mgs.菱锰矿

4.7　金、银分布及赋存形式

4.7.1　金、银的分布

栖霞山矿化伴随着显著的金银富集，形成中型规模的银金矿体，局部高品位矿石中金品位可达 100 g/t 以上（肖振民等，1996）。栖霞山金银分为原生矿体和氧化带矿体。

金在原生矿石中一般颗粒较细（0.06～0.3 mm），多呈显微状或超显微状微粒以自然金、银金矿形式主要嵌布于黄铁矿、黄铜矿晶粒中，其次嵌布于方铅矿、闪锌矿中。

原生矿石中的银主要以单银矿物、银的硫化物及硫盐矿物为主，如自然银、辉银矿、螺状硫银矿、深红银矿、碲铋铅银矿、含银自然金、硫银铋矿等，常呈粒状、条状、树枝状及不规则状等，多呈小于 10 μm 的微细包体不均匀地分布在方铅矿、闪锌矿、黄铁矿等矿物晶粒间。部分银以类质同象方式进入黝铜矿中，形成含银黝铜矿、含锌银黝铜矿等。

氧化带金分布在五通组顶部、高骊山组砂页岩的层间破碎带、横向断裂以及断碎不整合面中，矿石类型主要是含金褐铁矿、含金氧化铁，平均含金 4.198 g/t。金多半以自然金、含银自然金、银金矿等游离金为主，呈骨架状、苔藓状、条状等形态，有的呈细粒集合体，通常以 10～100 μm 的显微-超显微球状晶体或团粒分布在石英、褐铁矿、矾类矿物（黄钾铁矾）等矿物裂隙中。少量嵌布在软锰矿、黏土矿物中。

氧化带中的银主要有 3 种赋存形式：独立银矿物，以类质同象形式赋存于锰矿物中，以硫酸盐矿物的形式分布在含铁矿物、硅酸盐中。其中，独立矿物有银铁矾、辉银矿、自然银及角银矿，重砂中发现砷硒银矿和淡红银矿。独立银矿物中的银占总银量的 20%左右，以类质同象形式赋存于锰矿物中或以硫酸盐矿物的形式分布在含铁矿物、硅酸盐中的银占总银量的 80%。

4.7.2　原生矿石中金、银的赋存状态

为了进一步确定原生矿石中金银元素的赋存状态，进行了扫描电镜研究。扫描电镜研究在南京大学内生金属矿床成矿机制国家重点实验室进行，用 JSM-6490 型扫描电镜展开矿物形貌观察，加速电压为 15 kV，spotsize 为 50；并使用 Oxford INCA X 射线能谱仪（EDS）测定矿物成分，WD 为 10。

在栖霞山原生矿石中，闪锌矿、方铅矿及黄铁矿是银的载体矿物。银主要呈含银矿物（黝铜矿）和独立银矿物（螺状硫银矿、深红银矿、碲铋铅银矿和含铅铋碲银矿等）赋存形式，以微细包体或显微细脉分布于载体矿物中。金以自然金的形式存在，呈不规则粒状、树枝状，与石英、黄铁矿及毒砂伴生。

扫描电镜下发现了硫铜银矿、硫银铋矿和银金矿 3 种银矿物（表 4-3、表 4-4），硫铜银矿赋存于黄铁矿与方铅矿颗粒之间，属于填隙结构，大小在 10～20 μm；而

表 4-3　栖霞山铅锌矿银赋存状态扫描电镜数据

样号	矿物名称	矿物化学式		元素含量/%			
				S	Cu	Ag	总计
QXTZ12	硫铜银矿	Ag_3CuS_2	1	36.01	13.86	50.13	100
			2	37.66	15.08	47.26	100
			3	34.88	16.04	49.08	100
			4	35.95	15.29	48.76	100

续表

样号	矿物名称	矿物化学式		元素含量/%			
				S	Ag	Bi	总计
QXTZ12	硫银铋矿	$AgBiS_2$	1	49.81	25.28	24.91	100
			2	50.09	24.97	24.94	100
			3	49.32	25.61	25.07	100
			4	49.5	25.32	25.17	100
			5	49.39	25.86	24.75	100
			6	50.78	24.87	24.35	100
			7	49.91	25.23	24.86	100
			8	49.69	25.35	24.96	100
			9	50.36	24.75	24.89	100

表 4-4　栖霞山铅锌矿金赋存状态扫描电镜数据

样号	矿物名称	矿物化学式		元素含量/%			
				Fe	Ag	Au	总计
QXTZ8	银金矿	Au_2Ag	1		33.01	66.99	100
			2		32.8	67.2	100
			3		33.02	66.98	100
			4		32.32	67.68	100
			5		32.05	67.95	100
			6	3.39	31.15	65.47	100
			7	7.05	30.5	62.45	100
			8	5.04	30.74	64.22	100

硫银铋矿主要呈固溶体分离状嵌在方铅矿中（图 4-26 A、B），颜色较方铅矿稍暗，大小在 10 μm 左右；银金矿赋存于黄铁矿颗粒的裂隙中（图 4-26 C、D），颗粒大小约 20 μm，反光率高，部分颗粒铁元素信号来自于旁侧黄铁矿。

4.8　矿物组构和微量元素特征的成因意义

4.8.1　矿石组构及成因意义

根据对栖霞山矿石组构的详细观察，矿石类型主要包括以黄铁矿为主的黄铁矿矿石和以铅锌矿为主的铅锌矿矿石，两者呈现出不同的组构特征。黄铁矿矿石主要呈现同生沉积组构特征，证据如下：①黄铁矿矿石构造主要为层纹状和结核

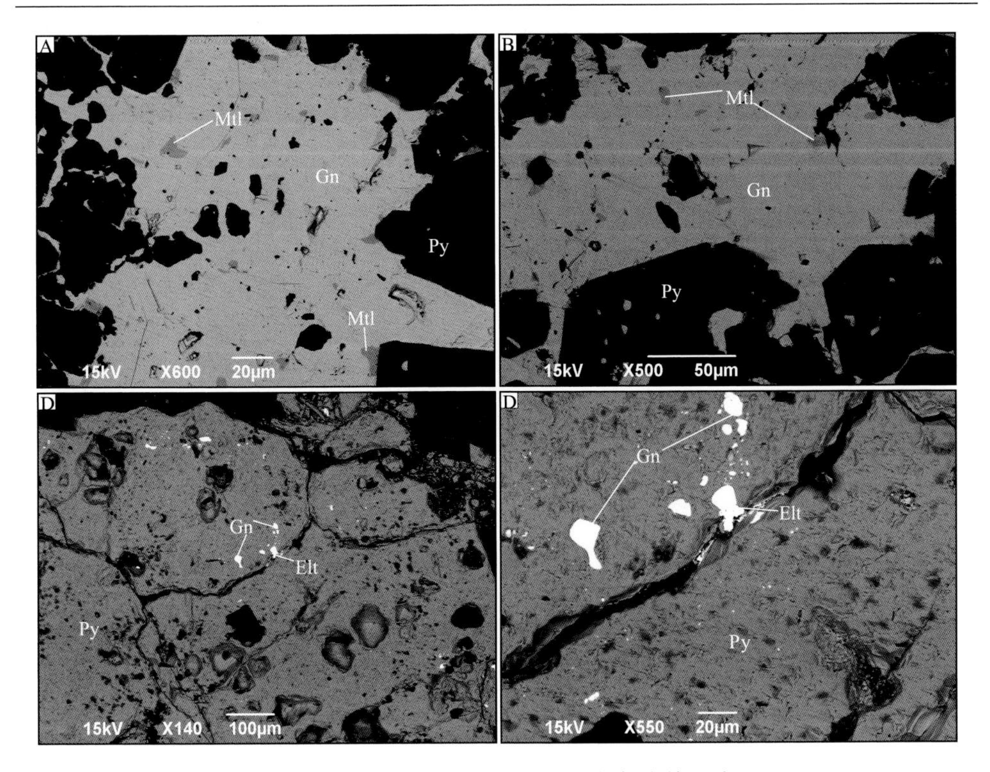

图 4-26　栖霞山矿金银赋存状态扫描电镜照片

A. 方铅矿内斑点状的硫银铋矿；B. 方铅矿内斑点状的硫银铋矿；C. 银金矿颗粒赋存于黄铁矿颗粒的裂隙中；D. 放大后的银金矿颗粒；Py. 黄铁矿；Gn. 方铅矿；Mtl. 硫银铋矿；Elt. 银金矿

状，其中层纹状黄铁矿矿石（图 4-14 H）表现为，黄铁矿呈细的层纹状分布于灰岩中，这些细的层纹主要由细粒黄铁矿组成，另一种块状黄铁矿矿石，手标本呈致密块状构造，肉眼可见呈结核状的黄铁矿颗粒（图 4-22 B）；②黄铁矿矿石在显微结构上表现为草莓状（图 4-23 A）和胶状结构（图 4-23 B），如层纹状黄铁矿矿石中细粒黄铁矿在显微镜下主要为草莓状结构，而块状致密黄铁矿矿石中球形黄铁矿在显微镜下呈胶状黄铁矿结构。

相比之下，铅锌矿矿石具有热液叠加成因组构特征，证据如下：①铅锌矿矿石构造在手标上主要为块状（图 4-14 A、G）、条带状（图 4-14 B）、角砾状（图 4-14 C）、浸染状（图 4-14 D）及脉状（图 4-14 E、F）等。其中块状铅锌矿矿石中闪锌矿和方铅锌的颗粒大小相近且均匀地分布矿石中，脉石矿物石英、方解石很少出现；角砾状铅锌矿矿石中角砾成分为围岩，颗粒间被闪锌矿、方铅矿、黄铁矿和石英、方解石等矿物胶结，或者角砾为铅锌矿，颗粒间被石英和方解石等矿物胶结（图 4-14 C）；浸染状铅锌矿矿石表现为方铅矿、黄铁矿、闪锌矿呈颗粒状分布于围岩中（图 4-14 D）；而脉状铅锌矿矿石（图 4-14 E）主要表现为方铅矿和闪锌矿呈细脉状穿插围岩；②不同构造类型铅锌矿矿石中闪锌矿、方铅矿及黄铁矿在显微镜下均呈现出细粒至粗粒自形-半自形粒状结构，它们也常一起交代胶状黄铁矿，即分布于胶状黄铁矿颗粒内部和边部（图 4-23 B）。

此外，基于本书对黄铁矿矿石和铅锌矿矿石组构观察，黄铁矿和闪锌矿呈现不同结构，反映了多阶段矿化特征。黄铁矿有细粒草莓状和胶状结构、细粒自形-半自形结构和粗粒自形-半自形结构，而且这三类结构也呈现相互交代关系，如细粒和粗粒自形-半自形结构黄铁矿常交代细粒草莓状和胶状结构，粗粒自形-半自形黄铁矿是最晚结晶的产物。因此，黄铁矿的结构特征反映了黄铁矿至少经历了三个不同演化阶段。同样地，闪锌矿也具有不同结构特征，反映了闪锌矿经历了至少两阶段矿化，如早期闪锌矿呈深灰-红棕色，与细粒自形-半自形黄铁矿共生，而晚期闪锌矿呈棕色-浅黄色，与粗粒自形-半自形黄铁矿共生。

4.8.2　硫化物微量元素成因意义

黄铁矿微量元素特征可以有效反映其成因类型（Berner et al.，2013），其 Co、Ni 含量通常作为判别黄铁矿形成环境的指示（陈光远等，1987; Bralia et al.，1979; Loftus et al.，1967）。沉积成因的黄铁矿 Co、Ni 含量较低，Co/Ni 通常小于 1，而岩浆成因黄铁矿 Co、Ni 含量高，Co/Ni 通常大于 5，岩浆热液成因的黄铁矿 Co、Ni 含量介于两者之间，Co/Ni 多在 1～5 之间。在栖霞山矿床中，第一阶段黄铁矿的 Co/Ni 比后两个阶段小，基本小于 1，指示其为沉积成因。相比于后面两个阶段与铅锌矿化相关的黄铁矿，第一阶段生物成因黄铁矿明显富含 Sb、Cu、Zn、Ag、Pb、As、Ni 等元素（图 4-24），这一特征与一些同沉积形成的黄铁矿相似。在沉积过程中，细粒草莓状的黄铁矿结晶迅速，可以使这些元素较多进入到黄铁矿中。

栖霞山的铅锌矿化体现出热液成因的特征。与早期沉积阶段不同，栖霞山矿床的铅锌矿化伴生的黄铁矿具有较高的 Co/Ni（通常大于 1），这与热液成因的特征相一致。并且黄铁矿具有较低的 Co、Ni、Cu、Zn、Ag 和 Sb 等微量元素含量，热液过程中黄铁矿结晶是一个缓慢的过程，热液黄铁矿的结晶将 Zn、Pb 和 Cu 等元素从黄铁矿晶格驱赶出，有利于微量元素进入到其他硫化物相中（Large et al.，2009; Butler et al.，2000），从而降低了这些元素在黄铁矿中含量（Huston et al.，1995）。

两阶段铅锌矿化相关的黄铁矿部分微量元素含量的差别可能与岩浆热液强

度有关。虽然两期铅锌矿化中均含有较低含量的Co、Ni、Cu、Zn、Ag和Sb等微量元素，指示其为热液成因，但是早期铅锌矿化中细粒黄铁矿具有与第一阶段沉积期黄铁相似的含量较高的As和Pb，而晚期铅锌成矿阶段中粗粒黄铁矿显示低含量的As和Pb，并且第三阶段黄铁矿具有更高的Co/Ni，这暗示了岩浆热液活动的增强（图4-24）。

4.8.3 磁铁矿微量元素成因意义

栖霞山磁铁矿具有团块状和叶片状两种结构（图4-25）。在显微镜下，它们通常与绿帘石、绿泥石和透闪石等夕卡岩矿物伴生。这两类磁铁矿的化学成分比较均一，具有较高的Ca+Al+Mn和较低的Ti+V。已有研究表明，磁铁矿的化学成分主要受其形成过程中物理化学化条件控制，如温度、压力、氧逸度及流体成分等，因此磁铁矿的化学成分可以用来指示磁铁矿形成条件与成因类型（Dupuis and Beaudoin, 2011; Nadoll et al., 2012, 2014）。前人研究表明，磁铁矿微量元素图解可以鉴别磁铁矿的成因类型，如（Ti+V）-（Ca+Al+Mn）判别图（图4-27）（Dupuis and Beaudoin, 2011）。本书对栖霞山铅锌矿中磁铁矿微量元素研究表明，磁铁矿化学成分投在夕卡岩成因范围内，指示磁铁矿是夕卡岩成因。近年来，随着栖霞

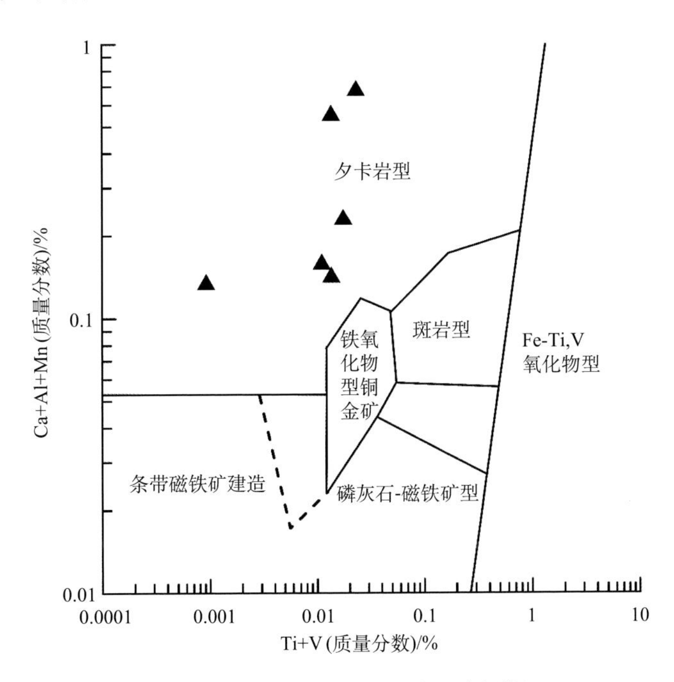

图4-27　栖霞山矿磁铁矿（Ti + V）-（Ca + Al + Mn）图解（底图据Dupuis and Beaudoin, 2011）

山矿区向深部开采，在–625 m 以下 34～48 勘探线的钻孔内发现大量磁铁矿，并在矿体西侧钻孔 KK4801 中发现了夕卡岩矿物，进一步证实了磁铁矿的夕卡岩成因。更为重要的是，夕卡岩矿物以及夕卡岩成因的磁铁矿的存在，结合深部铜矿体的发现，指示了栖霞山矿区深部有夕卡岩型或斑岩型铜矿的找矿潜力。

第5章 成矿流体特征与空间演化

流体包裹体是在矿物生长过程中包裹在矿物晶格缺陷的古流体样品。流体包裹体研究是查明成矿作用物理化学条件不可或缺的手段，对成矿机制研究具有极其重要的意义。流体包裹体岩相学是流体包裹体研究的基础和前提。在扎实的岩相学基础上，开展流体包裹体的显微测温研究获得均一温度和盐度信息；开展包裹体的显微拉曼探针分析获得包裹体气相成分信息；开展矿物中包裹体的氢氧同位素特征获得成矿流体来源和演化信息。近年来，单个流体包裹体 LA-ICP-MS 成分分析等新技术、新方法的应用，为成矿流体和成矿机制研究提供了全新的视角。2017 年底，南京大学建立了达到国际水准的单个包裹体 LA-ICP-MS 成分分析实验室。流体包裹体空间填图是示踪成矿流体通道和预测深部找矿方向的重要手段。本书系统采集了栖霞山铅锌矿的流体样品，采用上述的研究手段，开展详细的成矿流体研究，约束栖霞山铅锌矿的成矿流体特征和空间演化规律。

5.1 流体包裹体类型及岩相学特征

进行流体包裹体研究的样品来自栖霞山矿区虎爪山矿段–525 m 中段、–575 m 中段和–625 m 中段坑道和 34 线、36 线、40 线、42 线、48 线和 54 线的钻孔。栖霞山矿的铅锌矿化主要分为早晚两个热液阶段，早晚两期的矿石中闪锌矿含量较高，透明度较好并发育大量的流体包裹体。矿石石英含量较少，主要出现在晚期铅锌矿石中。按照流体包裹体的成因，可以划分为原生流体包裹体和次生流体包裹体。原生包裹体呈孤立状或者随机成群分布在矿物颗粒中，次生包裹体则是沿着矿物颗粒之间的微裂隙分布（Roedder, 1984; 卢焕章等，2004）。根据流体包裹体在室温下相态分类准则，将石英和闪锌矿中包裹体分为以下 3 种类型：

Ⅰ型包裹体：单相水溶液包裹体，见于晚期石英和浅色闪锌矿中，此类包裹体出现量较少，大小 3～5 μm, 形态为不规则状、椭圆形，为次生包裹体，呈串珠状分布（图 5-1 A 和图 5-2 D）。

Ⅱ型包裹体：富液相气液两相水溶液包裹体。该类包裹体普遍见于早、晚两期闪锌矿中和晚期矿化石英中，且占绝大多数，主要包括原生两相水溶液流体包裹体Ⅱa（图 5-1 A～C 和图 5-2 A、C）和次生两相水溶液流体包裹体Ⅱb（图 5-1 D

和图 5-2 E、F）。其中Ⅱa 类包裹体大小为 2～25 μm，形态通常椭圆形、长条形或负晶形，气液比 10%～30%，通常孤立或成群分布，属于原生流体包裹体；Ⅱb 类包裹体较小，大小为 3～7 μm，形态通常为不规则形、椭圆形、长条形或负晶形，气液比 5%～10%，Ⅱb 类包裹体沿切穿石英或闪锌矿颗粒的裂隙呈串珠状分布，属于次生流体包裹体。

Ⅲ型包裹体：富气相气液两相包裹体，此类包裹体出现量极少，其特征是暗色的气泡占据包裹体体积超过 50%。包裹体的大小一般为 5～10 μm，形状为椭圆形（图 5-1 B 和图 5-2 B）。

栖霞山铅锌矿的石英和闪锌矿中均以Ⅱ型富液相包裹体发育为主，Ⅰ型和Ⅲ型包裹体极少出现在矿物中。

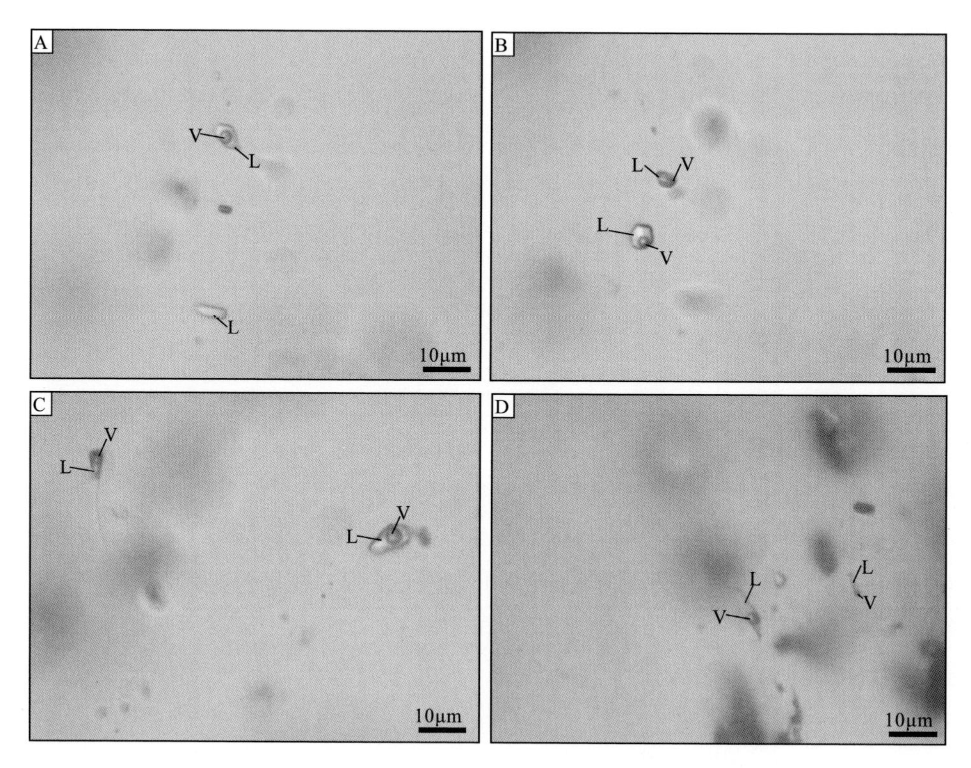

图 5-1　栖霞山铅锌矿化的石英中不同类型流体包裹体显微照片

A. 铅锌矿化的石英中Ⅰ型和Ⅱa 型包裹体；B. 铅锌矿化的石英中Ⅱ型和Ⅲ型包裹体；C. 铅锌矿化的石英中Ⅱa 型包裹体； D. 铅锌矿化的石英中Ⅱb 型包裹体；L. 液相；V. 气相

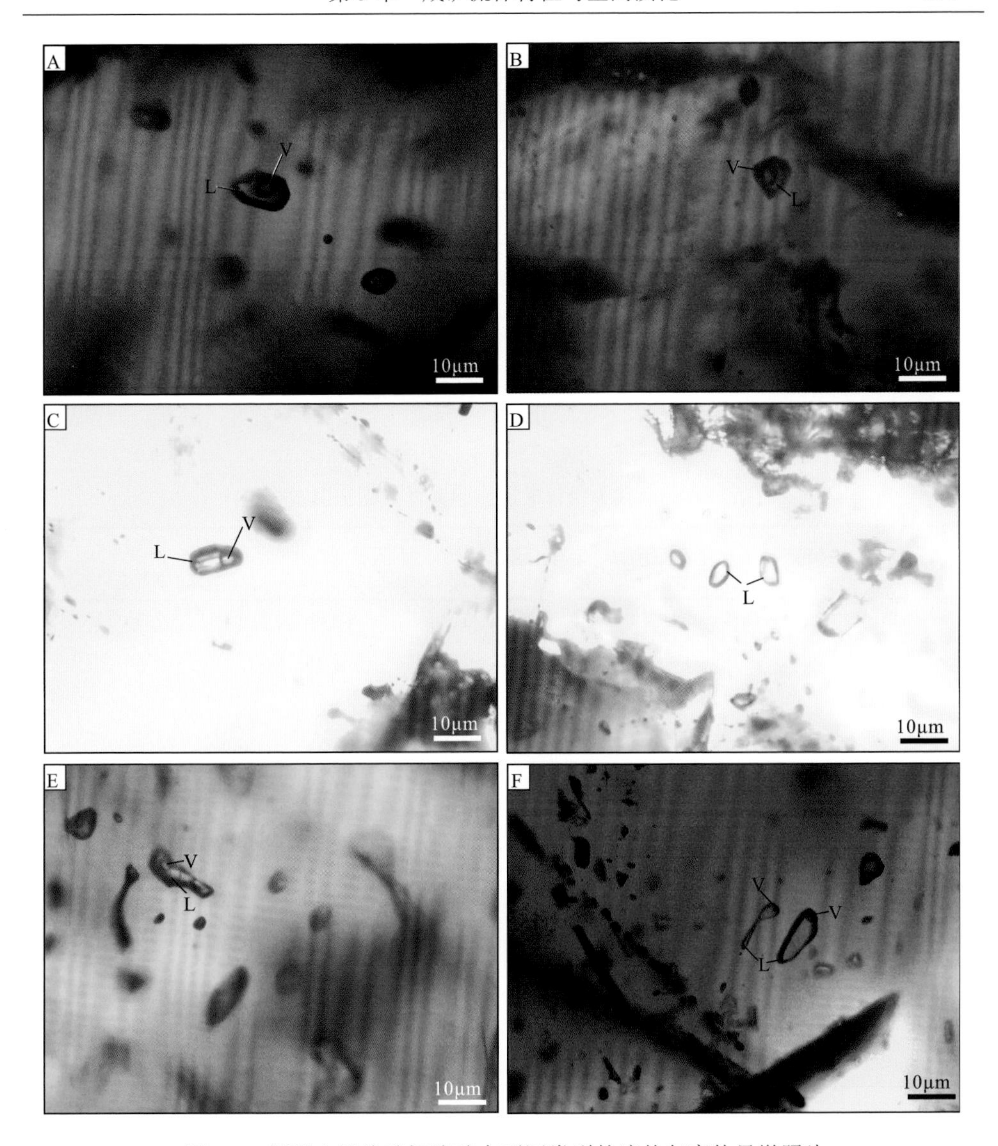

图 5-2　栖霞山铅锌矿闪锌矿中不同类型的流体包裹体显微照片

A. 铅锌矿化的早期热液闪锌矿中Ⅱa 型包裹体；B. 铅锌矿化的早期热液闪锌矿中Ⅲ型包裹体；C. 铅锌矿化的晚期热液闪锌矿中Ⅱa 型包裹体；D. 铅锌矿化的晚期热液闪锌矿中Ⅰ型包裹体；E. 铅锌矿化的闪锌矿中次生Ⅱb 型包裹体 ；F. 铅锌矿化闪锌矿中次生Ⅱb 型包裹体；L. 液相；V. 气相

5.2　流体包裹体均一温度-盐度特征

测温工作主要是针对早晚两期闪锌矿中Ⅱa、Ⅱb 类富液相气液两相包裹体以及晚期铅锌成矿阶段中石英Ⅱa、Ⅱb 类富液相气液两相包裹体。流体包裹体岩相学和测温工作全部在南京大学内生金属成矿机制研究国家重点实验室包裹体室进行，所用仪器为英国产 Linkam THMS600 型冷热两用台，分析精度为±0.2℃，<30℃；±1℃，<300℃；±2℃，<600℃。实验中升温使用电阻丝加热，降温利用液态氮气进行冷却。速率控制在 10℃/min，当加热到接近均一温度时，升温速率控制在约 1℃/min；当接近冰点温度时，回温速率控制在约 0.1℃/min。显微测温数据结果见表 5-1。利用 Bodnar（1993, 2003）提供的盐度计算公式，以及所测的冰点温度，计算得到盐度。均一温度统计分布直方图和盐度统计分布直方图见图 5-3、图 5-4。

表 5-1　栖霞山铅锌矿流体包裹体显微测温数据

矿化阶段	主矿物	包裹体类型	冰点/℃	均一温度/℃	盐度（质量分数，以 NaCl 计）/%
早期成矿阶段	闪锌矿	富液相	−2.1	235	3.6
早期成矿阶段	闪锌矿	富液相	−3.2	230	5.3
早期成矿阶段	闪锌矿	富液相	−1.2	225	2.1
早期成矿阶段	闪锌矿	富液相	−1.2	254	2.1
早期成矿阶段	闪锌矿	富液相	−1.1	232	1.9
早期成矿阶段	闪锌矿	富液相	−2.9	227	4.8
早期成矿阶段	闪锌矿	富液相	−2.9	211	4.8
早期成矿阶段	闪锌矿	富液相	−1.3	238	2.2
早期成矿阶段	闪锌矿	富液相	−2.1	257	3.6
早期成矿阶段	闪锌矿	富液相	−2.1	249	3.6
早期成矿阶段	闪锌矿	富液相	−4.5	245	7.2
早期成矿阶段	闪锌矿	富液相	−5.6	250	8.7
早期成矿阶段	闪锌矿	富液相	−5	187	7.9
早期成矿阶段	闪锌矿	富液相	−3.3	197	5.4
早期成矿阶段	闪锌矿	富液相	−3.1	199	5.1
早期成矿阶段	闪锌矿	富液相	−3.8	194	6.2
早期成矿阶段	闪锌矿	富液相	−2.7	190	4.5
早期成矿阶段	闪锌矿	富液相	−0.5	185	0.9
早期成矿阶段	闪锌矿	富液相	−0.6	186	1.1
早期成矿阶段	闪锌矿	富液相	−1.2	190	2.1
早期成矿阶段	闪锌矿	富液相	−1.6	194	2.7
早期成矿阶段	闪锌矿	富液相	−1.6	191	2.7
早期成矿阶段	闪锌矿	富液相	−5.7	187	8.8

续表

矿化阶段	主矿物	包裹体类型	冰点/℃	均一温度/℃	盐度（质量分数，以 NaCl 计）/%
早期成矿阶段	闪锌矿	富液相	−2.7	190	4.5
早期成矿阶段	闪锌矿	富液相	−1.8	190	3.1
早期成矿阶段	闪锌矿	富液相	−1.2	182	2.1
早期成矿阶段	闪锌矿	富液相	−2.1	190	3.6
早期成矿阶段	闪锌矿	富液相	−1.6	195	2.7
早期成矿阶段	闪锌矿	富液相	−3.2	190	5.3
早期成矿阶段	闪锌矿	富液相	−4.6	198	7.3
早期成矿阶段	闪锌矿	富液相	−4.8	185	7.6
早期成矿阶段	闪锌矿	富液相	−1.1	212	1.9
早期成矿阶段	闪锌矿	富液相	−1.3	206	2.2
早期成矿阶段	闪锌矿	富液相	−1.1	257	1.9
早期成矿阶段	闪锌矿	富液相	−1.1	197	1.9
早期成矿阶段	闪锌矿	富液相	−1.6	185	2.7
早期成矿阶段	闪锌矿	富液相	−1.0	186	1.7
早期成矿阶段	闪锌矿	富液相	−4.1	220	6.6
早期成矿阶段	闪锌矿	富液相	−1.6	264	2.7
早期成矿阶段	闪锌矿	富液相	−2.2	290	3.7
早期成矿阶段	闪锌矿	富液相	−3.5	245	5.7
早期成矿阶段	闪锌矿	富液相	−5.2	260	8.1
早期成矿阶段	闪锌矿	富液相	−2.4	220	4.0
早期成矿阶段	闪锌矿	富液相	−5.4	267	8.4
早期成矿阶段	闪锌矿	富液相	−2.8	222	4.7
早期成矿阶段	闪锌矿	富液相	−2.7	229	4.5
早期成矿阶段	闪锌矿	富液相	−1.8	264	3.1
早期成矿阶段	闪锌矿	富液相	−1.8	271	3.1
早期成矿阶段	闪锌矿	富液相	−3.4	238	5.6
早期成矿阶段	闪锌矿	富液相	−0.8	239	1.4
早期成矿阶段	闪锌矿	富液相	−1.9	259	3.2
早期成矿阶段	闪锌矿	富液相	−2.0	225	3.4
早期成矿阶段	闪锌矿	富液相	−1.0	256	1.7
早期成矿阶段	闪锌矿	富液相	−1.0	283	1.7
早期成矿阶段	闪锌矿	富液相	−2.5	244	4.2
早期成矿阶段	闪锌矿	富液相	−1.5	213	2.6
早期成矿阶段	闪锌矿	富液相	−2.8	210	4.7

续表

矿化阶段	主矿物	包裹体类型	冰点/℃	均一温度/℃	盐度（质量分数，以 NaCl 计）/%
早期成矿阶段	闪锌矿	富液相	–3.0	265	5.0
早期成矿阶段	闪锌矿	富液相	–2.6	218	4.3
早期成矿阶段	闪锌矿	富液相	–1.1	234	1.9
早期成矿阶段	闪锌矿	富液相	–1.0	243	1.7
早期成矿阶段	闪锌矿	富液相	–2.8	279	4.7
早期成矿阶段	闪锌矿	富液相	–2.8	281	4.7
早期成矿阶段	闪锌矿	富液相	–3.0	244	5.0
早期成矿阶段	闪锌矿	富液相	–3.1	264	5.1
早期成矿阶段	闪锌矿	富液相	–1.2	239	2.1
早期成矿阶段	闪锌矿	富液相	–3.1	253	5.1
早期成矿阶段	闪锌矿	富液相	–1.9	236	3.2
早期成矿阶段	闪锌矿	富液相	–1.1	238	1.9
早期成矿阶段	闪锌矿	富液相	–3.6	251	5.9
早期成矿阶段	闪锌矿	富液相	–3.4	245	5.6
早期成矿阶段	闪锌矿	富液相	–1.9	270	3.2
早期成矿阶段	闪锌矿	富液相	–3.8	248	6.2
早期成矿阶段	闪锌矿	富液相	–1.1	233	1.9
早期成矿阶段	闪锌矿	富液相	–1.1	239	1.9
早期成矿阶段	闪锌矿	富液相	–3.5	246	5.7
早期成矿阶段	闪锌矿	富液相	–3.2	242	5.3
早期成矿阶段	闪锌矿	富液相	–2.6	233	4.3
早期成矿阶段	闪锌矿	富液相	–2.1	239	3.6
晚期热液阶段	闪锌矿	富液相	–2.8	229	4.7
晚期热液阶段	闪锌矿	富液相	–2.3	207	3.9
晚期热液阶段	闪锌矿	富液相	–2.6	216	4.3
晚期热液阶段	闪锌矿	富液相	–2.7	208	4.5
晚期热液阶段	闪锌矿	富液相	–1.2	210	2.1
晚期热液阶段	闪锌矿	富液相	–2.8	235	4.7
晚期热液阶段	闪锌矿	富液相	–2.9	220	4.8
晚期热液阶段	闪锌矿	富液相	–3.5	207	5.8
晚期热液阶段	闪锌矿	富液相	–1.2	238	2.1
晚期热液阶段	闪锌矿	富液相	–1.8	246	3.1
晚期热液阶段	闪锌矿	富液相	–1.1	257	1.9

续表

矿化阶段	主矿物	包裹体类型	冰点/℃	均一温度/℃	盐度（质量分数，以 NaCl 计）/%
晚期热液阶段	闪锌矿	富液相	−3.1	224	5.1
晚期热液阶段	闪锌矿	富液相	−0.2	205	0.4
晚期热液阶段	闪锌矿	富液相	−3.4	209	5.6
晚期热液阶段	闪锌矿	富液相	−3.5	215	5.7
晚期热液阶段	闪锌矿	富液相	−3.2	237	5.3
晚期热液阶段	闪锌矿	富液相	−2.8	270	4.7
晚期热液阶段	闪锌矿	富液相	−2.2	243	3.7
晚期热液阶段	闪锌矿	富液相	−2.1	270	3.6
晚期热液阶段	闪锌矿	富液相	−3.2	222	5.3
晚期热液阶段	闪锌矿	富液相	−2.0	240	3.4
晚期热液阶段	闪锌矿	富液相	−1.3	246	2.2
晚期热液阶段	闪锌矿	富液相	−4.4	237	7.0
晚期热液阶段	闪锌矿	富液相	−1.0	229	1.7
晚期热液阶段	闪锌矿	富液相	−1.1	215	1.9
晚期热液阶段	闪锌矿	富液相	−1.5	210	2.6
晚期热液阶段	闪锌矿	富液相	−1.2	251	2.1
晚期热液阶段	闪锌矿	富液相	−2.4	255	4.0
晚期热液阶段	闪锌矿	富液相	−3.0	210	5.0
晚期热液阶段	闪锌矿	富液相	−2.8	270	4.7
晚期热液阶段	闪锌矿	富液相	−2.4	256	4.0
晚期热液阶段	闪锌矿	富液相	−2.5	268	4.2
晚期热液阶段	闪锌矿	富液相	−2.6	266	4.3
晚期热液阶段	闪锌矿	富液相	−2.4	265	4.0
晚期热液阶段	闪锌矿	富液相	−3.5	266	5.7
晚期热液阶段	闪锌矿	富液相	−2.8	259	4.7
晚期热液阶段	闪锌矿	富液相	−1.4	234	2.4
晚期热液阶段	闪锌矿	富液相	−2.1	239	3.6
晚期热液阶段	闪锌矿	富液相	−3.6	266	5.9
晚期热液阶段	闪锌矿	富液相	−2.4	268	4.0
晚期热液阶段	闪锌矿	富液相	−2.9	259	4.8
晚期热液阶段	闪锌矿	富液相	−2.4	260	4.0
晚期热液阶段	闪锌矿	富液相	−2.8	262	4.7
晚期热液阶段	闪锌矿	富液相	−2.5	261	4.2
晚期热液阶段	闪锌矿	富液相	−4.3	228	6.9

续表

矿化阶段	主矿物	包裹体类型	冰点/℃	均一温度/℃	盐度（质量分数，以 NaCl 计）/%
晚期热液阶段	闪锌矿	富液相	–3.9	242	6.3
晚期热液阶段	闪锌矿	富液相	–4.0	231	6.5
晚期热液阶段	闪锌矿	富液相	–3.7	275	6.0
晚期热液阶段	闪锌矿	富液相	–3.4	237	5.6
晚期热液阶段	闪锌矿	富液相	–0.8	237	1.4
晚期热液阶段	闪锌矿	富液相	–1.0	237	1.7
晚期热液阶段	闪锌矿	富液相	–1.9	240	3.2
晚期热液阶段	闪锌矿	富液相	–1.8	226	3.1
晚期热液阶段	闪锌矿	富液相	–2.6	239	4.3
晚期热液阶段	闪锌矿	富液相	–1.2	246	2.1
晚期热液阶段	闪锌矿	富液相	–1.7	229	2.9
晚期热液阶段	闪锌矿	富液相	–2.6	226	4.3
晚期热液阶段	闪锌矿	富液相	–1.1	235	1.9
晚期热液阶段	闪锌矿	富液相	–3.9	238	6.3
晚期热液阶段	闪锌矿	富液相	–3.6	239	5.9
晚期热液阶段	闪锌矿	富液相	–2.1	259	3.6
晚期热液阶段	闪锌矿	富液相	–3.1	230	5.1
晚期热液阶段	闪锌矿	富液相	–2.9	239	4.8
晚期热液阶段	闪锌矿	富液相	–3.1	269	5.1
晚期热液阶段	闪锌矿	富液相	–2.9	245	4.8
晚期热液阶段	闪锌矿	富液相	–3.1	265	5.1
晚期热液阶段	闪锌矿	富液相	–2.5	265	4.2
晚期热液阶段	闪锌矿	富液相	–2.7	271	4.5
晚期热液阶段	闪锌矿	富液相	–2.7	256	4.5
晚期热液阶段	闪锌矿	富液相	–2.7	235	4.5
晚期热液阶段	闪锌矿	富液相	–3.1	268	5.1
晚期热液阶段	闪锌矿	富液相	–3.0	273	5.0
晚期热液阶段	闪锌矿	富液相	–3.0	275	5.0
晚期热液阶段	闪锌矿	富液相	–3.0	265	5.0
晚期热液阶段	闪锌矿	富液相	–1.2	258	2.1
晚期热液阶段	闪锌矿	富液相	–1.5	209	2.6
晚期热液阶段	闪锌矿	富液相	–1.4	217	2.4
晚期热液阶段	闪锌矿	富液相	–1.8	237	3.1
晚期热液阶段	闪锌矿	富液相	–1.0	218	1.7

续表

矿化阶段	主矿物	包裹体类型	冰点/℃	均一温度/℃	盐度（质量分数，以 NaCl 计）/%
晚期热液阶段	闪锌矿	富液相	–4.1	239	5.0
晚期热液阶段	闪锌矿	富液相	–3.0	262	4.8
晚期热液阶段	闪锌矿	富液相	–4.3	278	5.3
晚期热液阶段	闪锌矿	富液相	–4.5	220	4.0
晚期热液阶段	闪锌矿	富液相	–2.9	231	4.7
晚期热液阶段	闪锌矿	富液相	–3.2	269	4.7
晚期热液阶段	闪锌矿	富液相	–0.2	278	0.4
晚期热液阶段	闪锌矿	富液相	–0.3	256	0.5
晚期热液阶段	闪锌矿	富液相	–3.2	266	5.3
晚期热液阶段	闪锌矿	富液相	–0.9	277	1.6
晚期热液阶段	闪锌矿	富液相	–1.4	278	2.4
晚期热液阶段	闪锌矿	富液相	–2.1	270	3.6
晚期热液阶段	闪锌矿	富液相	–1.7	284	2.9
晚期热液阶段	闪锌矿	富液相	–1.8	284	3.1
晚期热液阶段	闪锌矿	富液相	–1.6	288	2.7
晚期热液阶段	闪锌矿	富液相	–7.4	266	11.0
晚期热液阶段	闪锌矿	富液相	–3.1	275	5.1
晚期热液阶段	闪锌矿	富液相	–5.0	279	7.9
晚期热液阶段	闪锌矿	富液相	–4.3	272	6.9
晚期热液阶段	闪锌矿	富液相	–3.3	273	5.4
晚期热液阶段	闪锌矿	富液相	–2.3	305	3.9
晚期热液阶段	闪锌矿	富液相	–5.7	305	8.8
晚期热液阶段	闪锌矿	富液相	–3.0	273	5.0
晚期热液阶段	闪锌矿	富液相	–3.0	275	5.0
晚期热液阶段	闪锌矿	富液相	–3.0	265	5.0
晚期热液阶段	闪锌矿	富液相	–1.2	258	2.1
晚期热液阶段	闪锌矿	富液相	–1.5	209	2.6
晚期热液阶段	闪锌矿	富液相	–1.4	217	2.4
晚期热液阶段	闪锌矿	富液相	–1.8	237	3.1
晚期热液阶段	闪锌矿	富液相	–1.0	218	1.7
晚期热液阶段	闪锌矿	富液相	–4.1	239	5.0
晚期热液阶段	闪锌矿	富液相	–3.0	262	4.8
晚期热液阶段	闪锌矿	富液相	–4.3	278	5.3
晚期热液阶段	闪锌矿	富液相	–4.5	220	4.0

续表

矿化阶段	主矿物	包裹体类型	冰点/℃	均一温度/℃	盐度（质量分数，以 NaCl 计）/%
晚期热液阶段	闪锌矿	富液相	–2.9	231	4.7
晚期热液阶段	闪锌矿	富液相	–3.2	269	4.7
晚期热液阶段	闪锌矿	富液相	–0.2	278	0.4
晚期热液阶段	闪锌矿	富液相	–0.3	256	0.5
晚期热液阶段	闪锌矿	富液相	–1.4	278	2.4
晚期热液阶段	闪锌矿	富液相	–2.1	270	3.6
晚期热液阶段	闪锌矿	富液相	–1.7	284	2.9
晚期热液阶段	闪锌矿	富液相	–1.8	284	3.1
晚期热液阶段	闪锌矿	富液相	–1.6	288	2.7
晚期热液阶段	闪锌矿	富液相	–7.4	266	11.0
晚期热液阶段	闪锌矿	富液相	–3.1	275	5.1
晚期热液阶段	闪锌矿	富液相	–5.0	279	7.9
晚期热液阶段	闪锌矿	富液相	–4.3	272	6.9
晚期热液阶段	闪锌矿	富液相	–3.3	273	5.4
晚期热液阶段	闪锌矿	富液相	–2.3	305	3.9
晚期热液阶段	闪锌矿	富液相	–5.7	305	8.8
晚期热液阶段	闪锌矿	富液相	–5.1	290	8.0
晚期热液阶段	闪锌矿	富液相	–4.0	283	6.5
晚期热液阶段	闪锌矿	富液相	–4.0	256	6.5
晚期热液阶段	闪锌矿	富液相	–3.7	227	6.0
晚期热液阶段	闪锌矿	富液相	–4.5	236	7.2
晚期热液阶段	闪锌矿	富液相	–4.4	220	7.0
晚期热液阶段	闪锌矿	富液相	–4.0	231	6.5
晚期热液阶段	闪锌矿	富液相	–2.6	218	4.3
晚期热液阶段	闪锌矿	富液相	–4.2	233	6.7
晚期热液阶段	石英	富液相	–5.1	207	8.0
晚期热液阶段	石英	富液相	–6.0	283	9.2
晚期热液阶段	石英	富液相	–5.5	220	8.6
晚期热液阶段	石英	富液相	–4.5	283	7.2
晚期热液阶段	石英	富液相	–2.0	271	3.4
晚期热液阶段	石英	富液相	–1.9	282	3.2
晚期热液阶段	石英	富液相	–1.2	243	2.1
晚期热液阶段	石英	富液相	–1.5	208	2.6
晚期热液阶段	石英	富液相	–2.4	285	4.0

续表

矿化阶段	主矿物	包裹体类型	冰点/℃	均一温度/℃	盐度（质量分数，以NaCl计）/%
晚期热液阶段	石英	富液相	−1.4	264	2.4
晚期热液阶段	石英	富液相	−1.6	241	2.7
晚期热液阶段	石英	富液相	−2.8	296	4.7
晚期热液阶段	石英	富液相	−1.9	230	3.2
晚期热液阶段	石英	富液相	−1.0	242	1.7
晚期热液阶段	石英	富液相	−3.8	281	6.2
晚期热液阶段	石英	富液相	−0.8	279	1.4
晚期热液阶段	石英	富液相	−1.0	323	1.7
晚期热液阶段	石英	富液相	−1.0	290	1.7
晚期热液阶段	石英	富液相	−3.2	282	5.3
晚期热液阶段	石英	富液相	−2.5	220	4.2
晚期热液阶段	石英	富液相	−2.1	270	3.6
晚期热液阶段	石英	富液相	−3.0	197	5.0
晚期热液阶段	石英	富液相	−1.1	244	1.9
晚期热液阶段	石英	富液相	−2.7	290	4.5
晚期热液阶段	石英	富液相	−0.4	214	0.7
晚期热液阶段	石英	富液相	−3.6	253	5.9
晚期热液阶段	石英	富液相	−2.5	230	4.2
晚期热液阶段	石英	富液相	−3.1	268	5.1
晚期热液阶段	石英	富液相	−1.8	231	3.1
晚期热液阶段	石英	富液相	−1.3	240	2.2
晚期热液阶段	石英	富液相	−4.0	337	6.5
晚期热液阶段	石英	富液相	−4.6	288	7.3
晚期热液阶段	石英	富液相	−4.3	227	6.9
晚期热液阶段	石英	富液相	−3.5	287	5.7
晚期热液阶段	石英	富液相	−2.6	348	4.3
晚期热液阶段	石英	富液相	−2.7	298	4.5
晚期热液阶段	石英	富液相	−2.4	285	4.0
晚期热液阶段	石英	富液相	−3.1	261	5.1
晚期热液阶段	石英	富液相	−1.4	205	2.4
晚期热液阶段	石英	富液相	−1.6	220	2.7
晚期热液阶段	石英	富液相	−1.1	244	1.9
晚期热液阶段	闪锌矿	富液相次生	−1.7	147	2.9
晚期热液阶段	闪锌矿	富液相次生	−1.5	164	2.6

续表

矿化阶段	主矿物	包裹体类型	冰点/℃	均一温度/℃	盐度（质量分数，以 NaCl 计）/%
晚期热液阶段	闪锌矿	富液相次生	−1.1	167	1.9
晚期热液阶段	闪锌矿	富液相次生	−1.7	152	2.9
晚期热液阶段	闪锌矿	富液相次生	−1.1	167	1.9
晚期热液阶段	闪锌矿	富液相次生	−1.5	139	2.6
晚期热液阶段	闪锌矿	富液相次生	−1.6	135	2.7
晚期热液阶段	闪锌矿	富液相次生	−4.4	141	7.0
晚期热液阶段	闪锌矿	富液相次生	−0.8	181	1.4
晚期热液阶段	闪锌矿	富液相次生	−1.5	171	2.6
晚期热液阶段	闪锌矿	富液相次生	−2.5	170	4.2
晚期热液阶段	闪锌矿	富液相次生	−4.5	170	7.2
晚期热液阶段	闪锌矿	富液相次生	−4.0	155	6.5
晚期热液阶段	闪锌矿	富液相次生	−2.1	149	3.6
晚期热液阶段	闪锌矿	富液相次生	−3.9	150	6.3
晚期热液阶段	闪锌矿	富液相次生	−2.8	156	4.7
晚期热液阶段	闪锌矿	富液相次生	−4.4	151	7.0
晚期热液阶段	闪锌矿	富液相次生	−5.0	162	7.9
晚期热液阶段	闪锌矿	富液相次生	−2.9	149	4.8
晚期热液阶段	闪锌矿	富液相次生	−2.8	168	4.7
晚期热液阶段	闪锌矿	富液相次生	−2.6	158	4.3
晚期热液阶段	闪锌矿	富液相次生	−2.1	112	3.6
晚期热液阶段	闪锌矿	富液相次生	−2.6	142	4.3
晚期热液阶段	闪锌矿	富液相次生	−2.0	156	3.4
晚期热液阶段	闪锌矿	富液相次生	−1.0	175	1.7
晚期热液阶段	闪锌矿	富液相次生	−5.7	170	8.8
晚期热液阶段	闪锌矿	富液相次生	−5.9	180	9.1
晚期热液阶段	闪锌矿	富液相次生	−3.8	180	6.2
晚期热液阶段	闪锌矿	富液相次生	−5.6	169	8.7
晚期热液阶段	闪锌矿	富液相次生	−3.9	163	6.3
晚期热液阶段	闪锌矿	富液相次生	−4.3	176	6.9
晚期热液阶段	闪锌矿	富液相次生	−3.6	176	5.9
晚期热液阶段	闪锌矿	富液相次生	−3.8	170	6.2
晚期热液阶段	闪锌矿	富液相次生	−3.9	131	6.3
晚期热液阶段	闪锌矿	富液相次生	−3.8	133	6.2
晚期热液阶段	闪锌矿	富液相次生	−4.2	138	6.7

续表

矿化阶段	主矿物	包裹体类型	冰点/℃	均一温度/℃	盐度（质量分数，以 NaCl 计）/%
晚期热液阶段	闪锌矿	富液相次生	–2.9	139	4.8
晚期热液阶段	闪锌矿	富液相次生	–3.8	137	6.2
晚期热液阶段	闪锌矿	富液相次生	–3.8	130	6.2
晚期热液阶段	闪锌矿	富液相次生	–5.7	109	8.8
晚期热液阶段	闪锌矿	富液相次生	–5.8	129	9.0
晚期热液阶段	闪锌矿	富液相次生	–4.8	123	7.6
晚期热液阶段	闪锌矿	富液相次生	–2.8	118	4.7
晚期热液阶段	闪锌矿	富液相次生	–3.0	140	5.0
晚期热液阶段	闪锌矿	富液相次生	–0.5	122	0.9
晚期热液阶段	闪锌矿	富液相次生	–1.1	120	1.9
晚期热液阶段	闪锌矿	富液相次生	–1.0	114	1.7
晚期热液阶段	闪锌矿	富液相次生	–1.0	116	1.7
晚期热液阶段	闪锌矿	富液相次生	–4.7	143	7.5
晚期热液阶段	闪锌矿	富液相次生	–4.5	137	7.2
晚期热液阶段	闪锌矿	富液相次生	–1.6	102	2.7
晚期热液阶段	闪锌矿	富液相次生	–1.3	108	2.2
晚期热液阶段	闪锌矿	富液相次生	–1.5	150	2.6
晚期热液阶段	闪锌矿	富液相次生	–1.2	141	2.1
晚期热液阶段	闪锌矿	富液相次生	–0.9	135	1.6
晚期热液阶段	闪锌矿	富液相次生	–1.1	135	1.9
晚期热液阶段	闪锌矿	富液相次生	–1.1	143	1.9
晚期热液阶段	闪锌矿	富液相次生	–2.3	146	3.9
晚期热液阶段	闪锌矿	富液相次生	–1.9	139	3.2
晚期热液阶段	闪锌矿	富液相次生	–0.8	162	1.4
晚期热液阶段	闪锌矿	富液相次生	–2.7	175	4.5
晚期热液阶段	闪锌矿	富液相次生	–2.7	148	4.5
晚期热液阶段	闪锌矿	富液相次生	–2.5	123	4.2
晚期热液阶段	闪锌矿	富液相次生	–1.2	176	2.1
晚期热液阶段	闪锌矿	富液相次生	–4.8	161	7.6
晚期热液阶段	闪锌矿	富液相次生	–4.7	144	7.5
晚期热液阶段	闪锌矿	富液相次生	–4.2	176	6.7
晚期热液阶段	闪锌矿	富液相次生	–1.3	148	2.2
晚期热液阶段	闪锌矿	富液相次生	–2.4	156	4.0
晚期热液阶段	闪锌矿	富液相次生	–4.5	143	7.2

续表

矿化阶段	主矿物	包裹体类型	冰点/℃	均一温度/℃	盐度/%（质量分数，以NaCl计）
晚期热液阶段	闪锌矿	富液相次生	–2.5	167	4.2
晚期热液阶段	闪锌矿	富液相次生	–2.8	162	4.7
晚期热液阶段	闪锌矿	富液相次生	–4.1	147	6.6
晚期热液阶段	闪锌矿	富液相次生	–3.3	133	5.4
晚期热液阶段	闪锌矿	富液相次生	–0.8	176	1.4
成矿后液阶段	石英	富液相	–4.2	147	6.7
成矿后液阶段	石英	富液相	–2.9	126	4.8
成矿后液阶段	石英	富液相	–2.9	121	4.8
成矿后液阶段	石英	富液相	–1.8	127	3.1
成矿后液阶段	石英	富液相	–5.8	136	9.0
成矿后液阶段	石英	富液相	–4.3	139	6.9
成矿后液阶段	石英	富液相	–4.7	154	7.5
成矿后液阶段	石英	富液相	–5.2	148	8.1
成矿后液阶段	石英	富液相	–1.0	145	1.7
成矿后液阶段	石英	富液相	–5.4	165	8.4
成矿后液阶段	石英	富液相	–3.4	127	5.6
成矿后液阶段	石英	富液相	–1.2	160	2.1
成矿后液阶段	石英	富液相	–1.0	161	1.7
成矿后液阶段	石英	富液相	–5.4	156	8.4
成矿后液阶段	石英	富液相	–4.4	142	7.0
成矿后液阶段	石英	富液相	–4.0	188	6.5
成矿后液阶段	石英	富液相	–1.4	171	2.4
成矿后液阶段	石英	富液相	–4.9	153	7.7

早期热液阶段闪锌矿包裹体：Ⅱa 型流体包裹体加热后均一到液相，均一温度分布范围为 182～290℃，在 230～270℃均一温度分布较集中，平均 234℃（图 5-3）；盐度较低，主要在 0.9%～8.8%（质量分数，以 NaCl 计），集中在 2.0%～6.0%（质量分数，以 NaCl 计），平均 4.0%（质量分数，以 NaCl 计），盐度分布范围也较集中（图 5-3）。

晚期热液阶段闪锌矿原生包裹体：Ⅱa 型流体包裹体加热后均一到液相，温度在 205～305℃之间，主要集中在 230～280℃，平均 252℃（图 5-3）；盐度 0.4%～11.0%（质量分数，以 NaCl 计），集中在 3%～11%（质量分数，以 NaCl 计），平均 4.9%（质量分数，以 NaCl 计）（图 5-3）。

晚期热液阶段石英原生包裹体：Ⅱa 型包裹体加热后均一到液相，均一温度 197～348℃，主要集中在 240～290℃，平均为 261℃（图 5-3）；盐度分布范围在 0.7%～9.2%（质量分数，以 NaCl 计），集中在 3%～6%（质量分数，以 NaCl 计），平均值为 4.3 %（质量分数，以 NaCl 计）（图 5-3）。

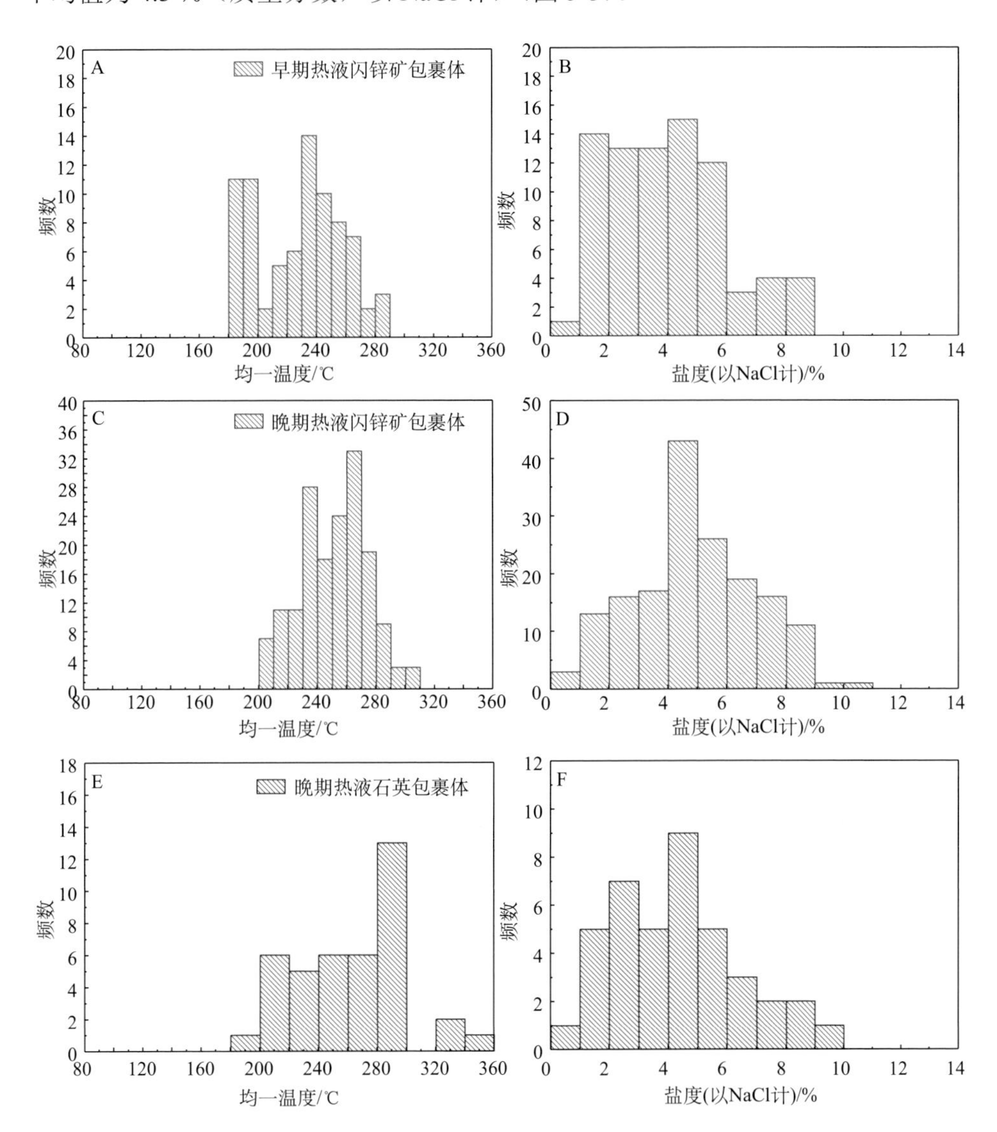

图 5-3　栖霞山铅锌矿铅锌成矿阶段包裹体测温结果

晚期热液阶段闪锌矿次生包裹体：Ⅱb 型流体包裹体均一温度主要分布在 102～181℃之间，峰值是 130～180℃，均一温度分布较集中（图 5-4）；盐度主要在 0.9%～9.1 %（质量分数，以 NaCl 计）之间（图 5-4）。

成矿后期石英包裹体：Ⅱb 型流体包裹体均一温度主要分布在 121～188℃之间（图 5-4）；盐度主要在 1.7%～9.0%（质量分数，以 NaCl 计）之间（图 5-4）。

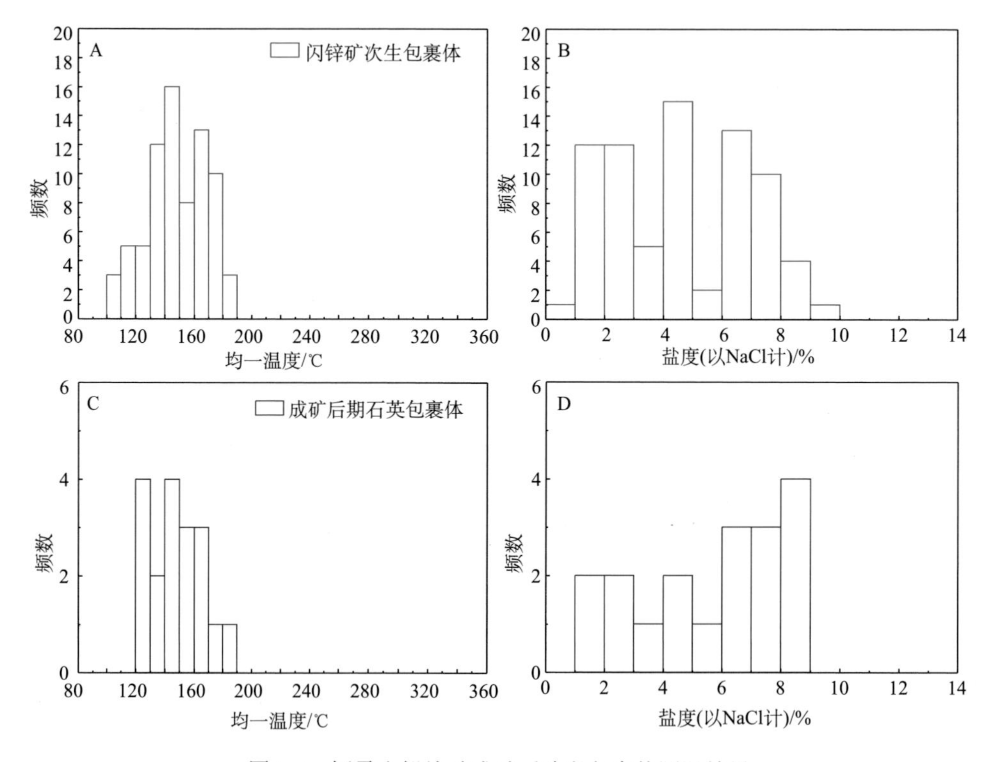

图 5-4　栖霞山铅锌矿成矿后阶段包裹体测温结果

5.3　流体包裹体气相成分

本书选择石英和闪锌矿中代表性的原生流体包裹体，使用拉曼探针对包裹体的气相成分进行分析。测试结果显示，两期闪锌矿中流体包裹体都只出现了水的包络峰（图 5-5 A 和图 5-5 B），表明闪锌矿中流体包裹体气相组分主要是水蒸气，不含其他气体。

此外，这些晚期铅锌矿化石英中原生流体包裹体的气相组分激光拉曼探针谱只出现了水的包络峰（图 5-5 C 和图 5-5 D），表明石英中流体包裹体气相组分与闪锌矿中流体包裹体的成分相似，主要是水蒸气，不含其他气体。

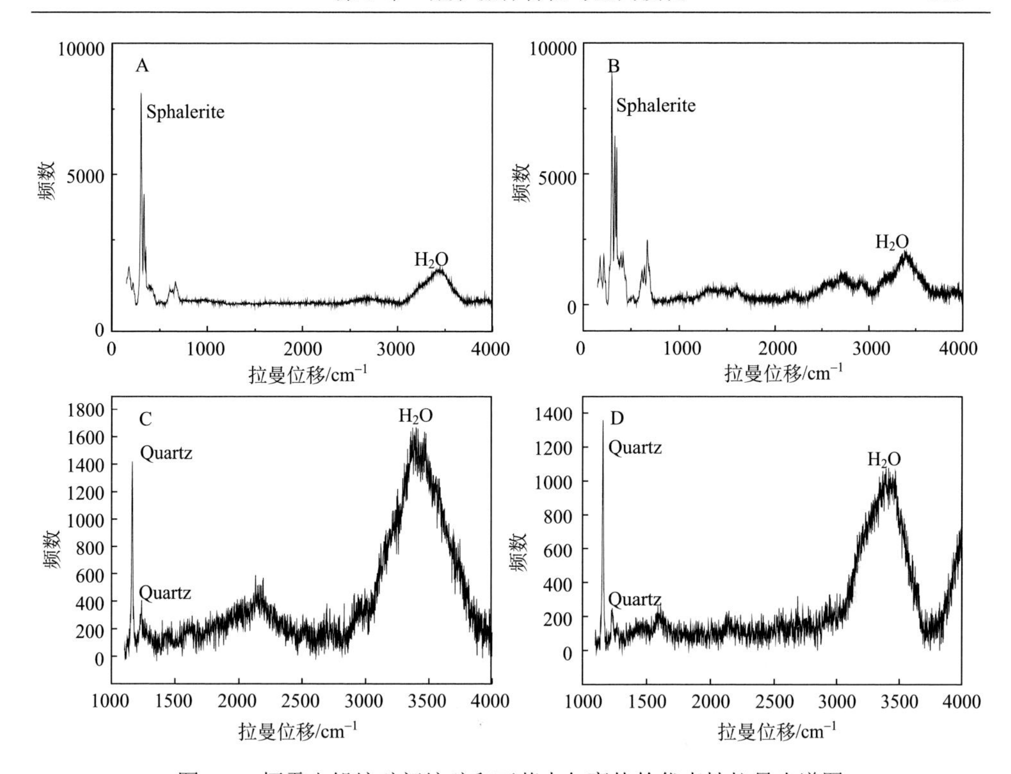

图 5-5　栖霞山铅锌矿闪锌矿和石英中包裹体的代表性拉曼光谱图

A. 早期热液闪锌矿中原生包裹体气相成分拉曼光谱；B. 晚期热液闪锌矿中原生包裹体气相成分拉曼光谱；C. 晚期热液石英中原生包裹体气相成分拉曼光谱；D. 成矿后期石英中包裹体气相成分拉曼光谱

5.4　单个包裹体 LA-ICP-MS 元素成分特征

单个包裹体 LA-ICP-MS 成分分析可对包裹体中绝大多数元素进行定量分析，且检测限可低至 0.1 ppm，是当前国际矿床学研究最前沿的分析技术之一（Günther et al., 1998; Heinrich et al., 2003; Pettke et al., 2012；倪培等, 2014；Pan et al.,2019）。成矿流体元素成分的定量分析能够有效揭示成矿流体性质、精细刻画成矿机制、追踪成矿流体来源等，近年来已为深入认识 MVT 型、夕卡岩型以及其他热液脉型 Pb-Zn 矿床成矿机理带来突破性认识（Wilkinson et al., 2009; Samson et al., 2008; Williams-Jones et al., 2010；Fusswinkel et al., 2013）。

闪锌矿是栖霞山铅锌矿主要矿石矿物之一，闪锌矿中的原生包裹体是成矿流体的直接代表。本书利用国际先进的单个包裹体 LA-ICP-MS 成分分析技术对上述早期和晚期闪锌矿中原生Ⅱa 型包裹体进行了元素成分定量分析。单个包裹体成分分析在南京大学内生金属矿床成矿机制研究国家重点实验室包裹体LA-ICP-MS实验室完成，测试使用Coherent Geolas HD激光剥蚀系统和PE NexION 350电感耦合等离子体质谱，对单个包裹体中 Li、B、Na、Mg、Cl、K、Ca、Cu、Ga、As、Br、Rb、Sr、Sb、Cs、Ba、Tl和Pb，以及闪锌矿基体元素Zn、S、Fe、Cd、Mn、Ge、Ag、In进行分析。由5.1节和5.2节包裹体岩相学和显微测温结果可知，闪锌矿中大部分包裹体尺寸较小（<15 μm），因此无法得到可靠的激光剥蚀信号。本书从已开展过显微测温的所有闪锌矿Ⅱa 型包裹体中共挑选出 39 个尺寸大于20μm的包裹体进行LA-ICP-MS成分分析，这39个包裹体属于19个岩相学上明确的包裹体组合（FIA, Goldstein and Reynolds, 1994），其中早阶段闪锌矿中共测试了4个FIA中的6个单个包裹体；晚阶段闪锌矿中共测试了15个FIA中33个单个包裹体。

图5-6展示了单个包裹体LA-ICP-MS成分分析所测试的早期和晚期Ⅱa型包裹体，分别为早期深色闪锌矿颗粒核部呈孤立状产出的单个原生流体包裹体

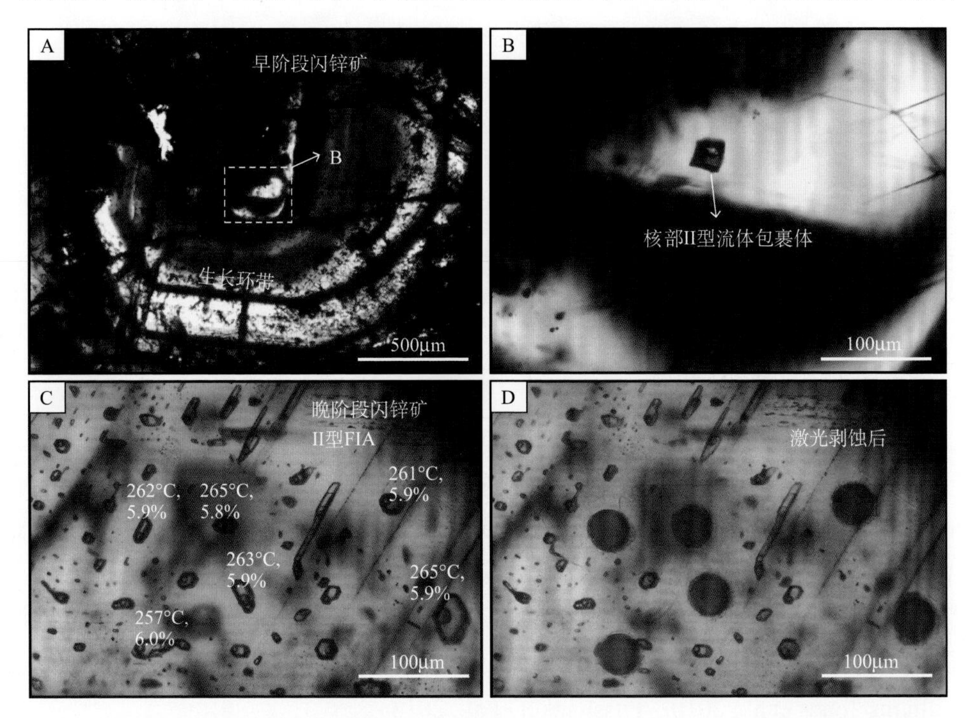

图5-6　栖霞山铅锌矿早期和晚期闪锌矿中原生Ⅱa型流体包裹体组合及激光剥蚀分析效果

A、B. 早期深色闪锌矿晶体核部孤立分布的原生Ⅱ型包裹体；C. 晚期浅色闪锌矿生长面上原生Ⅱ型包裹体组合，所有包裹体显示出非常一致的均一温度和盐度（质量分数）；D. 对（C）中FIA进行LA-ICP-MS成分分析的激光剥蚀效果

（图 5-6 A、B）和晚期浅色闪锌矿中沿生长环带分布的一组原生流体包裹体组合（图 5-6 C、D）。需要特别指出的是，使用包裹体组合进行包裹体 LA-ICP-MS 成分分析可以确保单个包裹体元素成分数据的可靠性，如在晚阶段闪锌矿中，生长环带上的一组流体包裹体具有非常一致的均一温度和盐度（图 5-6 C），代表了明确的 FIA（Goldstein and Reynolds, 1994），对其中多个包裹体进行 LA-ICP-MS 成分分析（图 5-6 D）可以获得该 FIA 可靠的平均成分信息。但是，由于早期闪锌矿中包裹体数量少，符合 LA-ICP-MS 测试标准的包裹体数量更加稀少，因此早阶段闪锌矿中测试的包裹体部分为孤立的单个包裹体。另外，部分测试的包裹体属于岩相学上明确的 FIA，但仅有一个包裹体具有合适的尺寸，故仅采集了一组成分数据。

栖霞山铅锌矿闪锌矿中典型包裹体的激光剥蚀质谱信号见图 5-7，其中图 5-7 A～D 为同一流体包裹体剥蚀信号的不同元素信号展示。从图 5-7 A、B 可以看出，闪锌矿具有较为复杂的基体成分，除 Zn 和 S 以外，还含有较高的 Mn、Fe、Cd 以及少量 Ge、Ga、Ag、In。根据激光剥蚀信号出现的时间关系，流体包裹体中元素可明显分为两种产出形式，一种为包裹体液相中溶解的元素，在包裹

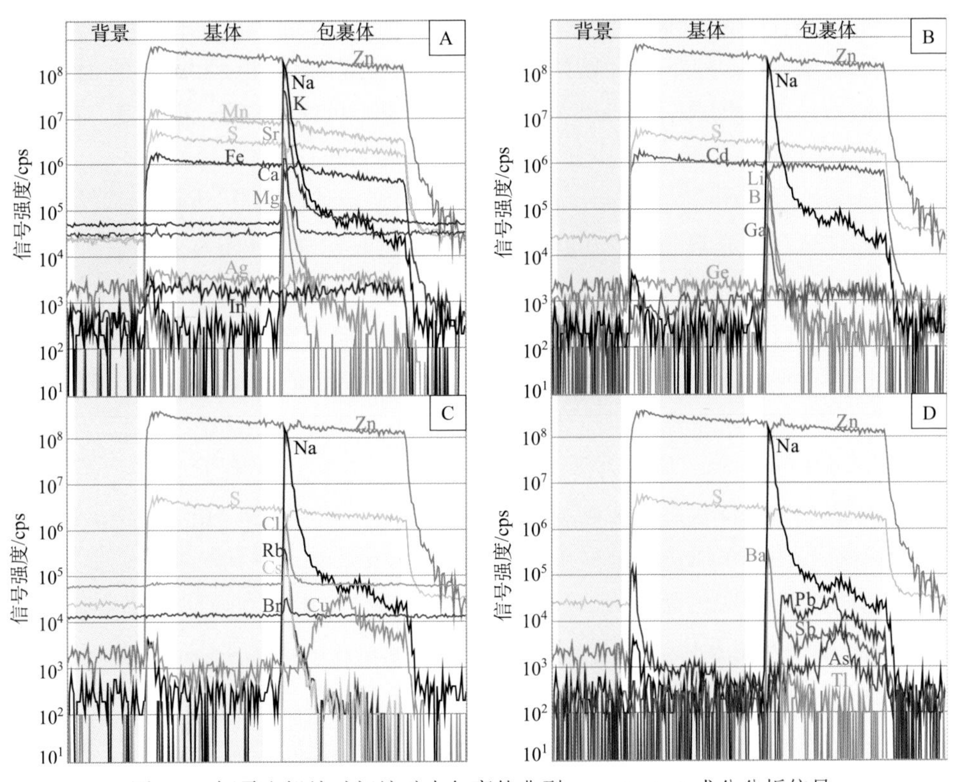

图 5-7　栖霞山铅锌矿闪锌矿中包裹体典型 LA-ICP-MS 成分分析信号

体被激光剥蚀打开时立刻同步出现，主要有 Li、B、Na、K、Ca、Mg、Sr、Ba、Rb、Cs、Cl、Br 和 Ga（图 5-7 A～D）；另一种为包裹体中固相矿物元素，通常在包裹体被激光剥蚀打开后延迟一段时间出现，包括 Cu、As、Sb、Pb 和 Tl（图 5-7 C、D）。本次测试的所有早阶段和晚阶段闪锌矿中Ⅱa 型包裹体均表现出图 5-7 中的元素信号分离特征，说明这些包裹体虽然在显微镜下仅显示出气液两相，但实际上仍然含有微小的多元素固相矿物。此外，包裹体中的固相元素和溶液相元素全部独立出现，本书所测试 39 个包裹体未曾观察到既在溶液中出现又在固相矿物中出现的元素。

栖霞山 Pb-Zn 矿两期闪锌矿中 39 个单个包裹体（19 个 FIA）的显微测温数据和 LA-ICP-MS 成分分析结果见表 5-2，对应的元素浓度盒须投点图见图 5-8。图表结果显示，栖霞山闪锌矿中记录的早阶段和晚阶段成矿流体的主要成分均为 NaCl、KCl 和 $CaCl_2$。这其中，Na 元素质量分数集中在 1%～2%，早晚两期较为一致；K 元素浓度主要为 1000～6000 ppm，晚期流体 K 浓度显著大于早阶段流体；Ca 元素浓度主要为 2000～7000 ppm，早、晚两期整体也较为一致。同时，两期成矿流体中均含有 10～10^2 ppm 数量级的 Li、Mg、Rb、Sr、Cs、Ba 等其他碱金属和碱土金属元素。另外，早、晚两期成矿流体中均测得浓度接近的微量 Br 和 B，以及其他微量金属元素，如 Ga、As、Cu、Sb、Pb 和 Tl。值得一提的是，闪锌矿中原生流体包裹体的 Pb 含量主要集中在 20～200 ppm。

图 5-9 和图 5-10 进一步展示了早、晚两期成矿流体的成分异同。从整体上看，两期成矿流体具有非常一致的 Na、Ca、Cl 等主量元素含量（图 5-9 A、B）。但是，除 Ba 元素外，早期成矿流体相对晚期成矿流体更加富集碱土金属 Mg、Sr，而亏损碱金属 K、Li、Rb 和 Cs；Ba 元素为碱土金属，但明显在晚期成矿流体中更加富集（图 5-9 A）。此外，早、晚两期成矿流体具有相近的 Ga、As、Br、Tl 含量，晚期成矿流体相对于早期成矿流体略微富 B、Sb，部分晚期 FIA 则显著富 Pb、Cu（图 5-9 B）。

将所有单个流体包裹体成分数据在 Na-K-Ca、Sr-Rb-Cs 和 Mg-Li-Ba 元素三角图解上进行投图，可以清晰地展示出栖霞山 Pb-Zn 矿从早期到晚期成矿流体的成分特征演化趋势（灰色箭头所示），即成矿流体成分由早期到晚期主量元素 Na、Ca 浓度几乎不发生变化，但 K、Li、Ba、Rb、Cs 含量逐渐升高，而 Sr、Mg 含量显著降低（图 5-10）。

表 5-2　栖霞山 Pb-Zn 矿两期闪锌矿中原生 FIA 单个包裹体 LA-ICP-MS 成分分析及显微测温结果

FIA（N）	盐度/（质量分数，%）	T_h/°C	Li/ppm	B/ppm	Na/（质量分数，%）	Mg/ppm	Cl/（质量分数，%）	K/ppm	Ca/ppm	Cu/ppm	Ga/ppm
早期闪锌矿中原生 FIA （N=4）											
E1（2）	5.8	223 ± 2.8	57.8 ± 9	223.3 ± 27.2	1.67 ± 0.02	203.5 ± 47.1	3.9 ± 0.23	1505 ± 195	4568 ± 100	—	18.9 ± 8.1
E2（2）	4.2	235.5 ± 10.6	34.4 ± 0.9	120 ± 33	1.05 ± 0.07	338.8 ± 21.7	2.98 ± 0.33	910 ± 432	4816 ± 868	40 ± 32	2.6
E3（1）	5.8	253	52	223.2	1.66	314.4	3.5	1657	4577	221	—
E4（1）	4.6	248	18.2	55.9	1.45	89	2.74	5190	2851	664	—
晚期闪锌矿中原生 FIA （N=15）											
1（4）	7.2	234 ± 2.9	135.9 ± 14.3	313 ± 25.4	2.14 ± 0.14	75.9 ± 32.9	4.46 ± 1.18	4771 ± 792	3577 ± 876	4149 ± 5480	—
2（3）	7.9	236.3 ± 5.7	130.8 ± 7.6	302 ± 16.4	2.03 ± 0.09	114.7 ± 17.9	4.9 ± 0.38	5194 ± 303	6692 ± 920	2825 ± 4655	—
3（2）	7.9	244.5 ± 0.7	122.3 ± 36.4	334.1 ± 28	2.09 ± 0.09	103.4 ± 14.4	5.46 ± 1.06	4658 ± 388	6454 ± 608	2447 ± 3404	79.8
4（4）	6.9	263.3 ± 3.9	110 ± 7.4	349.2 ± 59.6	1.9 ± 0.07	25.9 ± 2.2	4.35 ± 1.58	4689 ± 538	4674 ± 625	1551 ± 495	—
5（4）	6.9	263 ± 3.7	104.7 ± 11.5	338.5 ± 35.5	1.95 ± 0.12	24.7 ± 2.7	4.17 ± 1.57	4855 ± 202	4212 ± 1178	17952 ± 17084	—
6（2）	3.6 ± 0.4	221.5 ± 16.3	66.3 ± 6.5	189.4 ± 19.1	0.96 ± 0.21	161.7 ± 137.8	2.41 ± 0.15	3026 ± 171	2431 ± 299	22 ± 25	3.3
7（2）	6.5	248.5 ± 2.1	114.2 ± 5.2	253.3 ± 17	1.75 ± 0.05	56.8 ± 0.5	4.21 ± 0.21	5290 ± 456	4296 ± 186	8	8.7 ± 3
8（2）	6.5	252 ± 4.2	77.1 ± 10.2	215.2 ± 36.7	1.87 ± 0.16	30.1 ± 1	3.74 ± 0.25	3668 ± 896	4136 ± 918	194 ± 71	7.1
9（2）	5	278 ± 1.4	122.1 ± 48.1	203.9 ± 80.7	1.42 ± 0.16	95.2 ± 1.7	3.1	3710 ± 373	1810	—	—
10（2）	7.2	298 ± 4.2	223 ± 1.5	346.6 ± 174.7	2.36 ± 0.18	189.3 ± 17.1	6.83 ± 3.35	6069 ± 465	1943	—	—
11（5）	5.9	263.2 ± 1.8	80.8 ± 11.2	228.7 ± 29.8	1.56 ± 0.12	37.5 ± 21.1	3.55 ± 0.35	3204 ± 330	5007 ± 1099	254 ± 278	—
12（2）	3.8	232 ± 2.8	59.3 ± 26.5	122.1 ± 33.9	1.16 ± 0.08	59.8 ± 18.2	2.39 ± 0.06	2492 ± 352	1669 ± 538	1015 ± 1055	6.8
13（1）	7	265	131.7	236.3	1.89	20.3	4.27	5164	4879	—	—
14（2）	4.7	284 ± 1.4	93.4 ± 1.5	390.8 ± 22.3	1.35 ± 0.01	11.6 ± 1.4	2.79 ± 0.12	4154 ± 22	2252 ± 43	—	—
15（2）	6.1 ± 0.4	285 ± 14.1	106.9 ± 11.2	259.2 ± 41.4	1.88 ± 0.32	45.9 ± 53.3	3.04	3679 ± 782	2503 ± 1205	—	—

续表

FIA（*N*）	盐度（质量分数，%）	T_h/℃	As/ppm	Br/ppm	Rb/ppm	Sr/ppm	Sb/ppm	Cs/ppm	Ba/ppm	Tl/ppm	Pb/ppm
早期闪锌矿中原生 FIA（*N*=4）											
E1（2）	5.8	223 ± 2.8	—	—	13.9 ± 2.2	278.9 ± 24.6	19 ± 9	5.5 ± 0.8	13.4 ± 2.5	1.4	—
E2（2）	4.2	235.5 ± 10.6	17.6	46.5 ± 3.1	6 ± 0.9	458.9 ± 18.3	4.5 ± 2	3.2 ± 0	11.4 ± 0.5	0.2 ± 0.2	3.4 ± 0.5
E3（1）	5.8	253	40.6	—	9.1	201.5	34.2	4	6.3	—	33
E4（1）	4.6	248	73.5	—	3.8	176.3	139.3	2.2	4.7	0.8	94.9
晚期闪锌矿中原生 FIA（*N*=15）											
1（4）	7.2	234 ± 2.9	52.4 ± 26.5	—	38.2 ± 10.6	131.9 ± 21	44.5 ± 29.4	20.6 ± 3.8	91.9 ± 2.6	1.5 ± 0.2	65 ± 17.4
2（3）	7.9	236.3 ± 5.7	38.5 ± 12.3	—	42.7 ± 6.1	219.9 ± 24	185.3 ± 115.2	21 ± 2	139.4 ± 22.9	1.2	204.1 ± 160.8
3（2）	7.9	244.5 ± 0.7	65 ± 28.6	—	38.3 ± 6.1	215 ± 14.1	226.8 ± 167.3	17.1 ± 3.4	112.7 ± 5.8	2	568.6
4（4）	6.9	263.3 ± 3.9	28.8 ± 9.1	—	38 ± 4.1	141.4 ± 12.7	89 ± 58.9	18.3 ± 1.6	65.2 ± 6.8	—	231.1 ± 268.2
5（4）	6.9	263 ± 3.7	48.9 ± 15.7	—	37.1 ± 4.5	155.3 ± 13.5	76.4 ± 40.3	21.8 ± 3	74.6 ± 9.8	1.8 ± 1.1	188.1 ± 133.5
6（2）	3.6 ± 0.4	221.5 ± 16.3	—	56 ± 28.7	26.4 ± 5.4	57.4 ± 10.7	48.7 ± 67.4	14.4 ± 5.7	36.6 ± 3.7	0.1	4.4 ± 2.5
7（2）	6.5	248.5 ± 2.1	2.1	60.1 ± 10.8	36.2 ± 0.2	130.8 ± 7	3.3 ± 3.4	14.6 ± 0.6	107.6 ± 1.8	0.3	0.9
8（2）	6.5	252 ± 4.2	21.8 ± 3.2	34	29.1 ± 9	163.3 ± 58.7	21.9 ± 10.4	11.4 ± 1.9	111.2 ± 13.1	0.8 ± 0.4	59.9 ± 8
9（2）	5	278 ± 1.4	56.5	85.6	35.4 ± 6.7	83.7 ± 27.8	8.7	17.7 ± 5.4	61 ± 17.8	—	12.2
10（2）	7.2	298 ± 4.2	—	—	46.1 ± 5.3	56.2 ± 19.1	—	34.6 ± 14.2	53 ± 3.5	0.5	110.9 ± 28.2
11（5）	5.9	263.2 ± 1.8	31.7 ± 1.8	79.2 ± 2.5	28.4 ± 3.9	172.2 ± 15.3	46.7 ± 44.4	13.4 ± 0.7	129.9 ± 10.8	0.6 ± 0.1	79.8 ± 50.2
12（2）	3.8	232 ± 2.8	42.3 ± 5.8	—	18.8 ± 3.6	58.5 ± 7.1	15.4 ± 2.7	9.2 ± 2.9	31.2 ± 10	0.6	83.4 ± 78.6
13（1）	7	265	—	—	37	162.8	—	15.8	139.4	—	81.5
14（2）	4.7	284 ± 1.4	26.2	—	38 ± 1	64.6 ± 11.1	—	20.7 ± 1.8	19.1 ± 4.4	0.7	2.4
15（2）	6.1 ± 0.4	285 ± 14.1	46.6	44.8	49.8 ± 29.9	95.3 ± 7.3	85.5 ± 70.5	24.5 ± 10	36 ± 13.6	0.6	25.9 ± 33.6

注：包裹体成分数据表示为 FIA 中所有包裹体均值和 1 倍标准偏差（±σ）；‘—’=FIA 中所有包裹体均小于检测限；*N*=每个 FIA 中所测试单个包裹体数量。

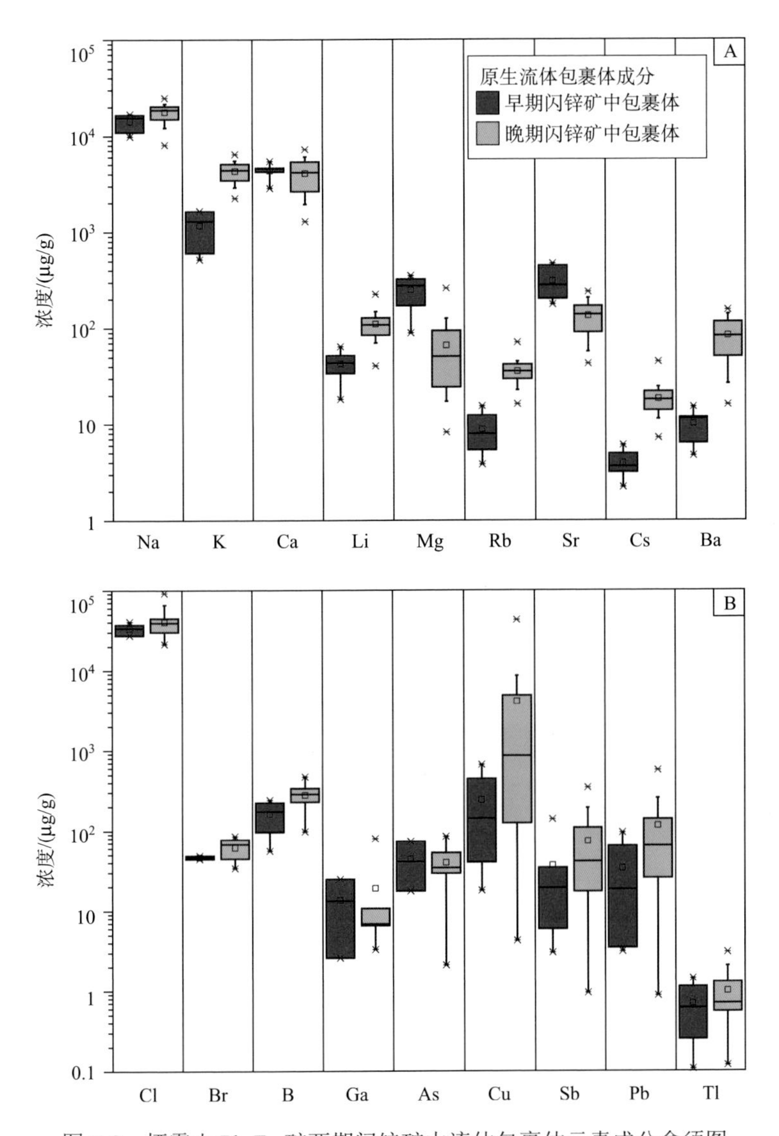

图 5-8　栖霞山 Pb-Zn 矿两期闪锌矿中流体包裹体元素成分盒须图

图中盒子上下边界分别为四分之一和四分之三位，中心线代表中位数，方形点代表平均值，须的上下界限代表所有数据的 10%和 90%概率范围，星号代表所有数据最大和最小值范围

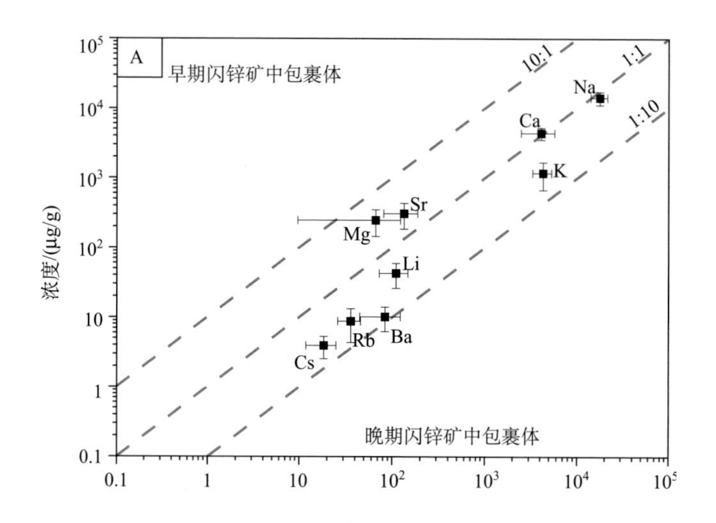

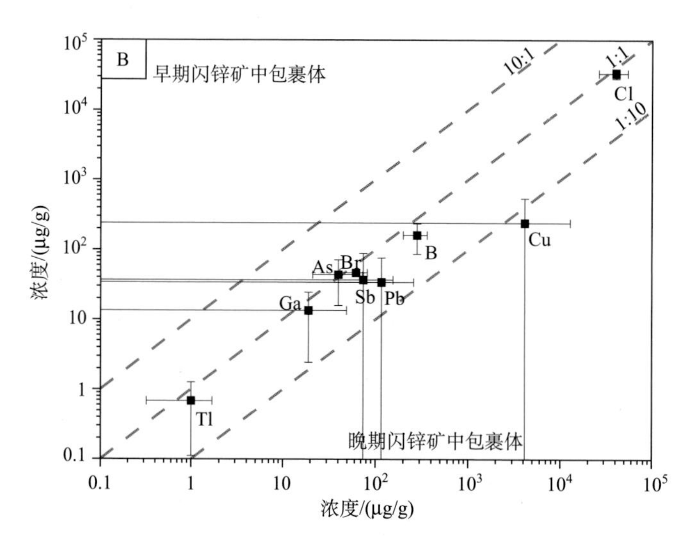

图 5-9　栖霞山 Pb-Zn 矿早、晚两期成矿流体平均元素成分对比

图中数据为两期所有包裹体成分均值，误差棒为 1 倍标准偏差

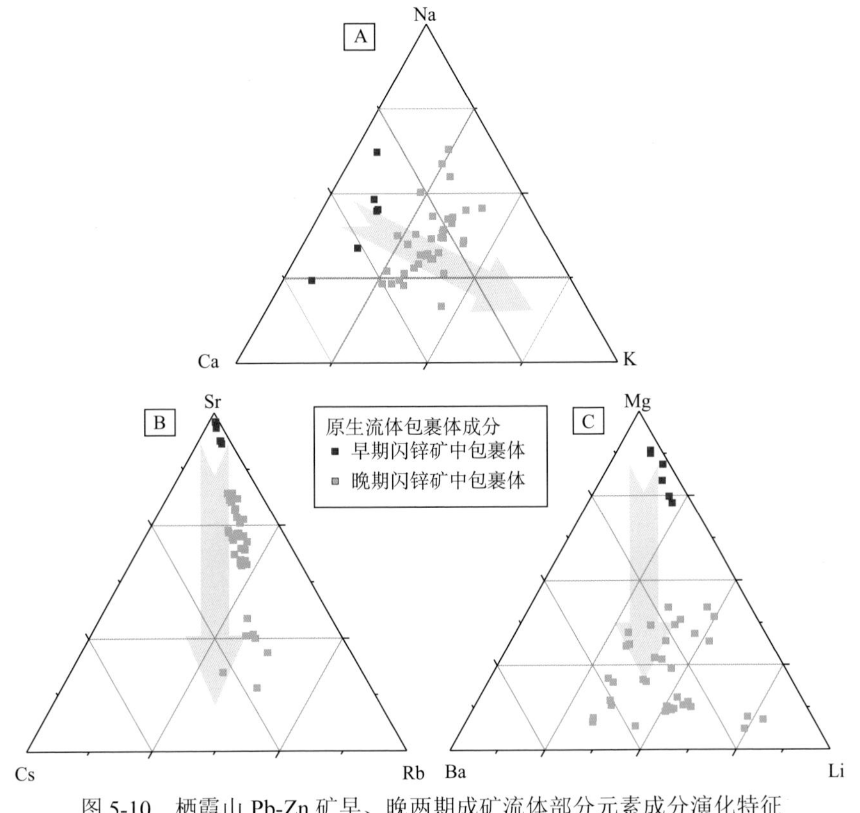

图 5-10　栖霞山 Pb-Zn 矿早、晚两期成矿流体部分元素成分演化特征

图中灰色箭头指示了成矿流体从早期到晚期的演化趋势

5.5　C-H-O 同位素特征

本书选择与铅锌硫矿石同期的石英和后期硅化的石英做为样品进行碳氢氧同位素测试分析。石英氢氧同位素组成均在中国地质科学院矿产资源研究所稳定同位素地球化学研究实验室采用 MAT-253EM 型质谱仪完成。在氧同位素分析测试中，使用 BrF_5 方法提取氧（Clayton and Mayeda, 1963），分析结果以 V-SMOW 为标准（Baertschi, 1976; Craig, 1961），测试精度为±0.2‰。在氢同位素分析测试中，使用 Zn 与水反应提取氢（Coleman et al., 1982; Fallick et al., 1993），测试结果以 V-SMOW 为标准，分析精度为±2‰，分析结果见表 5-3。

栖霞山矿区中成矿期石英的 $\delta^{18}O$ 值为 8.9‰～15.8‰，流体包裹体中 δD 变化范围从–82‰～–71‰（图 5-11）。成矿后石英脉的 $\delta^{18}O$ 值为 9.6‰，流体包裹体中 δD 值为–84‰（图 5-11）。

表 5-3　栖霞山矿石英 H-O 同位素组成

样号	石英产状	δD_{fluid} /‰	$\delta^{18}O_{mineral}$ /‰	T_h/℃	$\delta^{18}O_{fluid}$ /‰
QX181	成矿期石英	–78	8.9	248	–0.2
QX32	成矿期石英	–81	10.5	270	2.3
QX151	成矿期石英	–82	15.8	205	4.3
QXZK352	成矿期石英	–71	11.7	285	4.09
QXZK487	成矿后石英	–84	9.6	180	–3.5

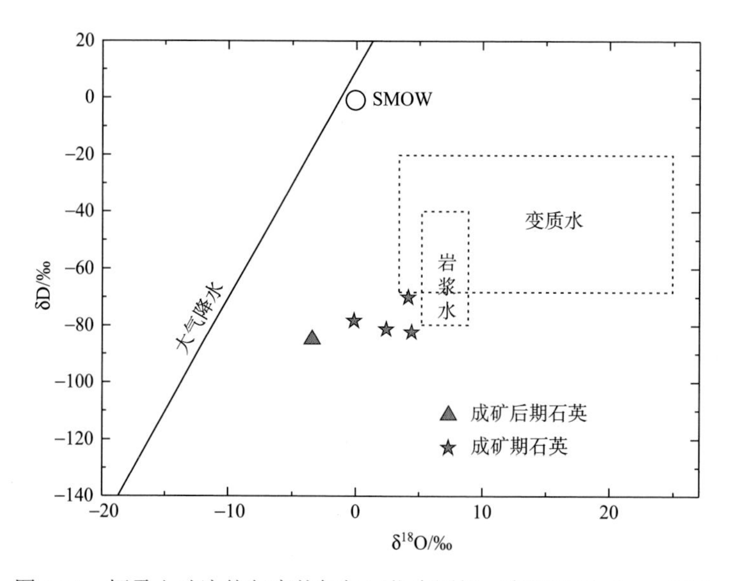

图 5-11　栖霞山矿流体包裹体氢氧同位素图解（底图据 Taylor, 1997）

本书分别对栖霞山矿区的围岩灰岩、黄铁矿矿石中的方解石、铅锌矿矿石中的方解石及与磁铁矿伴生的方解石等碳酸盐矿物进行碳和氧的同位素分析。碳氧同位素实验是在中国科学院地球化学研究所环境地球化学国家重点实验室采用 MAT252 型质谱仪完成，测试结果以 PDB 标准给出，单个测试结果重复精度 0.1‰，分析结果见表 5-4。灰岩 $\delta^{13}C_{PDB}$ 和 $\delta^{18}O_{SMOW}$ 值分别为 2.3‰和 12.4‰；黄铁矿矿石中的方解石 $\delta^{13}C_{PDB}$ 值为–3.9‰～3.8‰，平均值为–0.05‰, $\delta^{18}O_{SMOW}$ 值为 14‰～17.9‰，平均值为 15.95‰。4 件铅锌矿矿石中的方解石 $\delta^{13}C_{PDB}$ 值为–4.9‰～–1.7‰，平均值为–2.88‰，$\delta^{18}O_{SMOW}$ 值为 6.9‰～12.8‰，平均值为 11.05‰。3 件与磁铁矿伴生的方解石 $\delta^{13}C_{PDB}$ 值为–5.1‰～–1.5‰，平均值为–3.1‰，$\delta^{18}O_{SMOW}$ 值为 6.8‰～9.7‰，平均值为 8.57‰。

表 5-4　栖霞山矿碳酸盐矿物碳氧同位素组成表

样号	描述	$\delta^{13}C_{PDB}$/‰	$\delta^{18}O_{SMOW}$/‰
QX172	黄铁矿中的方解石	3.8	17.9
QX120	黄铁矿中的方解石	–3.9	14
QX71	铅锌矿矿石中的方解石	–2.2	12.8
QXZK385	铅锌矿矿石中的方解石	–2.7	12.3
QXZK084	铅锌矿矿石中的方解石	–1.7	12.2
QXZK105	与磁铁矿共生的方解石	–2.6	9.7
QXZK146	灰岩	2.3	12.4
QXZK288	与磁铁矿共生的方解石	–5.1	6.8
QXZK290	与磁铁矿共生的方解石	–1.5	9.2
QXZK264	铅锌矿矿石中的方解石	–4.9	6.9

5.6　成矿流体性质及流体来源

栖霞山铅锌矿中主成矿阶段石英和闪锌矿中原生流体包裹体的盐度测定表明，石英和闪锌矿中原生包裹体均具有较高及较宽的盐度变化范围，分别为 0.7%～9.2 %（质量分数，以 NaCl 计）和 0.4%～11.0%（质量分数，以 NaCl 计）。而现代海底热液观察研究表明，海底喷出口热液流体最高温度可达 350℃，盐度多数不会超过海水的 2 倍，少部分会超过 7.0%（质量分数，以 NaCl 计），但是不会太高（Sato, 1972）。比如，典型的 SEDEX 型矿 Red Dog 矿床层状矿体的闪锌矿中包裹体的均一温度为 175～329℃，盐度 0～8%（质量分数，以 NaCl 计），下盘网脉状闪锌矿均一温度是 255～329℃，盐度为 4%～5%（质量分数，以 NaCl 计），其流体来源是海水（Forrest, 1983）。由此看来栖霞山铅锌矿成矿流体盐度要高于海水和典型的 SEDEX 矿床。一般认为岩浆流体的总盐度一般范围为 5%～10 %（质量分数，以 NaCl 计）（Burnham,1979; Hedenquist and Lowenstern, 1994）。理论模拟也显示在相对高的压力条件下（1～2 kbar）岩浆流体可以演化为中低盐度的成分（Cline and Bodnar, 1994; Sun et al., 2007）。因此，栖霞山铅锌矿的成矿流体可能是岩浆来源的热液流体。

许多学者开展了不透明矿物（如闪锌矿、黑钨矿、辉锑矿）和与之共生脉石矿物（如石英）中包裹体的均一温度和盐度的对比研究工作，这些研究结果显示不透明矿物和与之共生脉石矿物中包裹体具有差别很大或者相似的均一温度和盐度特征（Bailly et al., 2000; Campbell and Panter, 1990; Lueders, 1996; Wang et al.,

2013; Ni et al., 2015; Chen et al., 2018；Li et al., 2018a, b）。例如，Bailly 等（2000）研究了 Brouzils 锑矿床中辉锑矿和伴生石英中包裹体均一温度和盐度，结果表明辉锑矿中包裹体有较低的均一温度（140～160℃）和盐度质量分数（3.5%～4.8%，以 NaCl 计），然而与之伴生石英中包裹体则有相对较高的均一温度（150～215℃）和盐度质量分数（5.0%～7.0%，以 NaCl 计）。Ni 等（2015）对华南黑钨矿石英脉矿床中黑钨矿和伴生石英中包裹体均一温度和盐度进行对比研究，结果表明黑钨矿和石英中包裹体有不同均一温度和盐度，即黑钨矿中包裹体均一温度明显高于伴生石英包裹体。本书对栖霞山铅锌矿中晚期铅锌矿成矿阶段中浅色闪锌矿和伴生石英中包裹体的均一温度和盐度的研究结果表明，闪锌矿和伴生石英中包裹体并没有呈现不同的均一温度和盐度特征，它们具有相似的均一温度和盐度特征，如闪锌矿中包裹体均一温度和盐度质量分数分别为 205～305℃和 0.4%～11.0%（以 NaCl 计），石英中包裹体均一温度和盐度质量分数分别为 197～348℃和 0.7%～9.2%（以 NaCl 计）。闪锌矿和伴生石英中包裹体具有相似的均一温度和盐度特征，可能反映它们均是在同一流体中沉淀形成。

矿石矿物中的原生流体包裹体是成矿流体的直接代表，能够直接反应成矿流体成分特征和源区性质。本书对栖霞山早、晚两阶段闪锌矿中原生包裹体的 LA-ICP-MS 成分分析结果表明，Pb-Zn 矿化成矿流体主要为 NaCl-KCl-$CaCl_2$ 体系。尽管成矿流体的主量元素 Na、Ca 浓度从早到晚几乎不发生变化，但是 K、Li、Ba、Rb、Cs 含量逐渐升高，而 Sr、Mg 含量显著降低。通常情况下，岩浆热液流体（magmatic-hydrothermal）会具有较高的 K、Li、Rb、Cs 等碱金属元素，而盆地卤水（basinal brines）或与蒸发岩平衡的沉积水会具有较高的 Ca、Sr、Mg 等二价阳离子含量（Samson et al., 2008; Williams-Jones et al., 2010; Kharaka and Hanor, 2014）。栖霞山成矿流体成分在岩浆热液流体和盆地卤水的成分特征判别图解中主要处于岩浆热液范围内（图 5-12，参考 Samson et al., 2008 统计的数据），表明成矿流体主体来自于岩浆热液，而非盆地卤水。但是，早期成矿流体的成分特征却相比于晚期成矿流体更加接近盆地卤水范围，可能反映出早期存在一定盆地卤水或地层水的加入，而晚期成矿流体中岩浆水的占比逐渐变高，成为绝对主导的流体来源。另一方面，从早期铅锌成矿阶段至晚期铅锌成矿阶段，闪锌矿和石英中原生包裹体的均一温度和盐度均逐渐升高，说明高盐度的热液流体主要集中于热液矿化晚期铅锌成矿阶段，这与晚期岩浆热液流体占据主导地位的结论相吻合。

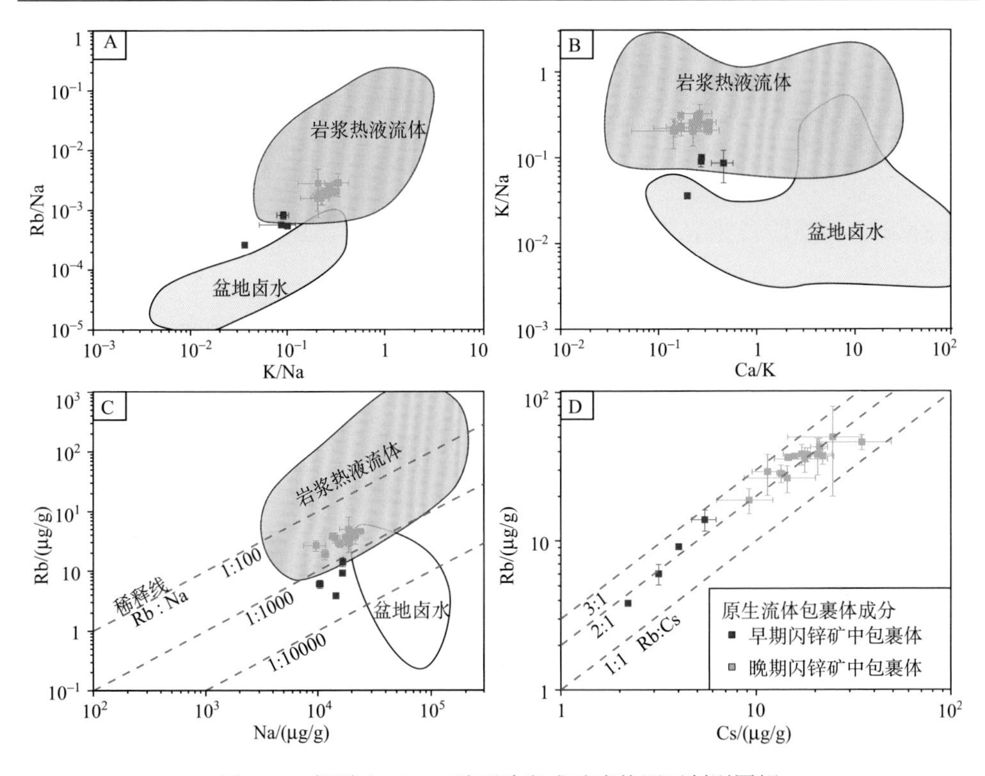

图 5-12　栖霞山 Pb-Zn 矿两阶段成矿流体源区判别图解

A～C. 岩浆热液流体和盆地卤水成分特征范围，参考 Samson 等（2008）和 Williams-Jones 等（2010）的统计结果；D. 包裹体 Rb-Cs 含量图解

由于 Rb、Cs 在热液成矿过程中的不相容性，Cs/Rb 比值可以用来追索成矿流体的源区变化（Klemm et al., 2008; Korges et al., 2018）。栖霞山早、晚两期成矿流体具有非常一致的 Rb/Cs 比值（图 5-12 D），所有数据全部集中在 1∶1 至 3∶1 范围内，表明早、晚两阶段成矿流体均来自同一岩浆源。此外，由于岩浆热液流体中 Cs 含量变化亦可用于反映岩浆结晶程度（Audétat and Pettke, 2003; Audétat et al., 2008; Klemm et al., 2008; Kouzmanov et al., 2010），栖霞山早阶段成矿流体相比于晚阶段成矿流体具有较低的 Cs 含量，反映出深部岩浆的结晶程度逐渐增加。

地壳中各储库流体的 Br/Cl 比值变化通常取决于海水的蒸发程度，而受后期水岩反应影响很小，因此是一种非常有力的源区判别指标（Böhlke and Irwin, 1992; Yardley et al., 1993; Irwin and Roedder, 1995; Nahnybida et al., 2009; Kendrick and Burnard, 2013）。图 5-13 显示了栖霞山 Pb-Zn 矿成矿流体的 Br/Cl 比值和海水、浓缩海水、蒸发岩以及其他热液矿床成矿流体 Br/Cl 比值的对应关系。由图 5-13 可知，栖霞山成矿流体的 Br/Cl 比值全部小于海水平均值（1.54×10^{-3}，McCaffrey et al., 1987)，两期成矿流体数据点几乎全部分布在岩浆热液流体范围内。相对应的，SEDEX 和 MVT 矿床成矿流体来自海水蒸发浓缩或进一步演化的盆地卤水(Leach et al., 2005，2010)，因此具有典型的大于海水的 Br/Cl 比值(Lecumberri-Sanchez and Bodnar, 2018)。结合上述其他成矿流体源区判别指标，我们可以明确判定栖霞山 Pb-Zn 矿主成矿阶段为岩浆热液成因，而非 MVT 或 SEDEX 成因。

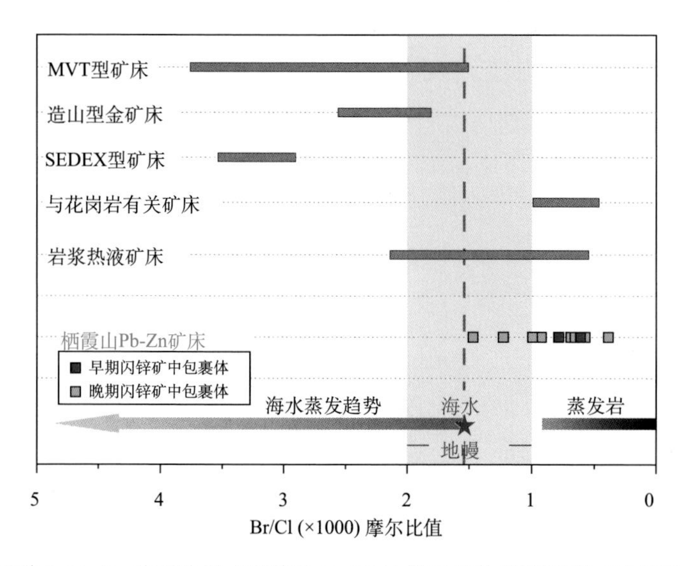

图 5-13　栖霞山 Pb-Zn 矿两阶段成矿流体 Br/Cl 比值及其他热液矿床成矿流体 Br/Cl 对比

蒸发岩和其他热液矿床成矿流体 Br/Cl 比值范围参考 Lecumberri-Sanchez and Bodnar（2018）的统计结果

除上述流体包裹体证据以外，C-H-O 同位素证据也进一步支持了栖霞山成矿流体来自岩浆流体的结论。根据 Clayton 等（1972）的矿物与水体系的氧同位素分馏方程和包裹体显微测温数据（表 5-2)，计算获得该区成矿期流体的 $\delta^{18}O$ 值为 –0.2‰～4.3‰，成矿后流体的 $\delta^{18}O$ 值为–5.8‰～3.5‰。流体包裹体的拉曼测试结果显示，成矿流体中只含有气相的水，不含有其他气体，因此流体包裹体的 δD 代表了成矿流体当时的氢同位素组成。此外，在氢氧同位素关系图上（图 5-11)，所有数据投影点均位于岩浆水与大气降水之间，成矿期石英中流体包裹体的氢氧同位素数据更接近岩浆水区域，成矿后的石英中流体包裹体的氢氧同位素数据则更接近于大气降水。

碳氧同位素研究显示出早期热液作用相关碳的来源主要在低温蚀变区域。与磁铁矿同期的晚期热液作用的碳的来源则落在花岗岩区域，碳主要来源于岩浆。

5.7　成矿流体空间演化

本书通过栖霞山矿床深部 500 m 延伸的流体包裹体样品，获得成矿流体的均一温度和盐度空间分布特征，结果见图 5-14 和图 5-15。闪锌矿中的包裹体流体空间填图显示流体均一温度从 289℃下降到 215℃，盐度质量分数由 7.3%（以 NaCl 计）下降到 2.4%（以 NaCl 计），且沿着矿体的侧伏方向温度和盐度有规律变化，矿体的西南端温度最高，以西南到北东方向为轴，向轴线的两侧温度、盐度递减。温度和盐度最高值出现在 46 线的–700～–800 m 之间，这些区域也正是高温夕卡岩蚀变富集的区域，指示成矿流体可能来自于其深部。

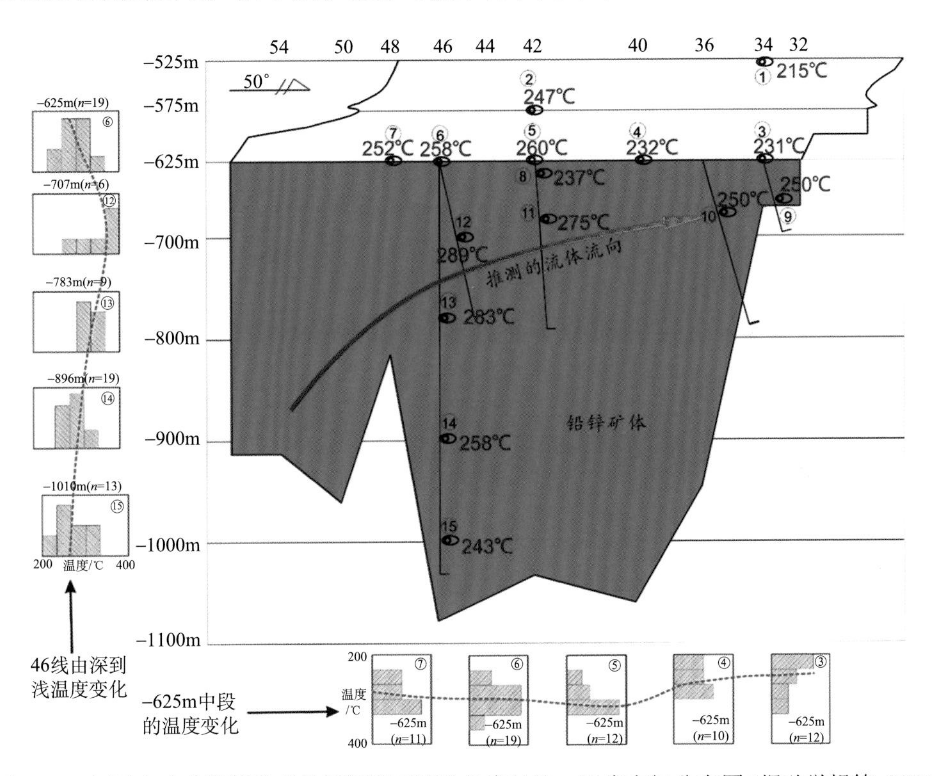

图 5-14　栖霞山矿晚期铅锌矿化期闪锌矿流体包裹体均一温度空间分布图（据孙学娟等，2019）

虽然目前研究区内未发现岩体出露，但并不排除深部存在隐伏岩体。目前矿区西侧甘家巷矿段的地表和个别钻孔中已见闪长玢岩岩脉（蒋慎君和刘沈衡，1990；徐忠发和曾正海，2006）；另外，航磁资料也显示在栖霞山象山砂岩分布区存在低缓的磁异常（杨元昭，1989；刘沈衡，1991），可能是由于隐伏岩体导致。

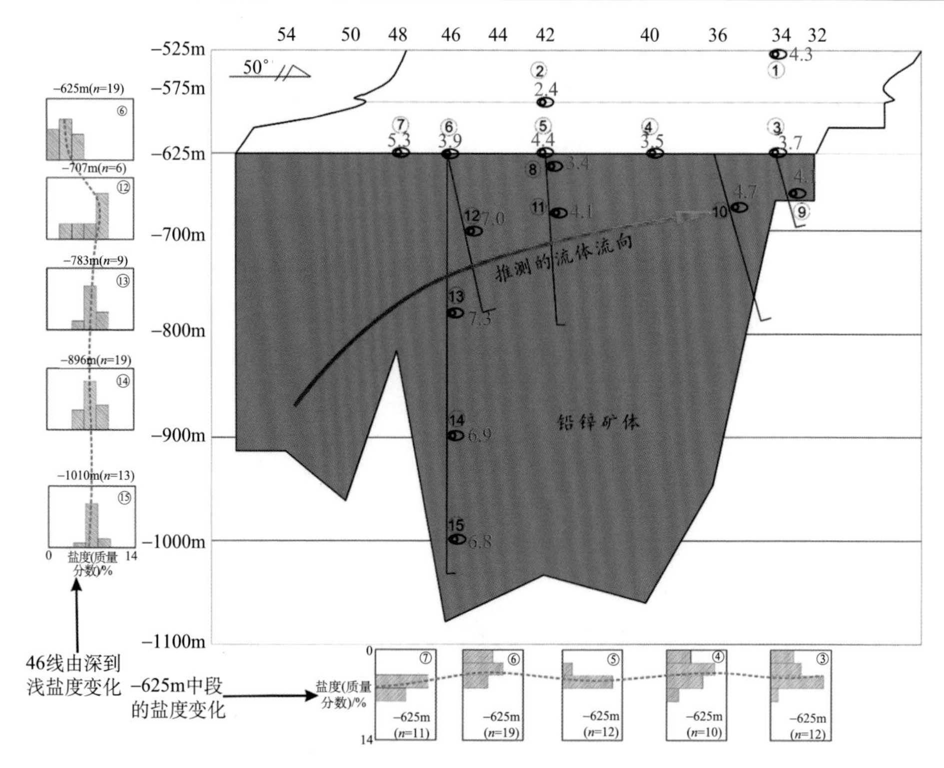

图 5-15　栖霞山矿晚期铅锌矿化期闪锌矿流体包裹体盐度空间分布图（据孙学娟等，2019）

最新的钻孔 KK4801 中出现大量夕卡岩矿物（绿帘石和透闪石），这些矿物与浅色闪锌矿和方铅矿共生，矿化类型和蚀变特征类似于世界其他地方的夕卡岩型矿床（Meinert et al., 2005）。因此我们认为栖霞山深部可能存在隐伏岩体，深部岩体释放的成矿流体从深部向地表上升时经历的是一个降温、降压过程，促使了栖霞山矿的铅锌铜多金属矿化。

综上所述，对热液矿床开展的成矿流体立体填图充分表明，精细的流体包裹体研究可以示踪成矿流体的通道以及成矿流体作用中心，从而为深部找矿预测提供依据和指明方向，栖霞山铅锌矿的流体填图是一个典型范例。

第6章　成矿物质来源

硫化物广泛分布在各种岩浆热液矿床中，硫化物中的硫铅同位素具有显著的分馏效应，因此硫和铅是传统的判断成矿物质来源的重要手段。传统的硫同位素地球化学示踪一般只考虑分布最广泛、丰度较大的 $^{34}S/^{32}S$ 比值，用 $\delta^{34}S$ 表示。一般认为，硫同位素有3个不同的储库：地幔硫，$\delta^{34}S$ 接近于0；现代海水硫，海相蒸发岩的硫同位素极正，$\delta^{34}S$ 可以大于20；生物成因沉积硫，以 $\delta^{34}S$ 为负值为特征。铅同位素也是研究较早、资料较丰富的同位素体系之一。因为矿物中不含或含极低含量的U、Th，矿物形成后不再有放射性成因铅的明显加入，可反映成矿热液的金属物质源区的初始铅同位素组成。随着多接收器电感耦合等离子体质谱（MC-ICP-MS）的诞生和发展，同位素测试精度有了大幅度提高，以锌同位素为代表的非传统稳定同位素取得了重要突破，如南京大学新建立了高精度的锌同位素测试方法。通过锌同位素研究，可以为成矿物质如锌提供最直接的证据。本书报道了栖霞山铅锌矿的硫铅锌同位素组成，探讨成矿物质来源等信息。

6.1　硫化物单矿物硫同位素特征

栖霞山铅锌矿床硫化物（黄铁矿、闪锌矿、方铅矿、黄铜矿）的 $\delta^{34}S$ 组成见表6-1和图6-1。从表和图中数据可以看出，不同矿石类型中硫化物硫同位素数据具有较宽的变化范围，如黄铁矿的 $\delta^{34}S$ 组成介于–5.1‰～1.7‰之间，闪锌矿 $\delta^{34}S_{V\text{-}CDT}$ 的变化范围在–3.9‰～6‰之间，方铅矿的 $\delta^{34}S$ 组成在–0.2‰～4‰之间。

表6-1　栖霞山矿矿石中硫化物硫同位素分析数据

样号	描述	矿物	$\delta^{34}S_{V\text{-}CDT}$/‰
QX131	块状矿石	黄铁矿	1.7
QX60	块状矿石	黄铁矿	–5.1
QX102	块状矿石	黄铁矿	–3.9
QXZK216	块状矿石	黄铁矿	1.2
QXZK248	浸染状矿石	黄铁矿	–1.2
QXZK338	块状矿石	黄铁矿	–1.9
QX175	方铅矿脉	方铅矿	–0.1

续表

样号	描述	矿物	$\delta^{34}S_{V\text{-}CDT}$/‰
QXZK216	块状矿石	方铅矿	0.5
QXZK222	块状矿石	方铅矿	−0.2
QXZK191	角砾状矿石	方铅矿	4
QX131	块状矿石	闪锌矿	3.8
QX102	块状矿石	闪锌矿	−3.9
QXZK216	块状矿石	闪锌矿	1.5
QXZK222	块状矿石	闪锌矿	1.6
QXZK191	角砾状矿石	闪锌矿	6
QXZK248	浸染状矿石	闪锌矿	1.5
QXZK405	浸染状矿石	黄铜矿	1.5
Brt	块状矿石	重晶石	20.8
Gp	块状矿石	石膏	16.8

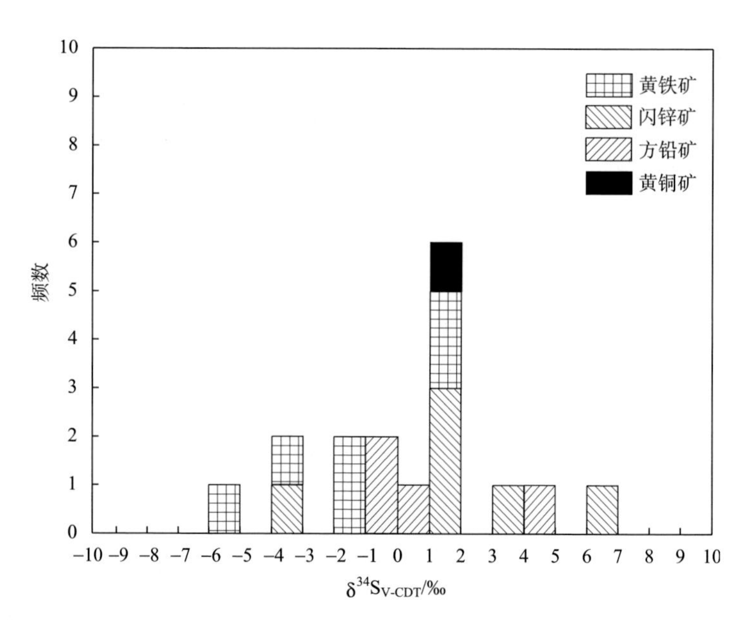

图 6-1　栖霞山铅锌多金属矿床 $\delta^{34}S$ 图解

结合以往的硫化物 $\delta^{34}S$ 数据发现黄铁矿的硫同位素值有较大的变化范围（图 6-2），特别是具有沉积特征的胶状、草莓状的黄铁矿，出现较大的负值。表 6-1 中本书测试石膏和重晶石等硫酸盐中的 $\delta^{34}S$ 值较高，分别为 16.8‰和 20.8‰。对比以往的闪锌矿 $\delta^{34}S$ 数据（图 6-3），本书中的硫同位素数据离散度相对较大，更偏向于正值，以往的闪锌矿硫同位素数据更接近于0值。

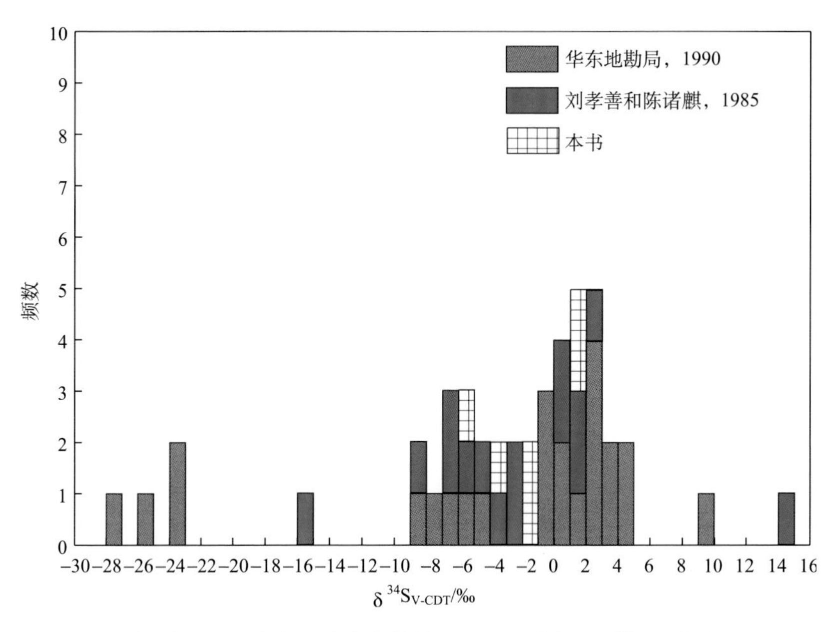

图6-2　栖霞山铅锌多金属矿本书黄铁矿和以往黄铁矿 $\delta^{34}S$ 同位素对比图

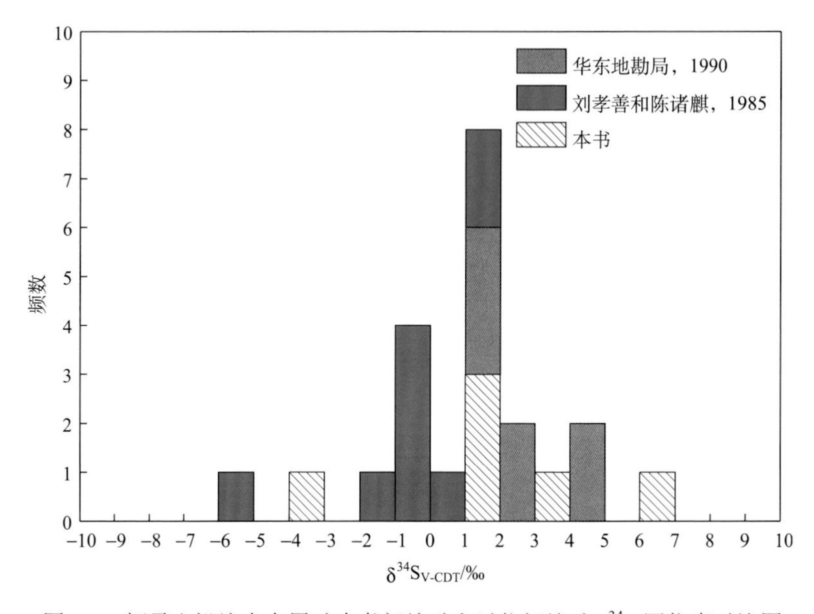

图6-3　栖霞山铅锌多金属矿本书闪锌矿和以往闪锌矿 $\delta^{34}S$ 同位素对比图

从表 6-1 和表 6-2 中可见，本书中黄铁矿的 $\delta^{34}S$ 相对于前人的分析数据离散度稍小，本书中闪锌矿 $\delta^{34}S$ 的离散度同样与前人的数据有所差别。其中有两方面原因，一方面前人采集的样品的位置有大量的沉积型的黄铁矿，伴随开采深度的增加铅锌矿品位升高，黄铁矿也受到了后期的热液改造的影响。另一方面，同一块手标本如果受到热液改造作用，即使镜下薄片能够鉴定清楚，挑选单矿物的时候也很难把同一阶段的矿物挑选出来。因此，同一手标本测试的硫同位素应该为不同阶段混合的硫同位素，并不是相同阶段 $\delta^{34}S$ 的真实数据。针对栖霞山铅锌多金属矿的多阶段成矿特点，使用 LA-ICP-MS 测试原位的硫同位素数据显得尤为重要。

表 6-2　以往栖霞山矿石中硫化物硫同位素分析数据

样号	描述	矿物	$\delta^{34}S_{V\text{-}CDT}$/‰	数据来源
ZK1505	铅锌硫矿石	黄铁矿	2.4	华东地勘局，1990
ZK1506	浸染状铅锌硫矿石	黄铁矿	4	
ZK1506	黄铁矿矿石	黄铁矿	2.9	
ZK1622	角砾状铅锌硫矿石	黄铁矿	–0.6	
ZK1463	角砾状铅锌硫矿石	黄铁矿	–5.1	
ZK76-30-442	黄铁矿矿石	黄铁矿	1.1	
ZK24-26	角砾状铅锌硫矿石	黄铁矿	4.2	
ZK24-26	角砾状硫矿石	黄铁矿	–25.9	
ZK444-30	角砾状硫矿石	黄铁矿	–23.1	
ZK344	黄铁矿矿石	黄铁矿	3.8	
ZK401	块状硫锰矿石	黄铁矿	2.2	
ZK304	浸染状铅锌硫矿石	黄铁矿	9	
ZK403	浸染状铅锌硫矿石	黄铁矿	2.2	
ZK223	细砂岩层纹状	黄铁矿	–4.6	
ZK226	层纹状硫	黄铁矿	–23.6	
ZK223	层纹状硫	黄铁矿	–27.4	
ZK228	角砾状硫矿石	黄铁矿	–6.7	
ZK49	块状硫锰矿石	黄铁矿	0.1	
–37m 中段	黄铁矿矿石	黄铁矿	–0.5	
ZK733	黄铁矿矿石	黄铁矿	–8.3	
ZK302	稠密浸染状硫	黄铁矿	0.3	
ZK48	稠密浸染状铅锌硫矿	黄铁矿	–0.1	
ZK48	浸染状铅锌硫矿石	黄铁矿	3.9	
ZK405	层纹状硫	黄铁矿	–7.2	

续表

样号	描述	矿物	$\delta^{34}S_{V-CDT}$/‰	数据来源
ZK48	铅锌硫矿石	黄铁矿	0.1	刘孝善和陈诸麒, 1985
ZK49	角砾状铅锌硫矿石	黄铁矿	–7	
ZK301	浸染状铅锌硫矿石	黄铁矿	–15.8	
ZK303	角砾状硫矿石	黄铁矿	1.9	
ZK302	角砾状硫矿石	黄铁矿	0.7	
ZK302	块状硫锰矿石	黄铁矿	2.3	
ZK221	角砾状硫矿石	黄铁矿	–4.8	
ZK221	块状硫锰矿石	黄铁矿	–2.7	
ZK221	浸染状铅锌硫矿石	黄铁矿	14.1	
ZK421	角砾状硫矿石	黄铁矿	1.7	
ZK462	块状硫锰矿石	黄铁矿	–8.8	
	块状黄铁矿矿石	黄铁矿	–5.3	
	铅锌硫矿石	黄铁矿	–3.5	
	铅锌硫矿石	黄铁矿	–2.2	
	铅锌硫矿石	黄铁矿	–6.8	
6	铅锌硫矿石	闪锌矿	1.3	华东地勘局, 1990
9	铅锌硫矿石	闪锌矿	4.5	
12	铅锌硫矿石	闪锌矿	1.8	
19	铅锌硫矿石	闪锌矿	2.7	
20	铅锌硫矿石	闪锌矿	4.2	
13	铅锌硫矿石	闪锌矿	2.1	
14（2）	铅锌硫矿石	闪锌矿	1	
790012	铅锌硫矿石	闪锌矿	0.9	刘孝善和陈诸麒, 1985
13	铅锌硫矿石	闪锌矿	–0.7	
14	铅锌硫矿石	闪锌矿	–1.5	
17	铅锌硫矿石	闪锌矿	1.9	
790027	铅锌硫矿石	闪锌矿	1.9	
32	铅锌硫矿石	闪锌矿	–0.6	
33	铅锌硫矿石	闪锌矿	–0.4	
34	铅锌硫矿石	闪锌矿	–0.2	
35	铅锌硫矿石	闪锌矿	–5.2	

6.2 原位 LA MC-ICP-MS 硫同位素特征

本书针对栖霞山铅锌矿 3 个成矿期次的硫化物进行了系统的原位硫同位素分析，包括生物成因阶段草莓状或胶状黄铁矿（Py1），早期铅锌成矿阶段的黄铁矿（Py2）和闪锌矿（Sph1），以及晚期铅锌成矿阶段的黄铁矿（Py3）和闪锌矿（Sph2）。测试是在南京大学内生金属矿床成矿机制研究国家重点实验室完成的。实验中，通过 NWR193 型激光对硫化物进行剥蚀，并用氦气作为载气将剥蚀物传输至 Neptune Plus 型多接收电感耦合等离子质谱仪进行同位素比值分析。其中激光参数：束斑为 25 μm，剥蚀频率为 10 Hz, 激光能量密度为 10 J/cm^2。实验中采用样品标样间差法校正质谱分析中的质量歧视效应。所用外标为：黄铁矿 WS-1，实验室内部标样，$\delta^{34}S_{V\text{-}CDT}$=（1.60±0.43）‰；闪锌矿 NBS123，国际闪锌矿标样，$\delta^{34}S_{V\text{-}CDT}$=（17.09±0.31）‰。

黄铁矿分析结果见表 6-3，每种类型的黄铁矿具有相应的硫同位素分布范围，Py1 草莓状或胶状的黄铁矿 $\delta^{34}S$ 均为负值，变化范围为–14.39‰～–3.08‰（图 6-4），数值较分散，且在–4‰～–3‰之间出现峰值，表明 Py1 受到后期热液的影响。

表 6-3　栖霞山矿石原位硫同位素分析数据

样品号	矿物结构	打点部位核部或边部	$\delta^{34}S$/‰	±2σ	矿化阶段
SAM-Py-QXS5	胶状	5	–13.7	4.1	生物成因阶段
SAM-Py-QXS5	胶状	5	–3.16	0.73	生物成因阶段
SAM-Py-QXS5	胶状	5	–14.39	0.15	生物成因阶段
SAM-Py-QXS5	胶状	5	–3.3	0.22	生物成因阶段
SAM-Py-QXS5	胶状	5	–5.27	0.81	生物成因阶段
SAM-Py-QXS7	草莓状	6	–3.25	0.15	生物成因阶段
SAM-Py-QXS7	草莓状	6	–3.08	0.21	生物成因阶段
SAM-Py-QXS7	草莓状	6	–6.16	0.26	生物成因阶段
SAM-Py-QXS3	粒状	2	8.79	0.25	早期热液阶段
SAM-Py-QXS3	粒状	2	7.9	0.32	早期热液阶段
SAM-Py-QXS24	交代	3	6.22	0.23	早期热液阶段
SAM-Py-QXS24	交代	3	9.4	0.21	早期热液阶段
SAM-Py-QXS24	交代	3	4.99	0.11	早期热液阶段
SAM-Py-KK4603-17	交代	1	6.51	0.21	早期热液阶段
SAM-Py-KK4603-16	粒状	7	5.09	0.11	早期热液阶段
SAM-Py-KK4603-16	粒状	7	4.02	0.15	早期热液阶段

续表

样品号	矿物结构	打点部位核部或边部	$\delta^{34}S$/‰	±2σ	矿化阶段
SAM-Py-KK4603-16	粒状	7	7.91	0.67	早期热液阶段
SAM-Py-KK4603-16	粒状	7	3.48	0.44	早期热液阶段
SAM-Py-KK4603-16	粒状	7	3.31	0.22	早期热液阶段
SAM-Py-KK4603-16	粒状	7	8.11	0.26	早期热液阶段
SAM-Py-KK4603-16	粒状	7	6.7	0.29	早期热液阶段
SAM-Py-QXS5	交代	2	6.33	0.15	早期热液阶段
SAM-Py-QXS5	交代	2	5.8	0.2	早期热液阶段
SAM-Py-QXS25	胶状	10	6.017	0.083	早期热液阶段
SAM-Py-QXS25	胶状	10	4.49	0.18	早期热液阶段
SAM-Py-QXS25	胶状	10	4.51	0.1	早期热液阶段
SAM-Py-QXS25	胶状	10	7.25	0.2	早期热液阶段
SAM-Py-QXS25	胶状	10	6.33	0.59	早期热液阶段
SAM-Py-QXS25	胶状	10	6.59	0.49	早期热液阶段
SAM-Py-QXS25	胶状	10	7.48	0.16	早期热液阶段
SAM-Py-QXS25	胶状	10	6.43	0.1	早期热液阶段
SAM-Py-QXS25	胶状	10	6.98	0.46	早期热液阶段
SAM-Py-QXS25	胶状	10	6.52	0.28	早期热液阶段
SAM-Py-QXS7	交代	4	3.18	0.12	早期热液阶段
SAM-Py-QXS7	交代	4	3.79	0.13	早期热液阶段
SAM-Py-QXS7	交代	4	4.21	0.27	早期热液阶段
SAM-Py-QXS7	交代	4	3.75	0.1	早期热液阶段
SAM-Py-QXS24	交代	5	6.22	0.23	早期热液阶段
SAM-Py-QXS24	交代	5	9.4	0.21	早期热液阶段
SAM-Py-QXS24	交代	5	3.17	0.23	早期热液阶段
SAM-Py-KK4603-14	交代	6	4.88	0.11	早期热液阶段
SAM-Py-KK4603-14	交代	6	3.61	0.11	早期热液阶段
SAM-Py-KK4603-14	交代	6	3.71	0.12	早期热液阶段
SAM-Py-KK4603-14	交代	6	8.69	0.2	早期热液阶段
SAM-Py-KK4603-14	交代	6	4.19	0.15	早期热液阶段
SAM-Py-KK4603-14	交代	6	6.44	0.12	早期热液阶段
SAM-Py-KK4603-13	交代	2	9.23	0.13	早期热液阶段
SAM-Py-KK4603-13	交代	2	8.45	0.43	早期热液阶段
SAM-Py-KK4603-12	交代	1	5.81	0.14	早期热液阶段
SAM-Py-QXS3	粒状	6	2.97	0.14	晚期热液阶段
SAM-Py-QXS3	粒状	6	1.74	0.14	晚期热液阶段

续表

样品号	矿物结构	打点部位核部或边部	$\delta^{34}S/‰$	±2σ	矿化阶段
SAM-Py-QXS3	粒状	6	2.48	0.087	晚期热液阶段
SAM-Py-QXS3	粒状	6	1.41	0.13	晚期热液阶段
SAM-Py-QXS3	粒状	6	2.13	0.15	晚期热液阶段
SAM-Py-QXS3	粒状	6	2.76	0.11	晚期热液阶段
SAM-Py-QXS11	粒状	4	0.77	0.14	晚期热液阶段
SAM-Py-QXS11	粒状	4	1.28	0.13	晚期热液阶段
SAM-Py-QXS11	粒状	4	0.26	0.12	晚期热液阶段
SAM-Py-QXS11	粒状	4	–0.2	0.15	晚期热液阶段
SAM-Py-KK4603-17	交代	5	2.26	0.46	晚期热液阶段
SAM-Py-KK4603-17	交代	5	3.85	0.39	晚期热液阶段
SAM-Py-KK4603-17	交代	5	2.13	0.35	晚期热液阶段
SAM-Py-KK4603-17	交代	5	1.62	0.13	晚期热液阶段
SAM-Py-KK4603-17	交代	5	1.58	0.39	晚期热液阶段
SAM-Py-KK4202-70	粒状	4	1.88	0.21	晚期热液阶段
SAM-Py-KK4202-70	粒状	4	1.06	0.12	晚期热液阶段
SAM-Py-KK4202-70	粒状	4	2.52	0.12	晚期热液阶段
SAM-Py-KK4202-70	粒状	4	1.06	0.16	晚期热液阶段
SAM-Py-KK4004-2	粒状	8	2.75	0.23	晚期热液阶段
SAM-Py-KK4004-2	粒状	8	2.14	0.18	晚期热液阶段
SAM-Py-KK4004-2	粒状	8	–2.9	0.67	晚期热液阶段
SAM-Py-KK4004-2	粒状	8	1.32	0.17	晚期热液阶段
SAM-Py-KK4004-2	粒状	8	2.65	0.14	晚期热液阶段
SAM-Py-KK4004-2	粒状	8	2.1	0.19	晚期热液阶段
SAM-Py-QXS5	粒状	3	0.78	0.14	晚期热液阶段
SAM-Py-QXS5	粒状	3	2.25	0.15	晚期热液阶段
SAM-Py-QXS5	粒状	3	1.42	0.12	晚期热液阶段
SAM-Py-QXS25	粒状	1	0.15	0.18	晚期热液阶段
SAM-Py-QXS7	交代	1	0.16	0.15	晚期热液阶段
SAM-Py-QXZK160	粒状	4	2.09	0.17	晚期热液阶段
SAM-Py-QXZK160	粒状	4	1.59	0.17	晚期热液阶段
SAM-Py-QXZK160	粒状	4	0.3	0.13	晚期热液阶段
SAM-Py-QXZK160	粒状	4	0.47	0.13	晚期热液阶段
SAM-Py-QXZK22	粒状	6	2.95	0.23	晚期热液阶段
SAM-Py-QXZK22	粒状	6	2.54	0.18	晚期热液阶段
SAM-Py-QXZK22	粒状	6	2.15	0.16	晚期热液阶段

续表

样品号	矿物结构	打点部位核部或边部	$\delta^{34}S$/‰	±2σ	矿化阶段
SAM-Py-QXZK22	粒状	6	2.43	0.15	晚期热液阶段
SAM-Py-QXZK22	粒状	6	1.73	0.24	晚期热液阶段
SAM-Py-QXZK22	粒状	6	1.42	0.14	晚期热液阶段
SAM-Py-QXS24	粒状	4	2.16	0.21	晚期热液阶段
SAM-Py-QXS24	粒状	4	2.97	0.2	晚期热液阶段
SAM-Py-QXS24	粒状	4	3.17	0.23	晚期热液阶段
SAM-Py-QXS24	粒状	4	3.39	0.26	晚期热液阶段
SAM-Py-KK4004-3	粒状	4	–1.9	0.14	晚期热液阶段
SAM-Py-KK4004-3	粒状	4	0.53	0.1	晚期热液阶段
SAM-Py-KK4004-3	粒状	4	1.47	0.31	晚期热液阶段
SAM-Py-KK4004-3	粒状	4	1.72	0.26	晚期热液阶段
SAM-Py-QXS13	粒状	5	2.39	0.25	晚期热液阶段
SAM-Py-QXS13	粒状	5	–0.138	0.056	晚期热液阶段
SAM-Py-QXS13	粒状	5	0.67	0.1	晚期热液阶段
SAM-Py-QXS13	粒状	5	–0.73	0.12	晚期热液阶段
SAM-Py-QXS13	粒状	5	0.025	0.052	晚期热液阶段
SAM-Py-KK4004-1	粒状	5	1.12	0.26	晚期热液阶段
SAM-Py-KK4004-1	粒状	5	2.902	0.06	晚期热液阶段
SAM-Py-KK4603-12	粒状	5	0.01	0.15	晚期热液阶段
SAM-Py-KK4603-12	粒状	5	1.93	0.45	晚期热液阶段
SAM-Py-KK4603-12	粒状	5	2.01	0.74	晚期热液阶段
SAM-Py-KK4603-12	粒状	5	–0.29	0.93	晚期热液阶段
SAM-Py-KK4603-12	粒状	5	–1.12	0.28	晚期热液阶段
SAM-Py-QXZK302	变晶	4	0.71	0.15	晚期热液阶段
SAM-Py-QXZK302	变晶	4	–0.141	0.08	晚期热液阶段
SAM-Py-QXZK302	变晶	4	–2.71	0.48	晚期热液阶段
SAM-Py-QXZK302	变晶	4	–0.9	0.13	晚期热液阶段
SAM-Py-QXS5	变晶	1	–1.52	0.18	晚期热液阶段
SAM-Sph-QXS3	碎屑状	3	5.44	0.14	早期热液阶段
SAM-Sph-QXS3	碎屑状	3	9.17	0.2	早期热液阶段
SAM-Sph-QXS3	碎屑状	3	9.46	0.22	早期热液阶段
SAM-Sph-QXS11	粒状	5	3.93	0.22	早期热液阶段
SAM-Sph-QXS11	粒状	5	7.01	0.15	早期热液阶段
SAM-Sph-QXS11	粒状	5	11.49	0.19	早期热液阶段
SAM-Sph-QXS11	粒状	5	9.83	0.17	早期热液阶段

续表

样品号	矿物结构	打点部位核部或边部	$\delta^{34}S$/‰	±2σ	矿化阶段
SAM-Sph-QXS11	粒状	5	5.84	0.19	早期热液阶段
SAM-Sph-KK4603-17	交代	4	4.69	0.21	早期热液阶段
SAM-Sph-KK4603-17	交代	4	7.08	0.21	早期热液阶段
SAM-Sph-KK4603-17	交代	4	7.14	0.24	早期热液阶段
SAM-Sph-KK4603-17	交代	4	5	0.27	早期热液阶段
SAM-Sph-KK4603-16	交代	8	7.313	0.097	早期热液阶段
SAM-Sph-KK4603-16	交代	8	7.61	0.097	早期热液阶段
SAM-Sph-KK4603-16	交代	8	7.83	0.11	早期热液阶段
SAM-Sph-KK4603-16	交代	8	6.2	0.23	早期热液阶段
SAM-Sph-KK4603-16	交代	8	7.52	0.3	早期热液阶段
SAM-Sph-KK4603-16	交代	8	6.9	0.3	早期热液阶段
SAM-Sph-KK4603-16	交代	8	6.95	0.29	早期热液阶段
SAM-Sph-KK4603-16	交代	8	6.2	0.25	早期热液阶段
SAM-Sph-QXS5	交代	10	10.647	0.082	早期热液阶段
SAM-Sph-QXS5	交代	10	10.02	0.27	早期热液阶段
SAM-Sph-QXS5	交代	10	10.23	0.29	早期热液阶段
SAM-Sph-QXS5	交代	10	10.2	0.31	早期热液阶段
SAM-Sph-QXS5	交代	10	3.73	0.28	早期热液阶段
SAM-Sph-QXS5	交代	10	9.6	0.32	早期热液阶段
SAM-Sph-QXS5	交代	10	8.62	0.31	早期热液阶段
SAM-Sph-QXS5	交代	10	8.89	0.26	早期热液阶段
SAM-Sph-QXS25	交代	1	6.06	0.2	早期热液阶段
SAM-Sph-QXS7	交代	9	3.32	0.2	早期热液阶段
SAM-Sph-QXS7	交代	9	6.97	0.2	早期热液阶段
SAM-Sph-QXS7	交代	9	6	0.35	早期热液阶段
SAM-Sph-QXS7	交代	9	8.05	0.18	早期热液阶段
SAM-Sph-QXS7	交代	9	5.41	0.23	早期热液阶段
SAM-Sph-QXS7	交代	9	7.74	0.21	早期热液阶段
SAM-Sph-QXS7	交代	9	5.76	0.42	早期热液阶段
SAM-Sph-QXS7	交代	9	3.79	0.28	早期热液阶段
SAM-Sph-QXS7	交代	9	4.33	0.11	早期热液阶段
SAM-Sph-QXZK22	粒状	3	4.14	0.17	早期热液阶段
SAM-Sph-QXZK22	粒状	3	4.82	0.18	早期热液阶段
SAM-Sph-QXZK22	粒状	3	3.21	0.38	早期热液阶段
SAM-Sph-KK4004-5	粒状	4	4.73	0.21	早期热液阶段

续表

样品号	矿物结构	打点部位核部或边部	$\delta^{34}S$/‰	±2σ	矿化阶段
SAM-Sph-KK4004-5	粒状	4	3.13	0.19	早期热液阶段
SAM-Sph-KK4004-5	粒状	4	3.73	0.3	早期热液阶段
SAM-Sph-KK4004-5	粒状	4	3.75	0.2	早期热液阶段
SAM-Sph-QXS24	交代	8	7.23	0.17	早期热液阶段
SAM-Sph-QXS24	交代	8	6.99	0.18	早期热液阶段
SAM-Sph-QXS24	交代	8	9.04	0.2	早期热液阶段
SAM-Sph-QXS24	交代	8	8.63	0.18	早期热液阶段
SAM-Sph-QXS24	交代	8	7.89	0.2	早期热液阶段
SAM-Sph-QXS24	交代	8	8.21	0.18	早期热液阶段
SAM-Sph-QXS24	交代	8	6.46	0.19	早期热液阶段
SAM-Sph-KK4004-3	粒状	4	5.55	0.23	早期热液阶段
SAM-Sph-KK4603-14	碎屑状	8	6.22	0.24	早期热液阶段
SAM-Sph-KK4603-14	碎屑状	8	6.26	0.26	早期热液阶段
SAM-Sph-KK4603-14	碎屑状	8	5.5	0.34	早期热液阶段
SAM-Sph-KK4603-14	碎屑状	8	6.85	0.2	早期热液阶段
SAM-Sph-KK4603-14	碎屑状	8	5.81	0.19	早期热液阶段
SAM-Sph-KK4603-14	碎屑状	8	6.93	0.16	早期热液阶段
SAM-Sph-KK4603-14	碎屑状	8	7.21	0.27	早期热液阶段
SAM-Sph-KK4603-14	碎屑状	8	6.67	0.14	早期热液阶段
SAM-Sph-KK4603-13	鲕状结构	5	8.643	0.093	早期热液阶段
SAM-Sph-KK4603-13	鲕状结构	5	8.245	0.097	早期热液阶段
SAM-Sph-KK4603-13	鲕状结构	5	7.4	0.26	早期热液阶段
SAM-Sph-KK4603-13	鲕状结构	5	4.7	0.3	早期热液阶段
SAM-Sph-KK4603-13	鲕状结构	5	5.37	0.17	早期热液阶段
SAM-Sph-QXS3	粒状	3	0.08	0.19	晚期热液阶段
SAM-Sph-QXS3	粒状	3	1.88	0.21	晚期热液阶段
SAM-Sph-QXS3	粒状	3	1.3	0.2	晚期热液阶段
SAM-Sph-QXS11	交代	1	2.71	0.18	晚期热液阶段
SAM-Sph-KK4603-17	交代	2	–0.43	0.31	晚期热液阶段
SAM-Sph-KK4603-17	交代	2	1.49	0.28	晚期热液阶段
SAM-Sph-KK4004-2	粒状	6	1.43	0.33	晚期热液阶段
SAM-Sph-KK4004-2	粒状	6	2.51	0.3	晚期热液阶段
SAM-Sph-KK4004-2	粒状	6	1.77	0.23	晚期热液阶段
SAM-Sph-KK4004-2	粒状	6	3.06	0.31	晚期热液阶段
SAM-Sph-KK4004-2	粒状	6	–0.05	0.28	晚期热液阶段

续表

样品号	矿物结构	打点部位核部或边部	$\delta^{34}S$/‰	±2σ	矿化阶段
SAM-Sph-KK4004-2	粒状	6	2.43	0.26	晚期热液阶段
SAM-Sph-QXS25	变晶	2	2.11	0.21	晚期热液阶段
SAM-Sph-QXS25	变晶	2	–2.68	0.21	晚期热液阶段
SAM-Sph-QXS7	变晶	3	–0.39	0.43	晚期热液阶段
SAM-Sph-QXS7	变晶	3	2.49	0.19	晚期热液阶段
SAM-Sph-QXS7	变晶	3	2.05	0.12	晚期热液阶段
SAM-Sph-QXZK160	粒状	6	–0.54	0.29	晚期热液阶段
SAM-Sph-QXZK160	粒状	6	–0.3	0.24	晚期热液阶段
SAM-Sph-QXZK160	粒状	6	1.02	0.27	晚期热液阶段
SAM-Sph-QXZK160	粒状	6	1.22	0.29	晚期热液阶段
SAM-Sph-QXZK160	粒状	6	0.72	0.23	晚期热液阶段
SAM-Sph-QXZK22	粒状	2	2.8	0.15	晚期热液阶段
SAM-Sph-QXZK22	粒状	2	2.6	0.25	晚期热液阶段
SAM-Sph-KK4004-5	粒状	1	2.23	0.22	晚期热液阶段
SAM-Sph-KK4004-3	变晶	2	2.91	0.16	晚期热液阶段
SAM-Sph-KK4004-3	变晶	2	1.7	0.15	晚期热液阶段
SAM-Sph-QXS13	变晶	2	1.31	0.1	晚期热液阶段
SAM-Sph-QXS13	变晶	2	–0.49	0.11	晚期热液阶段
SAM-Sph-KK4004-1	粒状	4	2.787	0.094	晚期热液阶段
SAM-Sph-KK4004-1	粒状	4	3.33	0.11	晚期热液阶段
SAM-Sph-KK4004-1	粒状	4	3.89	0.23	晚期热液阶段
SAM-Sph-KK4004-1	粒状	4	3.205	0.075	晚期热液阶段
SAM-Sph-QXZK302	粒状	3	0.37	0.31	晚期热液阶段
SAM-Sph-QXZK302	粒状	3	1.425	0.081	晚期热液阶段
SAM-Sph-QXZK302	粒状	3	1.52	0.097	晚期热液阶段

Py2有些是胶状黄铁矿变质生成，属于早期铅锌成矿阶段且与闪锌Sph1同期，$\delta^{34}S$均为正值，变化范围为3.17‰～9.4‰，峰值集中在6‰～7‰（图6-5）。

Py3为晚期铅锌矿成矿阶段中黄铁矿，一般同闪锌矿Sph2共生，矿物表面较干净，有重结晶迹象，$\delta^{34}S$值集中于0值附近；变化区间为–2.9～3.85‰，主要集中在0～3‰（图6-6）。

闪锌矿原位硫同位素分析结果见于表6-3，两期铅锌成矿阶段中闪锌矿有明显硫同位素的分布范围，深色细粒的Sph1颗粒与Py2同为早期铅锌成矿阶段，$\delta^{34}S$

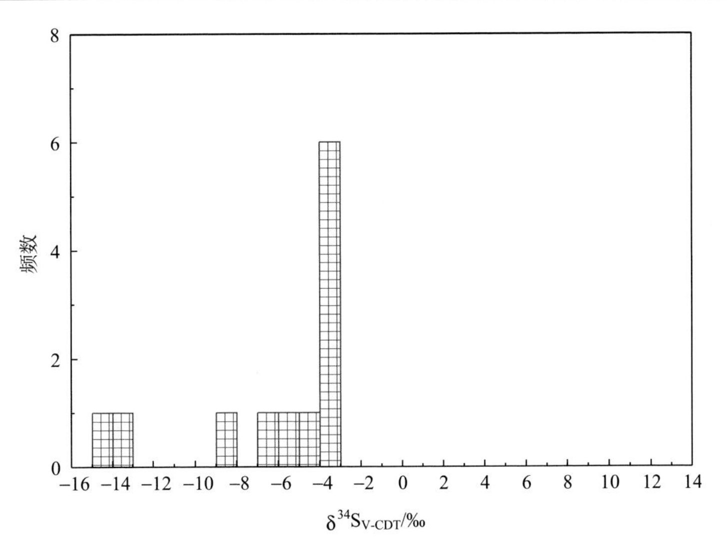

图 6-4　栖霞山铅锌矿生物成因黄铁矿 $\delta^{34}S$ 图解

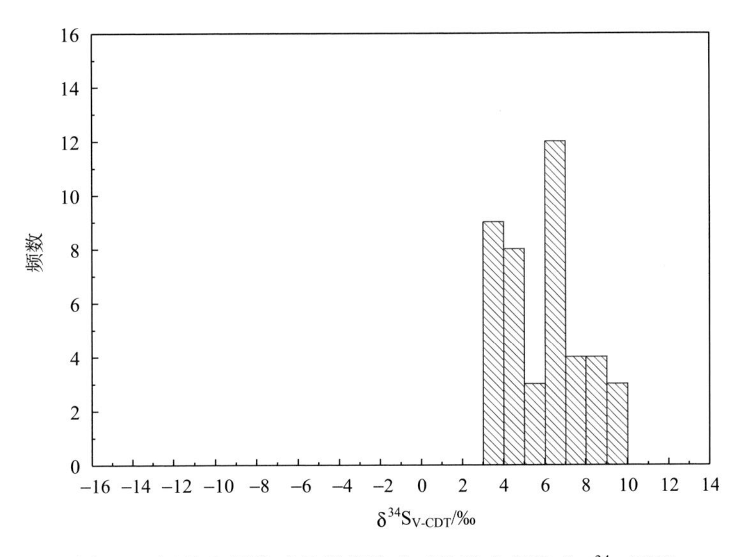

图 6-5　栖霞山铅锌矿早期铅锌成矿阶段中黄铁矿 $\delta^{34}S$ 图解

数据值较高，变化范围为 3.13‰～11.49‰（图 6-7），峰值集中在 5‰～8‰；浅色粗粒的 Sph2 颗粒与 Py3 同为晚期铅锌成矿阶段，$\delta^{34}S$ 数据值相对较低，变化范围为–2.68‰～3.89‰（图 6-8），主要集中在 1‰～3‰。

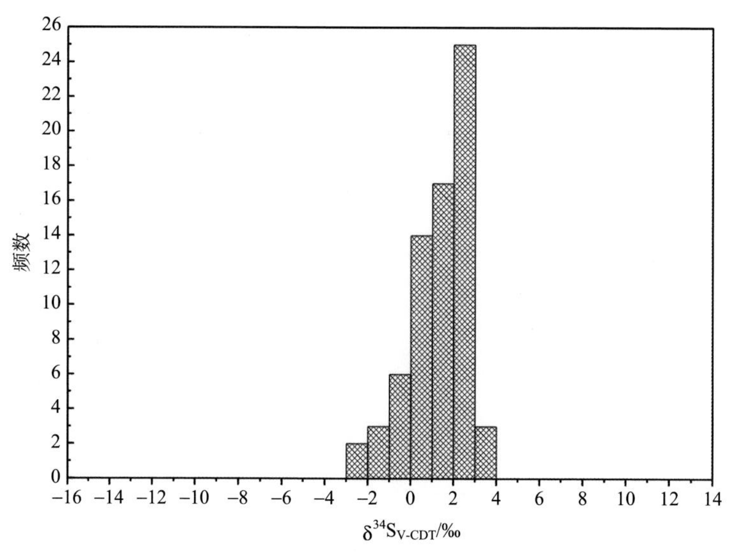

图 6-6　栖霞山铅锌矿晚期铅锌成矿阶段黄铁矿 $\delta^{34}S$ 图解

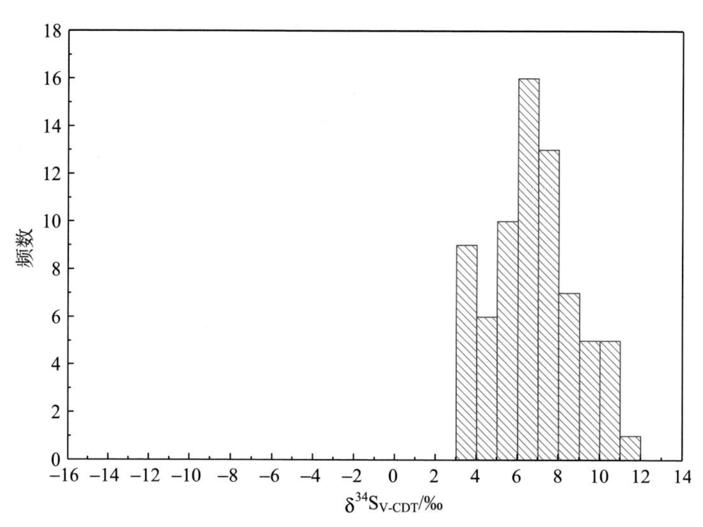

图 6-7　栖霞山铅锌矿早期铅锌成矿阶段深色闪锌矿 $\delta^{34}S$ 图解

6.3　闪锌矿锌同位素特征

锌同位素作为非传统方法，对于富锌矿物的成因有较强的指示意义。本书针对栖霞山铅锌矿中后两个成矿阶段形成的闪锌矿进行了系统的锌同位素分析和配套的元素含量分析，包括早期铅锌成矿阶段的闪锌矿（Sph1）和晚期成矿阶段的闪锌矿（Sph2）。

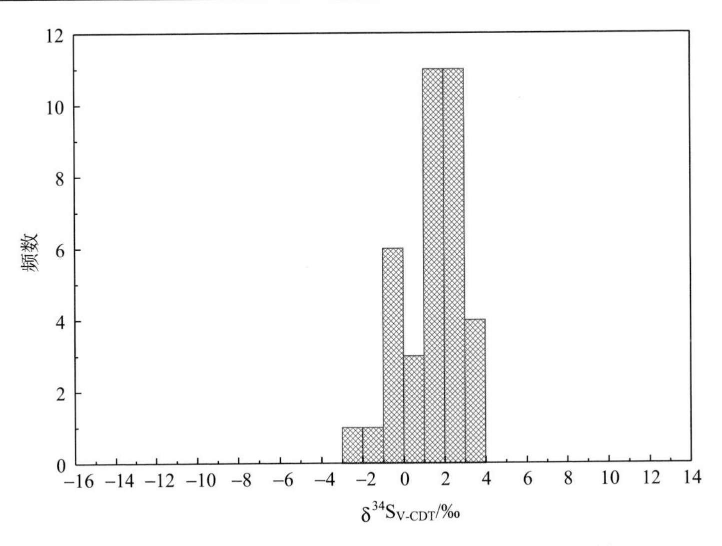

图 6-8　栖霞山铅锌矿晚期铅锌成矿阶段浅色闪锌矿 $\delta^{34}S$ 图解

本书采用微钻对前述两个阶段的闪锌矿进行采样，样品总计为 17 个。提取出样品后使用 2 mL 王水和 0.1mL 氢氟酸溶解后放置 24h，提取 2mL 采用 ICP-OES 进行元素含量测定，根据测定结果使用 0.05mol/L HNO_3 稀释至锌浓度为 20 ppm，对其进行两遍分离纯化流程后采用 MC-ICP-MS 进行测定，过程见表 6-4，标样采用 JMC-Lyon，公式如下。以上所有操作流程均在南京大学表生地球化学教育部重点实验室完成。

$$\delta^{66}Zn=\left[\frac{(^{66}Zn/^{64}Zn)_{样品}}{(^{66}Zn/^{64}Zn)_{JMC\text{-}Lyon}}-1\right]\times1000$$

表 6-4　锌同位素淋洗流程

溶液	量/mL	操作
0.5mol/L HNO_3	1	重复三遍，清洗树脂
超纯水	1	
2mol/L HCl	2	分两次加入，调节树脂状态
2mol/L HCl	1	加入样品
2mol/L HCl	8	分四次加入，淋洗基质
0.5mol/L HNO_3	8	分四次加入，淋洗锌元素
0.5mol/L HNO_3	1	清洗树脂
超纯水	1	

注：树脂为 AG-MP-1，100～200 目；容器尺寸为直径 2cm，长度 9.5cm；元素含量前期测试全部采用 icp-oes 完成。

闪锌矿分析结果见表 6-5 和图 6-9，不同阶段的闪锌矿具有不同的锌同位素分布范围。早阶段的深色细粒的闪锌矿相对富集较轻的同位素，变化范围为 0.06‰～0.19‰，晚阶段的浅色粗粒的闪锌矿相对富集较重的同位素，变化范围为 0.18‰～0.39‰。数据呈现了由早阶段到晚阶段逐渐升高的趋势。

表 6-5　闪锌矿锌同位素及元素含量分析结果

样品	矿物	$\delta^{66}Zn$/‰	2 s.d.	Zn/Fe	Zn/Mn	Zn/Cd
QXS24	Sph1	0.11	0.04*	12.18	126.44	76.98
QXS24	Sph1	0.10	0.04	15.59	43.15	77.43
QXS25	Sph1	0.14	0.04*	5.49	109.27	56.79
ZK4603-13	Sph1	0.18	0.04*	5.27	57.35	78.55
ZK4603-13	Sph1	0.19	0.04*	6.53	85.71	73.59
ZK4603-14	Sph1	0.13	0.04*	9.79	73.42	69.49
ZK4603-16	Sph1	0.06	0.04*	3.39	55.07	59.01
ZK4603-16	Sph1	0.06	0.04*	3.42	13.57	59.06
ZK4603-17	Sph1	0.15	0.04*	7.68	100.74	52.39
QXS3	Sph2	0.26	0.04*	55.59	603.57	77.04
QXS3	Sph2	0.25	0.04*	29.00	348.04	85.75
QXS7	Sph2	0.23	0.04*	56.02	501.21	87.08
QXS7	Sph2	0.24	0.04*	71.12	749.59	82.72
QXZK160	Sph2	0.18	0.04*	22.70	755.18	85.74
QXZK160	Sph2	0.39	0.04	56.53	439.67	76.72
ZK4004-2	Sph2	0.20	0.04*	15.97	220.78	65.24
ZK4004-2	Sph2	0.21	0.04*	50.94	567.57	62.73

注：锌同位素分析结果都经历了 3 遍及以上的分析流程，最终数值为所有结果的平均值。
“*”代表实验实际测量结果 2s.d.低于实验长期误差 0.04，故全部调整为 0.04。
岩石 bcr 样品测试结果为 0.29‰、0.31‰，均处于合理范围 0.20‰～0.33‰内，实验操作无问题。

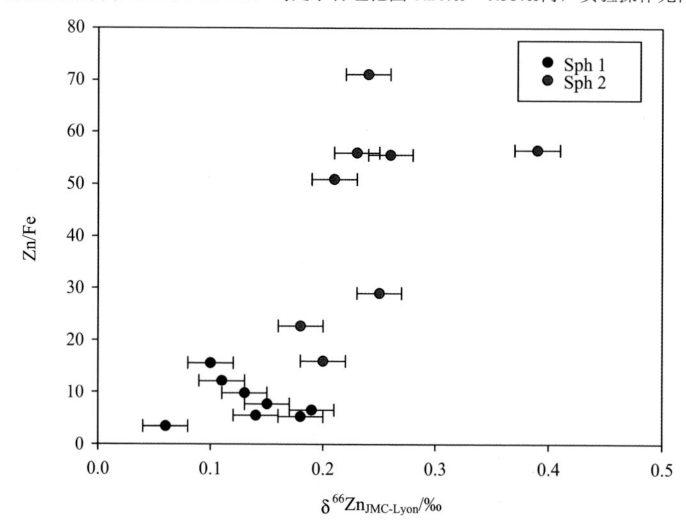

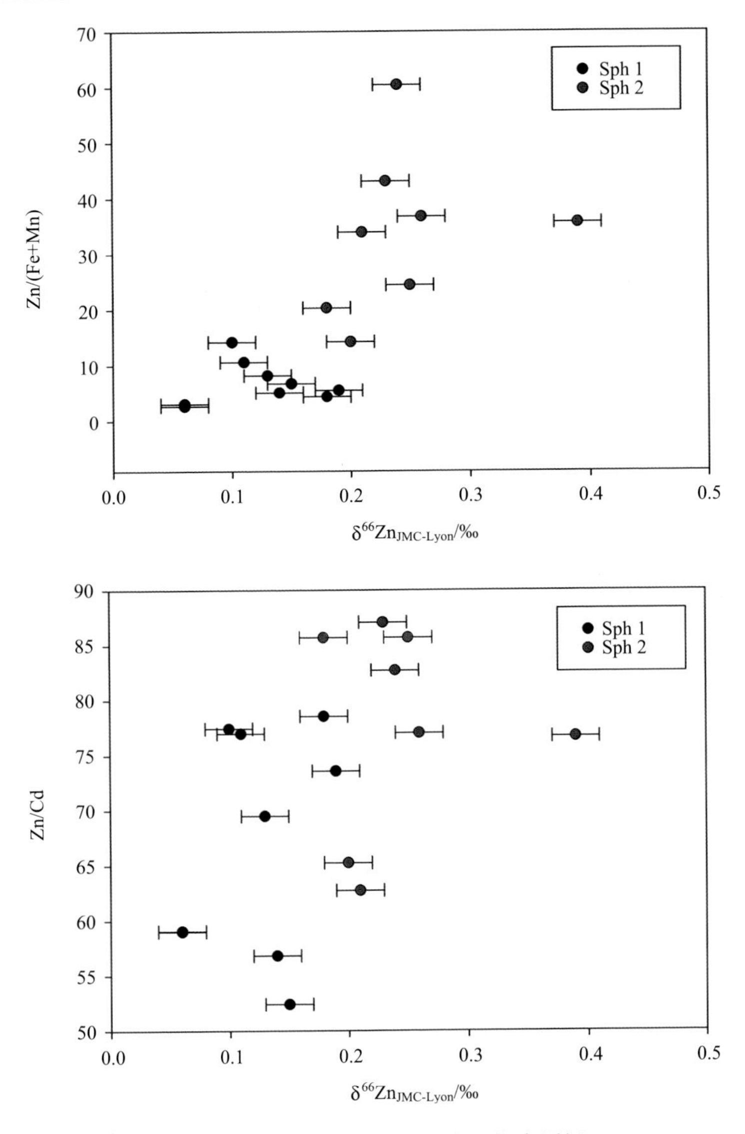

图 6-9　闪锌矿元素含量与锌同位素图解

锌同位素在矿物沉淀过程中的分馏的控制因素有几种可能，分别为瑞利分馏引起的闪锌矿矿物/流体分馏系数的改变，温度变化，pH 变化，源岩控制和不同来源锌的混合。

针对可能的原因，对于可能通过类质同象替代进入闪锌矿晶格内的元素含量进行了测定，发现铁元素和锰元素后期明显降低，镉元素的含量呈现周期性变化而与期次无关。这一结果表明流体成分可能发生了一定程度的变化，形成的闪锌矿矿物结构也可能发生了变化。

对于闪锌矿的结构，利用前述微钻在同一位置钻取粉末，对粉末采用 XRD—Mo 靶（Mo K-α1=0.70930Å）进行重复 3 遍的测定，测定谱峰如图 6-10。对图谱采用中心线峰法进行精确计算，获得晶胞参数为 5.4046Å（第一期）、5.4023Å（第二期），转换为 Zn-S 键长为 2.3403Å（第一期）、2.3393Å（第二期）。通常情况下识别为晶体结构变化需要达到至少 0.01Å，而本次实验两期次 Zn-S 键长差距只有 0.001Å，小了整整一个数量级，说明晶体结构未发生明显变化，因此并不是瑞利分馏引起的晶体/流体分馏系数变化导致的锌同位素分馏。

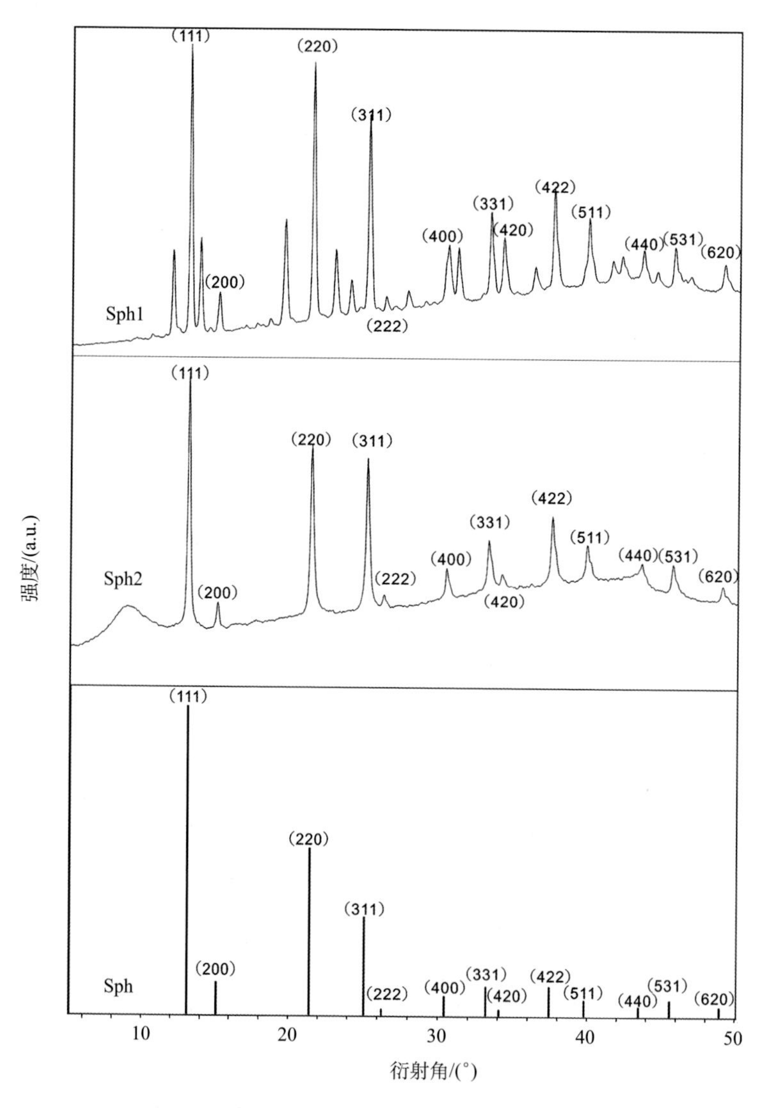

图 6-10　闪锌矿粉末 XRD 图谱

根据前述流体包裹体章节 5.2，可知两期包裹体反映的成矿环境温度分别为 182～290℃和 205～305℃，两期温度的差距不到 20℃，如此低的温度差距不足以引起本次实验程度的锌同位素的分馏。两期包裹体的盐度范围较大，但两期之间的盐度差距较小，计算得到的硫逸度差距也比较小，根据氧逸度、硫逸度和总硫综合得出的结果，两期成矿环境都是处在酸性条件下（pH=2～6），因此也并非 pH 的变化导致的锌同位素的分馏。

综合以上信息，可知栖霞山闪锌矿的锌同位素分馏的主要控制因素为源岩控制和不同来源锌的混合，同时不同阶段流体成分发生了变化。根据 Chen 等（2013）的结果，可知岩浆的锌同位素范围为（0.28±0.05）‰，第二期的锌同位素范围恰好落在此范围内（图 6-11），所以锌同位素的差异应当是反映了后期岩浆作用的进一步增强。

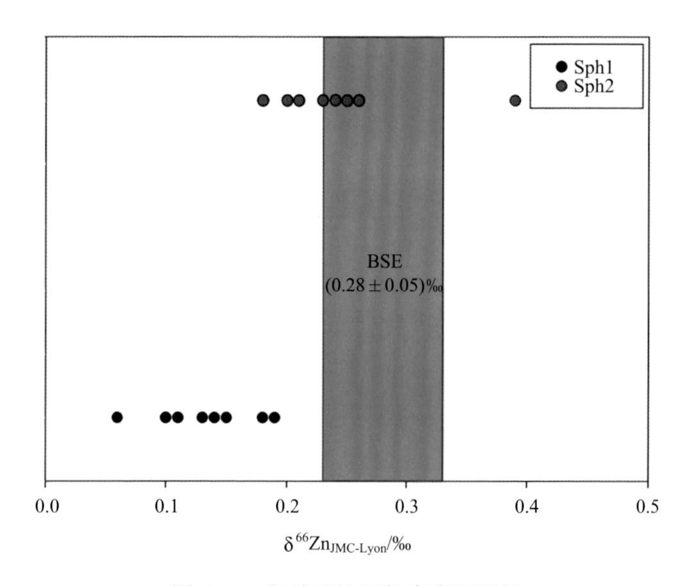

图 6-11　闪锌矿锌同位素来源图解

图中蓝色部分代表全硅质地球演化出的岩浆锌同位素分异范围，数据来源于 Chen et al.，2013

6.4　铅同位素特征

矿石中硫化物（黄铁矿、方铅矿和闪锌矿）的铅同位素变化范围如下，$^{206}Pb/^{204}Pb$=17.5160～17.7342，$^{207}Pb/^{204}Pb$= 15.5375～15.5565，$^{208}Pb/^{204}Pb$=37.8945～38.0618（表 6-6），这些结果表明矿石中的铅以富含放射性铅为特征。在 $^{207}Pb/^{204}Pb$-$^{206}Pb/^{204}Pb$ 构造图解（Zartman and Doe, 1981）（图 6-12），矿石投影点

均靠近造山带演化线分布；在 $^{208}Pb/^{204}Pb$–$^{206}Pb/^{204}Pb$ 构造图解中，矿石投影点集中位于下地壳和造山带之间。

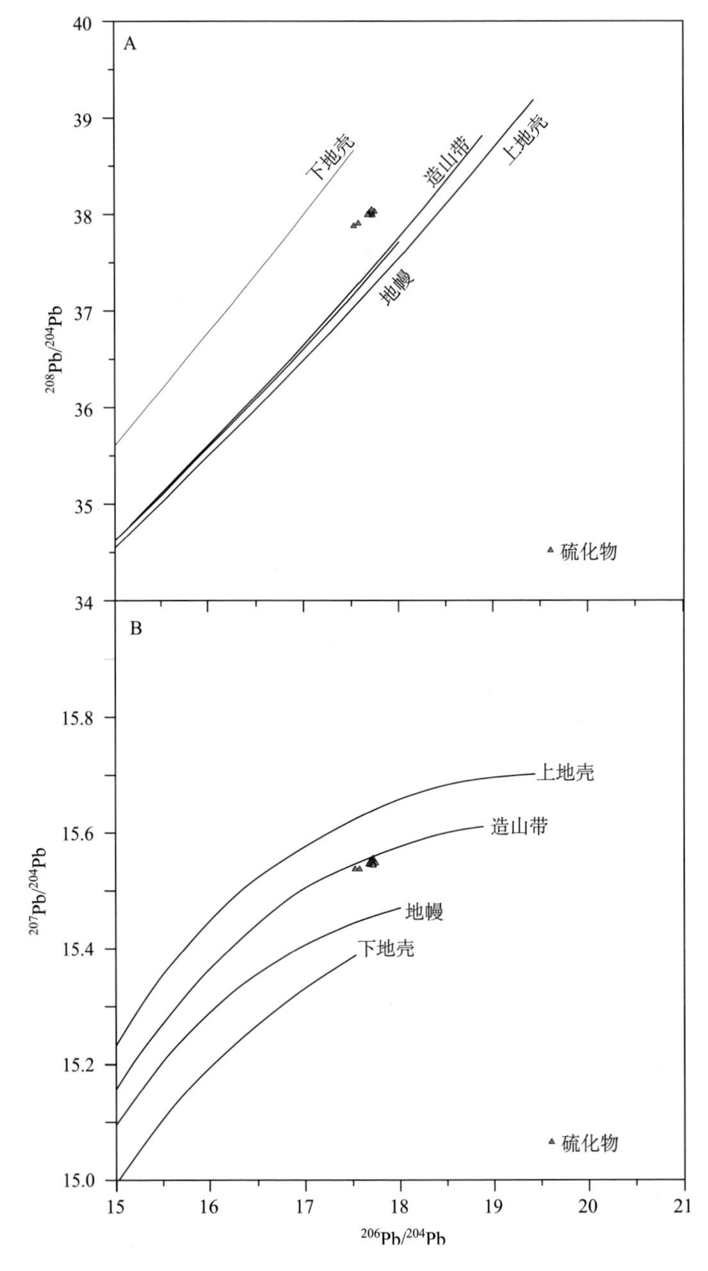

图 6-12　栖霞山铅锌矿硫化物 Pb 同位素图解（底图据 Zartman and Doe, 1981）

表 6-6　栖霞山矿矿石中硫化物铅同位素分析数据

样号	描述	矿物	$^{206}Pb/^{204}Pb$	2δ	$^{207}Pb/^{204}Pb$	2δ	$^{208}Pb/^{204}Pb$	2δ
QX131	块状矿石	黄铁矿	17.6743	0.0005	15.5450	0.0005	38.0125	0.0013
QX60	块状矿石	黄铁矿	17.7123	0.0006	15.5498	0.0006	38.0448	0.0015
QX102	块状矿石	黄铁矿	17.6625	0.0004	15.5466	0.0005	38.0118	0.0012
QXZK216	块状矿石	黄铁矿	17.7074	0.0005	15.5438	0.0005	38.0190	0.0013
QXZK248	浸染状矿石	黄铁矿	17.7025	0.0006	15.5532	0.0005	38.0511	0.0013
QXZK338	块状矿石	黄铁矿	17.7069	0.0006	15.5445	0.0005	38.0223	0.0014
QX175	方铅矿脉	方铅矿	17.5160	0.0004	15.5375	0.0004	37.8945	0.0012
QXZK216	块状矿石	方铅矿	17.7069	0.0006	15.5445	0.0005	38.0223	0.0014
QXZK222	块状矿石	方铅矿	17.7032	0.0005	15.5450	0.0005	38.0238	0.0012
QXZK191	角砾状矿石	方铅矿	17.7099	0.0005	15.5462	0.0005	38.0070	0.0014
QX131	块状矿石	闪锌矿	17.6787	0.0006	15.5508	0.0006	38.0336	0.0014
QX102	块状矿石	闪锌矿	17.6598	0.0005	15.5463	0.0005	38.0096	0.0011
QXZK216	块状矿石	闪锌矿	17.6866	0.0005	15.5467	0.0005	38.0213	0.0012
QXZK222	块状矿石	闪锌矿	17.6941	0.0005	15.5491	0.0006	38.0329	0.0014
QXZK191	角砾状矿石	闪锌矿	17.7342	0.0006	15.5484	0.0005	38.0432	0.0014
QXZK248	浸染状矿石	闪锌矿	17.7047	0.0004	15.5565	0.0004	38.0618	0.0009
QXZK405	浸染状矿石	黄铜矿	17.5633	0.0005	15.5376	0.0005	37.9209	0.0013

6.5　成矿物质来源综合分析

前人对栖霞山铅锌矿的成矿物质来源做了大量研究工作，但对栖霞山铅锌矿硫的来源存在极大争议，包括沉积硫、岩浆硫，抑或混合硫（蔡彩文，1983；真允庆和陈金欣，1986；郭晓山等，1985；肖振民等，1983；刘孝善和陈诸麒，1985；桂长杰，2012；张明超，2015）。由于传统的硫同位素分析不能检测显微尺度下硫同位素变化特征，而且传统硫化物单矿物挑选，并不能使样品达到 100%纯度，且也不能将样品的显微矿物包体分开，因此，传统的硫同位素分析结果具有多解性，难以解释硫的来源。

为了进一步探讨争议的原因，本书选取块状、角砾状、浸染状和脉状铅锌矿矿石中黄铁矿、闪锌矿及方铅矿，利用新开发的原位硫同位素测试技术分析测试，发现不同类型铅锌矿矿石，闪锌矿和方铅矿的硫同位素差别不大，均反映出岩浆硫特征。然而，黄铁矿的硫同位素呈现很大不同，前人做出的铅锌矿矿石中的黄铁矿分析结果有很大离散度，解释为沉积硫。而本书发现与铅锌矿矿石伴生的黄铁矿显示出岩浆硫的特征，而早期的生物成因硫则具有很大的分散性。

本书对不同硫化物矿化阶段中黄铁矿和闪锌矿的原位硫同位素研究结果表明，硫同位素的变化很好地响应硫化物矿物结构的变化。如早期草莓状或胶状结构的黄铁矿硫同位素（–14.39‰～–3.08‰）呈现极低负值，解释为生物硫；晚期细粒自形-半自形黄铁矿（3.17‰～9.4‰）和棕色闪锌矿（3.13‰～11.49‰）硫同位素为较高的正值，但又低于海水硫酸盐硫同位素值，解释为主体为岩浆硫，但有海水硫酸盐加入；而最晚期粗粒自形-半自形黄铁矿（–2.9‰～3.85‰）和浅色闪锌矿（–2.68‰～3.89‰）硫同位素集中于 0 值附近，解释为岩浆硫。硫同位素所反映出的成矿物质来源特征与上文单个流体包裹体成分分析所揭示的成矿流体来源特征完全吻合，即表明主成矿期成矿流体和成矿物质均主要来自岩浆，其中成矿早阶段可能有少量盆地卤水或与蒸发岩平衡的沉积水加入，而成矿晚阶段则几乎全部为岩浆来源的流体和成矿物质。

前人未对栖霞山铅锌矿进行锌源研究，本书首次采用严谨的锌同位素方法进行剖析，两期闪锌矿结构无明显变化，而锌同位素的变化则很好地响应了流体成分的变化，早期形成的锌同位素富集轻的部分（0.06‰～0.19‰），后期形成的锌同位素富集较重的部分（0.18‰～0.39‰），二者之间的差异只与源区相关，即前期为多种流体的平衡，后期为岩浆作用增强[BSE=（0.28±0.05）‰]，后期形成的闪锌矿的物质成分几乎全部来自于岩浆。锌同位素反映出的成矿物质流体特征恰好与单个流体包裹体成分分析揭示的成矿流体来源特征完全吻合，成矿后期的成矿物质几乎全部来源于岩浆。

前人对栖霞山铅锌矿铅源研究显示，铅源主要来自震旦纪基底岩石，但不排除有上地壳铅的加入（蔡彩文，1983；真允庆和陈金欣，1986；郭晓山等，1985；肖振民等，1983；刘孝善和陈诸麒，1985；桂长杰，2012；张明超，2015）。区域上震旦纪基底岩石在栖霞山矿区东部和西部均有出露，其铅锌金属元素含量比本区其他地层都要高，如在千枚岩中铅和锌的丰度为 110 ppm 和 180 ppm（郭晓山等，1985），因此震旦纪基底岩石可以作为栖霞山矿铅的来源之一。此外，地球物理资料显示在栖霞山矿区深部有隐伏岩体存在，并且在矿区周边也分布岩浆岩，可见栖霞山铅锌矿在成矿过程中受岩浆作用影响，也会提供铅源。因此，栖霞山铅锌矿的铅源应包括震旦纪基底岩石的铅和上地壳中的造山带。

第 7 章　矿床成因与勘查意义

7.1　成矿地质背景

长江中下游地区存在多期岩浆及矿化事件，一直以来是研究者关注的热点。大量学者借助锆石原位微区 U-Pb 定年法、云母 ^{40}Ar-^{39}Ar 定年法和辉钼矿 Re-Os 定年法等精确的年代测试技术，重建了长江中下游地区中成岩成矿时代格架（Mao et al., 2006, 2011；常印佛等，2012；赵一鸣等，2017；周涛发等，2017）。该地区有三期的岩浆与矿化事件：早期以铜金矿化类型为主（146～135 Ma），其峰值为 140 Ma，相关的岩浆岩为中基性岩浆岩，如闪长岩、石英闪长岩；中期以铁矿化类型为主（135～126 Ma），峰值为 130 Ma，相关的岩浆岩为橄榄玄粗岩系列火山岩；110 Ma 之后以本区形成的铅锌多金属矿化为特征（王立本等，1997; 孙洋等，2014；周涛发等，2017）。

长江中下游地区三类矿化总体上呈 NE 向展布，且从内陆向沿海呈年轻趋势，铜金矿化（～140Ma）主要分布于该地区的西部，铁矿化（～130Ma）主要分布于中部，而铅锌矿化（～110Ma）主要分布于东部。大量的研究表明长江中下游地区中生代构造背景演化与古太平洋板片俯冲密切相关。目前，已有部分学者针对以上不同期次岩浆与矿化事件建立岩浆-矿化的构造演化模型（Mao et al., 2011; 周涛发等，2017）：该地区早期 Cu-Au-Mo-Fe 多属矿化（146～135 Ma）形成于与伊邪那岐板块（Izanagi）向北西斜向俯冲有关的大陆弧背景；之后的磁铁矿-磷灰石矿化（135～126 Ma）则于与伊邪那岐板块向北西俯冲有关的弧后伸展转化背景有关；而晚期铅锌矿化（～110Ma）形成于弧后伸展的背景（图 7-1）。

7.2　矿床成因和成矿过程

长期以来，栖霞山铅锌矿的成因一直存在争议，主要有三种观点：①喷流沉积型（SEDEX）（Gu et al., 2007; 桂长杰，2012）；②岩浆热液型（叶敬仁，1983; 郭晓山等，1985；真允庆和陈金欣，1986；钟庆禄，1998；叶水泉和曾正海，2000; 徐忠发和曾正海，2006；张明超等，2014；张明超，2015）；③同生沉积-热液叠加型（刘孝善等，1979；蔡彩文，1983；刘孝善和陈诸麒，1985）。

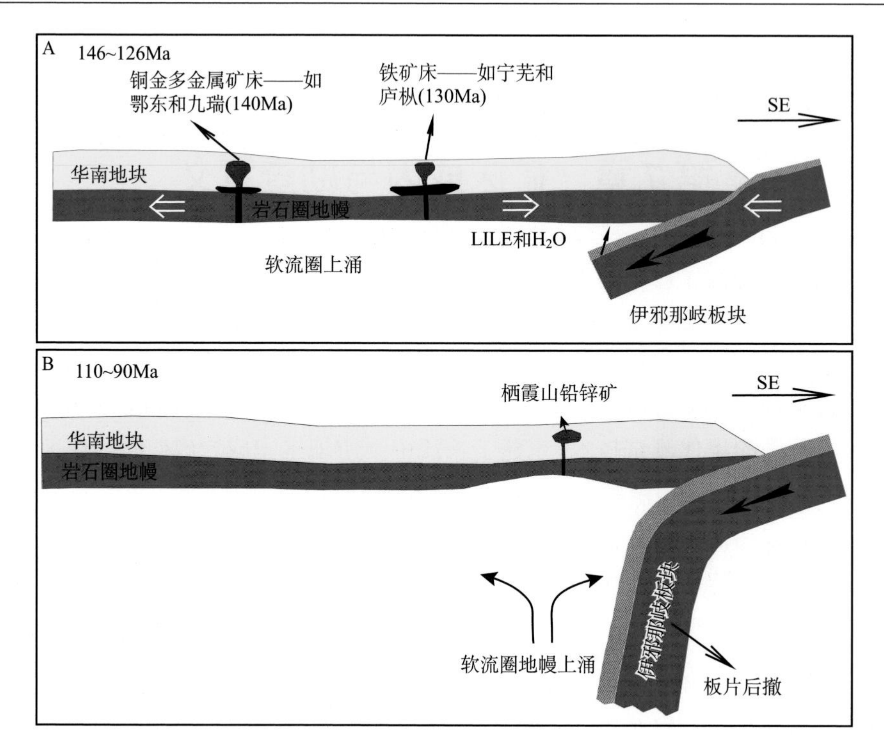

图 7-1　长江中下游成矿带构造演化和栖霞山铅锌矿成矿地质背景简图

虽然栖霞山铅锌矿床与 SEDEX 型矿床具有一些相似之处，例如矿体呈层状产出，赋矿围岩为碎屑岩和碳酸盐岩，并发育层纹状、胶状和树枝状等同生沉积构造（Leach et al., 2005）。但是其在矿石组构、金属来源、流体来源和性质等方面与 SEDEX 型矿床明显不同，因此排除典型 SEDEX 成矿模式。岩浆热液的成矿模式也曾提出用于解释栖霞山的成矿过程（张明超等，2014；张明超，2015），硅钙面起地球化学障的作用，控制着层状铅锌矿体的产出。该模式虽然可以解释部分矿化类型和流体来源，但是无法解释栖霞山出现的呈同生沉积特征的矿化现象。前人曾试图构建复合成因模型（同生沉积-热液叠加型），但是鉴于栖霞山复杂的矿化现象，其成矿过程一直难以精细厘定。

本书在全面总结栖霞山已有的矿化现象的基础上，结合先进的微区原位分析技术，试图精细厘定栖霞山成矿过程。具体分述如下。

7.2.1　生物成因的黄铁矿矿化

栖霞山生物成因黄铁矿呈结核状或层纹状分布于黄龙组灰岩中，该阶段黄铁矿在显微镜下呈草莓状或胶状结构，表明是在早期成岩阶段中形成的（Kelley et al., 2004; Leach et al., 2005; Wilkinson et al., 2005; Gadd et al., 2016）。

原位硫同位素结果表明，该阶段黄铁矿有很低的 $\delta^{34}S$ 值，为负值并且变化范围较大（–13.8‰～–4.0‰）。这种很低的负值且变化很宽的硫同位素特征，通常解释为由细菌硫酸盐还原作用（BSR）产生，BSR 在产生还原硫时具有以下特征（Machel，2001）：①还原反应的最高温度为 60～80℃；②硫酸盐和有机质（如碳氢化合物）经细菌还原作用产生 H_2S 气体；③当有金属阳离子迁移到反应区域或 H_2S 气体迁移至富含金属的区域，将导致硫化物的形成。Riciput 等（1996）使用离子探针调查 BSR 对硫同位素分馏程度影响，发现黄铁矿 $\delta^{34}S$ 值在薄片区域和单个矿物颗粒分别有大约 15‰～25‰变化程度。BSR 形成硫化物的 $\delta^{34}S$ 值比硫酸盐要低 15‰～65‰（Riciput et al., 1996）。现有大量研究表明 BSR 会使硫同位素很大程度分馏（Bolliger et al., 2001; Canfield, 2001; Sim et al., 2010）。类似的生物成因的黄铁矿在沉积型铅锌矿中较为常见，例如 Lisheen 矿（–44.1‰～–8.7‰；Wilkinson et al., 2005） 和 Navan, Ireland 矿 （–32.9‰～–12.9‰；Anderson et al., 1998）。

黄铁矿微量元素能够反映形成黄铁矿的流体成分（Berner et al., 2013）。已有的研究表明，生物成因黄铁矿的微量元素会继承了周围环境流体的成分特征（Gadd et al., 2016）。本书中的生物成因黄铁矿较后期铅锌成矿阶段黄铁矿富集 Sb、Cu、Zn、Ag、Pb、As 和 Ni 等微量元素，这些微量元素的富集与该阶段黄铁矿具有细粒的胶状或草莓状结构有关，该结构反映了黄铁矿快速结晶的过程，有利于微量元素进入黄铁矿中（Large et al. 2009），而热液作用的黄铁矿缓慢结晶，黄铁矿重结晶或者发生变质会导致金属元素扩散和分离，降低了黄铁矿中的微量元素含量。

7.2.2 铅锌矿化两阶段模式

早期和晚期铅锌成矿阶段中矿石展示了典型的热液成因的结构和构造，硫化物组合以闪锌矿、方铅矿和少量的黄铁矿为主。该阶段铅锌矿矿石具有以下特征：①以块状矿石为主，脉状矿石较少；②大量的粗粒自形-半自形的闪锌矿、方铅矿和黄铁矿，它们通常彼此连生；③方铅矿脉切穿闪锌矿-黄铁矿组合；④早期铅锌成矿阶段黄铁矿被晚期铅锌成矿阶段中黄铁矿和闪锌矿交代。

硫化物中硫来源主要受热液流体硫同位素值约束，但是通常硫化物硫同位素值与热液流体硫同位素值（即总硫 $\delta^{34}S_{\Sigma S}$）存在差异（Ohmoto, 1972）。本书根据两期铅锌成矿阶段中共生硫化物矿物对（黄铁矿和闪锌矿）（图 7-2），计算了两阶段热流体的总硫，以约束栖霞山铅锌矿热液流体硫的来源。早期铅锌矿化流体拥有高硫值（$\delta^{34}S_{\Sigma S}$=9.4‰），均高于岩浆硫的范围（0‰ ± 5‰; Ohmoto and Rye, 1979），而该区域的蒸发岩（海相硫酸盐）具有富集 $\delta^{34}S$ 特征 （$\delta^{34}S$=15‰～22‰; Pan and Dong, 1999）。我们推测早期铅锌矿成矿阶段热液流体主要为岩浆硫，但有少量海水硫酸盐的加入。相比之下，晚期铅锌矿化流体硫值明显较低（$\delta^{34}S_{\Sigma S}$=2.3‰），接近于岩浆硫（0‰ ± 5‰; Ohmoto and Rye, 1979），属于典型的岩浆来源。两期铅锌矿化流体 $\delta^{34}S$ 值的变化可能反映了岩浆热液活动的加强。

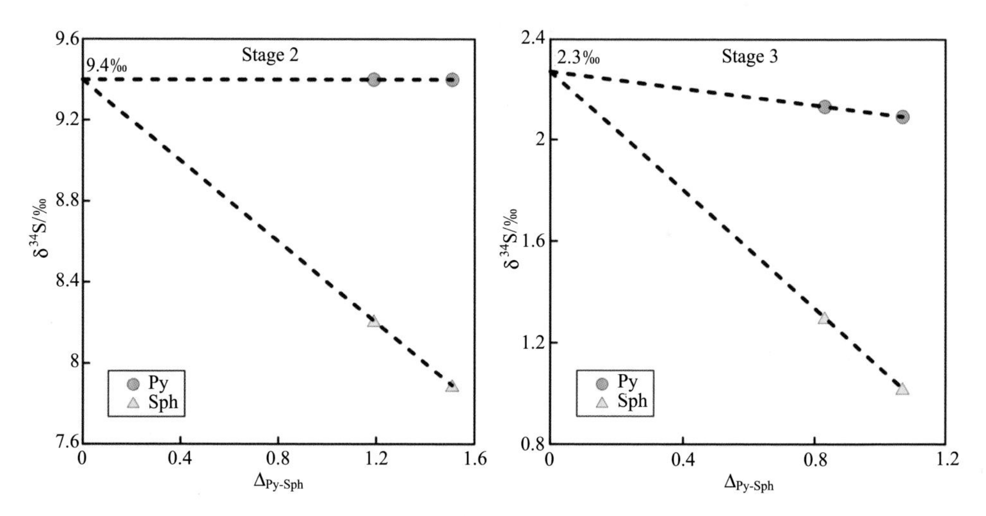

图 7-2　早期铅锌矿化阶段（stage 2）和晚期铅锌矿化阶段（stage3）中黄铁矿与闪锌矿硫同位素值（$\delta^{34}S$）与硫值（$\Delta_{Py\text{-}Sph}$）变化图解

Py. 黄铁矿；Sph. 闪锌矿

值得注意的是，两期铅锌矿化的黄铁矿与闪锌矿硫同位素表现出黄铁矿硫值高于闪锌矿硫值，表明硫化物在形成过程中达到硫同位素平衡。根据所测的闪锌矿中包裹体的均一温度，假定以 310℃作为两期铅锌矿化流体的最高温度，在平衡条件下黄铁矿与闪锌矿的硫同位素差别为 0.9‰（Ohmoto and Goldhaber, 1997）。本书两期铅锌成矿阶段中共生的黄铁矿与闪锌矿的 $\delta^{34}S$ 值差别为–0.7‰～2.8‰，表明黄铁矿和闪锌矿至少达到了部分硫同位素平衡。根据平衡共生的黄铁矿与闪锌矿的硫同位素可以计算硫化物形成的温度，计算结果表明早期铅锌矿化温度为 173～279℃，晚期铅锌硫化物有较高的矿化温度，范围为 195～328℃。硫同位素计算的温度同闪锌矿包裹体的均一温度相近（T_{stage2} =182～284℃；T_{stage3} = 207～306℃；表 7-1 和图 7-3、图 7-4）。硫同位素计算的温度同闪锌矿包裹体的均一温度均揭示了成矿流体温度从早期至晚期铅锌成矿阶段逐渐增加，反映了岩浆热液作用增强。

表 7-1　硫同位素平衡温度计算表

样品号	矿化阶段	黄铁矿	$\delta^{34}S$/‰	±2σ	闪锌矿	$\delta^{34}S$/‰	±2σ	*T*/℃
ZK4603-17	早期铅锌成矿阶段	Py2	6.51	0.21	Sph1	5	0.27	173
ZK4603-16			7.91	0.67		6.9	0.3	272
			8.11	0.26		6.95	0.29	236
QXS25			7.25	0.2		6.06	0.2	229
QXS24			9.4	0.21		7.89	0.2	173
			9.4	0.21		8.21	0.18	229
ZK4603-14			8.69	0.2		7.21	0.27	177
ZK4603-13			9.23	0.13		8.25	0.097	279
			8.45	0.43		7.4	0.26	262
QXS7	晚期铅锌成矿阶段	Py3	3.18	0.12	Sph2	2.05	0.19	242
			3.79	0.13		2.49	0.12	207
QXS3			2.76	0.15		1.88	0.21	311
			2.13	0.11		1.3	0.2	328
ZK4004-2			2.75	0.23		1.43	0.33	204
			1.32	0.17		–0.05	0.28	195
QXZK160			2.09	0.17		1.02	0.27	257
			1.59	0.17		0.72	0.23	314

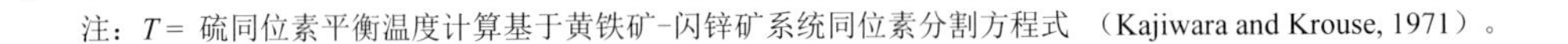
注：*T*= 硫同位素平衡温度计算基于黄铁矿-闪锌矿系统同位素分割方程式 （Kajiwara and Krouse, 1971）。

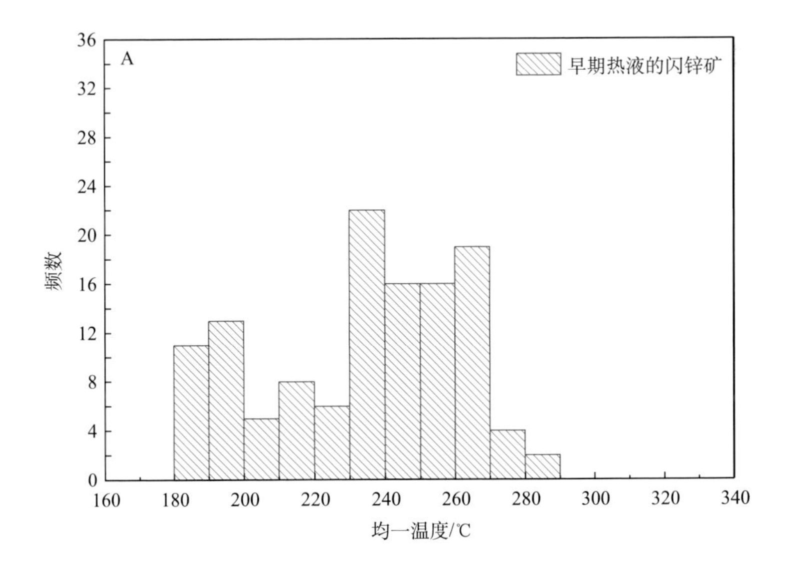

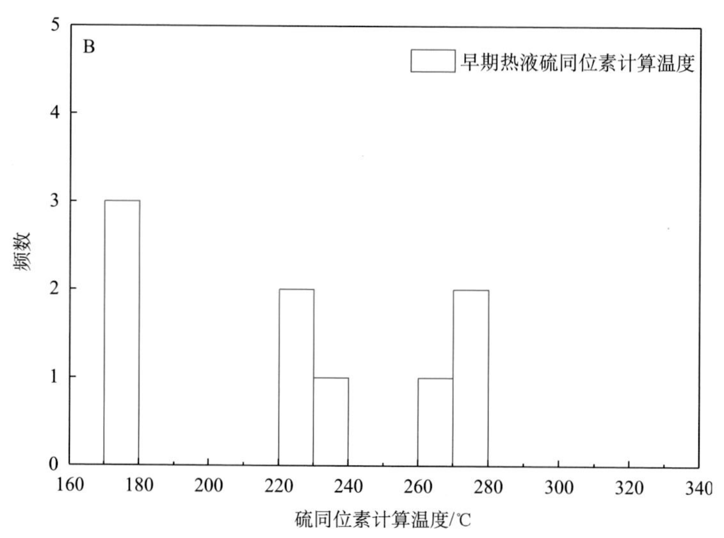

图 7-3　早期热液铅锌矿化阶段包裹体均一温度直方图（A）和黄铁矿、闪锌矿硫同位素计算温度直方图（B）

两期铅锌成矿阶段中硫化物的硫同位素值主要受热液流体的物理化学条件控制，如 pH 和氧逸度（Ohmoto, 1972）。基于不同温度和总硫（$\delta^{34}S_{\Sigma S}$）条件下流体的 pH 与氧逸度的相图（如温度为 250℃和 310℃；Ohmoto, 1972），可以定量评价黄铁矿和闪锌矿形成的物理化学条件。在 T=250℃（早期铅锌成矿阶段中成矿流体的均一温度）和 $\delta^{34}S_{\Sigma S}$=9.4‰条件下（图 7-5 A），从热液流体沉淀出的黄铁矿和闪锌矿形成于较低氧逸度（$\log f O_2$=−38～−33）和酸性（pH=2～6）环境。同样地，在 310℃（晚期铅锌成矿阶段中成矿流体的均一温度）和 $\delta^{34}S_{\Sigma S}$=2.3‰条件下

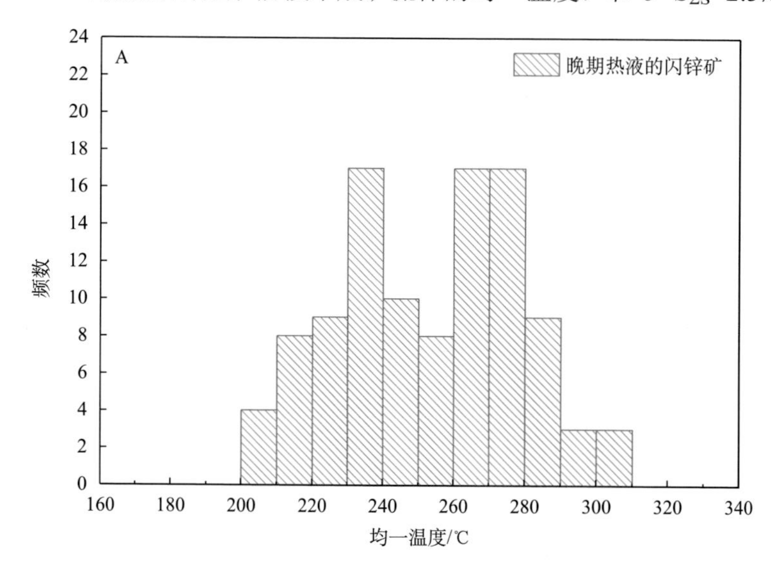

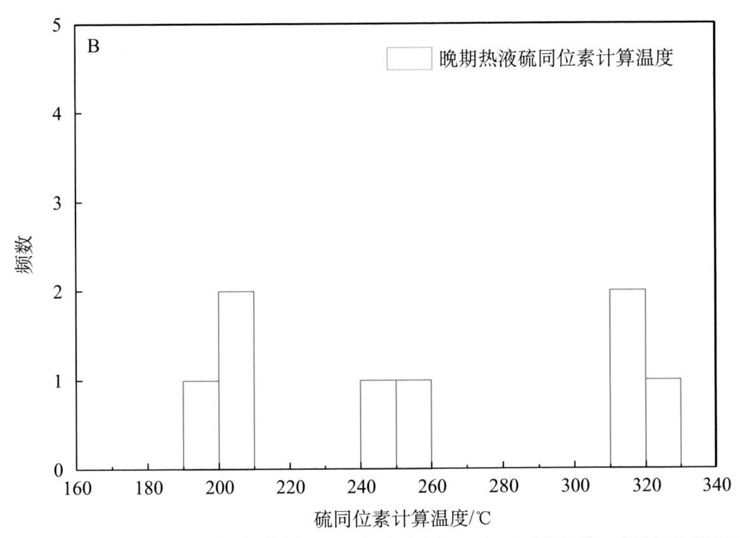

图 7-4　晚期热液铅锌矿化阶段包裹体均一温度直方图（A）和黄铁矿、闪锌矿硫同位素计算温度直方图（B）

（图 7-5 B），从该阶段热液流体沉淀出黄铁矿则形成于较高氧逸度（$\log fO_2=-31\sim-27$）和酸性（pH=2～6）条件。此条件通过锌同位素的解释，可以证明后期的闪锌矿确实为岩浆热液成因，且岩浆作用得到了增强。

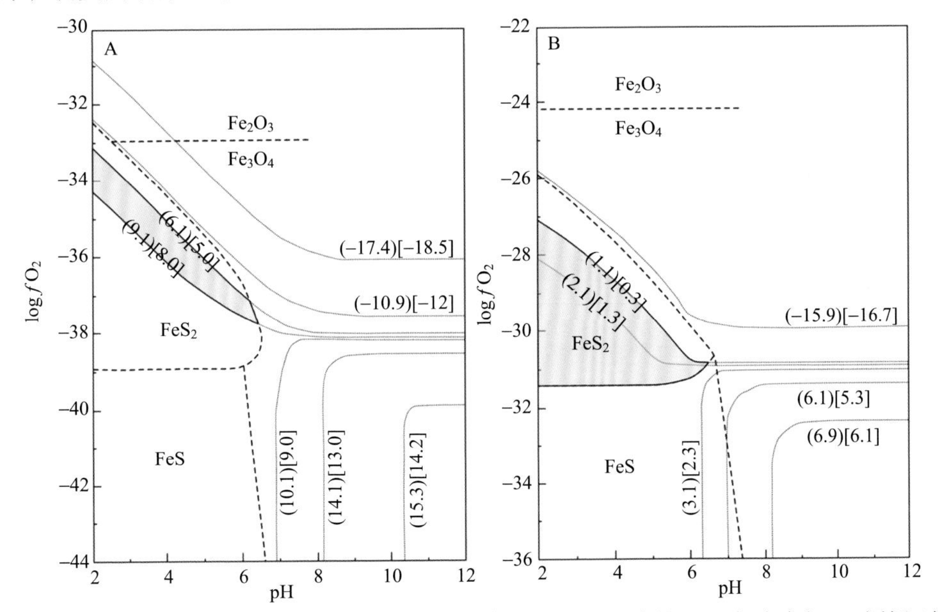

图 7-5　栖霞山铅锌矿早期铅锌矿化流体（A）和晚期铅锌矿化流体（B）氧逸度与 pH 图解（据 Ohmoto，1972）

图中（）和[]分别表示黄铁矿和闪锌矿硫同位素值，阴影区代表黄铁矿和闪锌矿形成的氧逸度和 pH 范围

与生物成因黄铁矿的微量元素成分相比，早期铅锌成矿阶段中细粒黄铁矿有类似含量的 As 和 Pb，但 Co、Ni、Cu、Zn、Ag 和 Sb 等微量元素较低含量。值得注意的是，晚期铅锌成矿阶段中粗粒黄铁矿显示低含量的 As 和 Pb，极低含量的 Cu、Zn、Ag 和 Sb，而 Co 和 Ni 略微增加。已有研究表明，热液成因粗粒黄铁矿在结晶速率相对缓慢的条件下形成，这有利于微量元素进入到其他硫化物相中（Butler and Rickard, 2000; Large et al., 2009）。热液结晶黄铁矿能将 Zn、Pb 和 Cu 等元素从黄铁矿晶格驱赶出，进而导致了其他硫化物相的结晶，如方铅矿、闪锌矿或黄铜矿，从而降低了这些元素在黄铁矿中含量（Huston et al.，1995）。此外，晚期铅锌成矿阶段中黄铁矿具有较高 Co/Ni 比值（Co/Ni>1），表明该期黄铁矿是岩浆热液成因，与单个包裹体 LA-ICP-MS 成分分析所得结论相吻合。

综合上述分析，栖霞山成矿过程可分为 3 个阶段，包括同生沉积黄铁矿阶段、早期铅锌成矿阶段和晚期铅锌成矿阶段。

同生沉积黄铁矿阶段形成了纹层状黄铁矿矿石，发育典型同生沉积结构如草莓状或者胶状结构。黄铁矿具有很低的 Co/Ni 比值和较高的 Ni、Cu、Zn、Ag、Sb、Pb、As 等微量元素含量。黄铁矿硫同位素呈现极低负值，并有较大变化范围，为细菌硫酸盐还原作用形成。

早期铅锌成矿阶段形成了似层状铅锌矿体，成矿流体为中低温、中低盐度流体。其成矿流体成分特征如较高的 Sr、Mg 和较低的 K、Li、Ba、Rb 和 Cs，以及稍高于岩浆范围的硫同位素特征，指示该阶段以岩浆热液为主，多源的成矿流体和物质来源。早期铅锌成矿阶段硫化物微量元素与早期同生沉积阶段硫化物具有相似性，暗示早期层状黄铁矿矿体对该阶段矿化具有作用。来自栖霞山深部隐伏的岩浆热流体上升后与同生沉积的黄铁矿矿层发生化学反应，释放出硫化氢并产生较强的还原环境，从而引起铅、锌硫化物的沉淀，形成似层状的铅锌矿体。

晚期铅锌成矿阶段主要形成脉状铅锌矿体，并在深部形成典型夕卡岩矿物组合如磁铁矿、绿帘石和透闪石等。该阶段流体具有较早期铅锌成矿阶段更高的温度和盐度，更高的 K、Li、Ba、Rb、Cs 含量，显著降低的 Sr 和 Mg，并且其流体 Br/Cl 比值、硫同位素和锌同位素完全位于岩浆来源的范围内。这些特征指示该阶段岩浆作用显著增强，岩浆热液是主要的金属和流体来源。流体空间填图显示，该阶段流体具有向西南深部逐渐上升的趋势。虽然目前没有关于矿区深部岩体的报道，但是地球物理资料指示栖霞山深部存在隐伏岩体。此阶段，来源于隐伏岩体的成矿流体在深部形成夕卡岩类型蚀变组合，并产生脉状铅锌矿化叠加在先期矿化之上。

7.3　栖霞山铅锌矿实体模型

根据栖霞山铅锌多金属矿床的最新勘查结果、以往地质资料和本书成果，可以得出矿床的实体模型（图 7-6～图 7-8）：

（1）震旦纪-中三叠世，地壳运动以较为稳定的沉降运动为主，各时代地层以假整合运动为主，石炭系黄龙组含生物灰岩及生物碎屑灰岩，形成层纹、结核状构造的黄铁矿和沉积型的菱锰矿，并与层理平行整合。

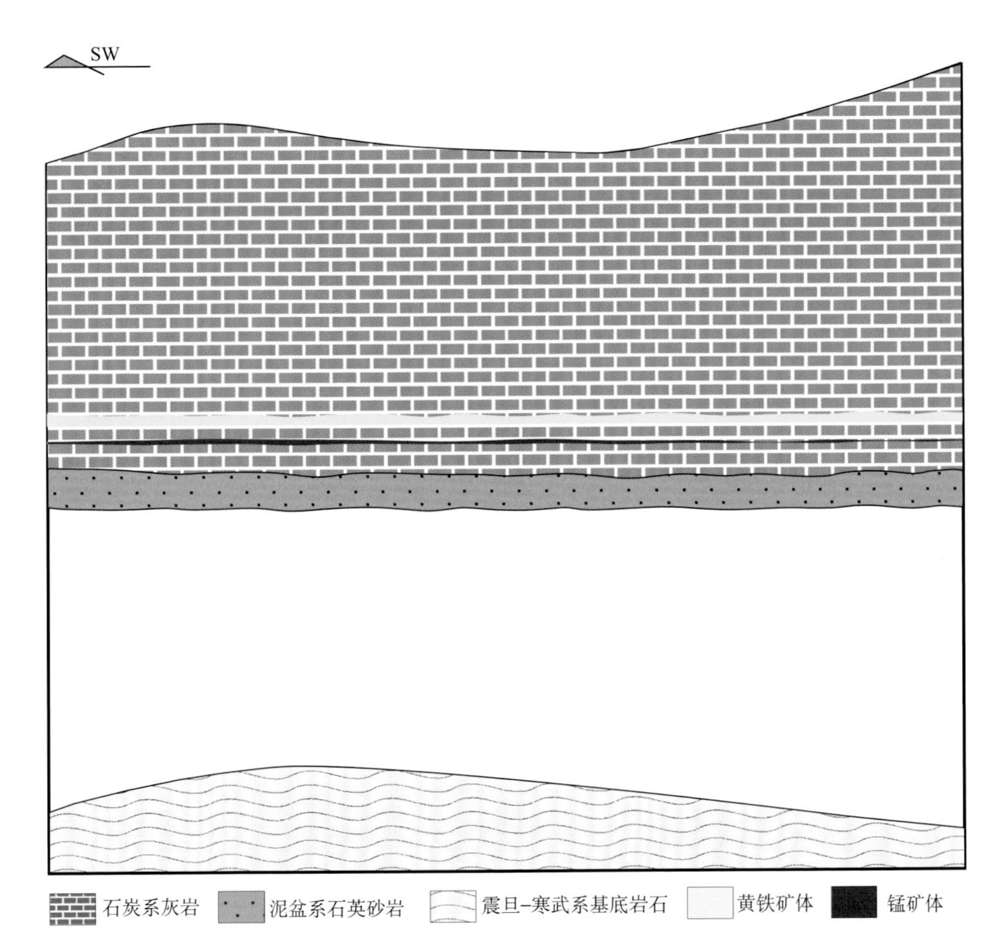

图 7-6　栖霞山铅锌矿成矿实体模型（黄铁矿和菱锰矿形成阶段）

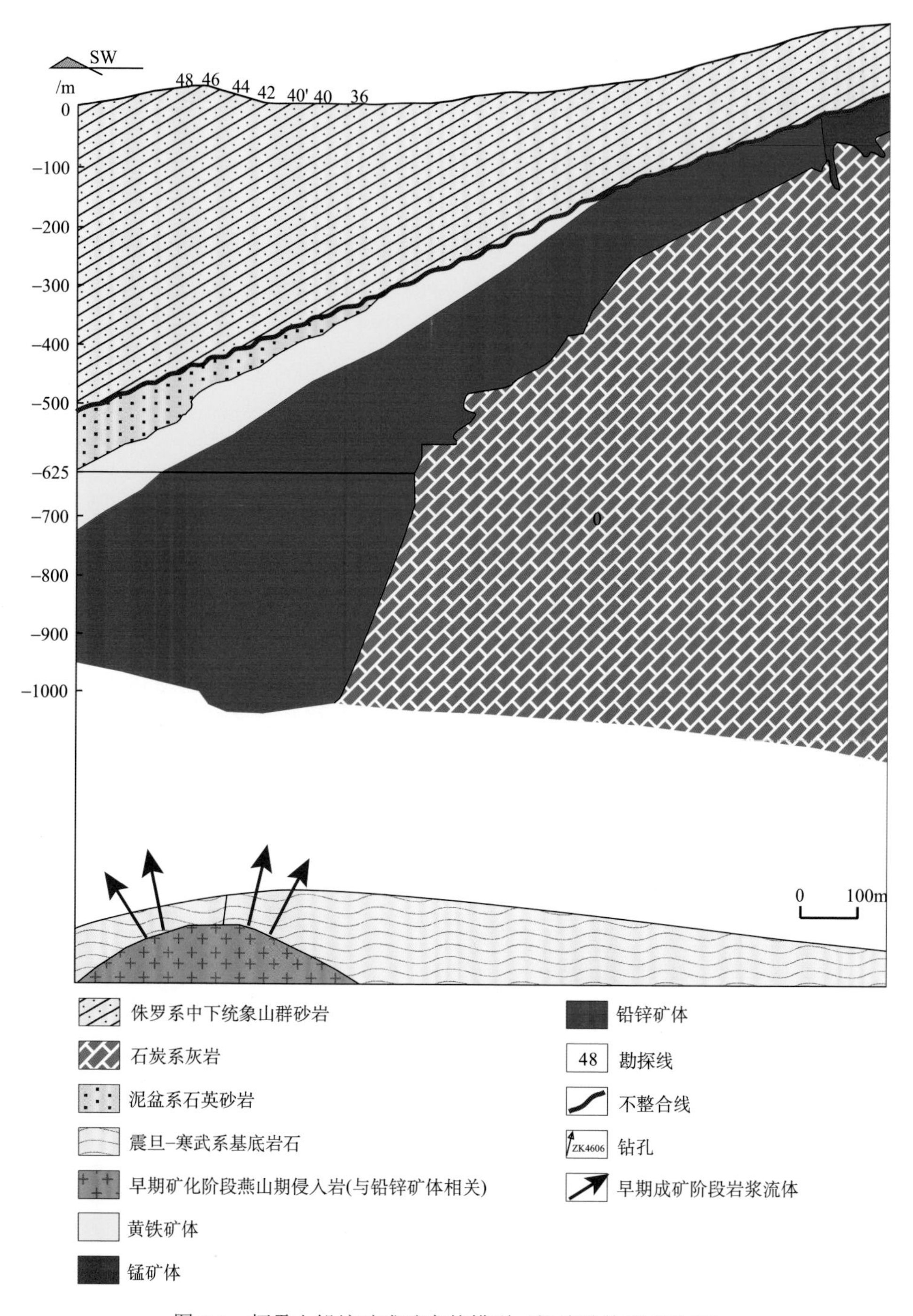

图 7-7　栖霞山铅锌矿成矿实体模型（铅锌矿体形成阶段）

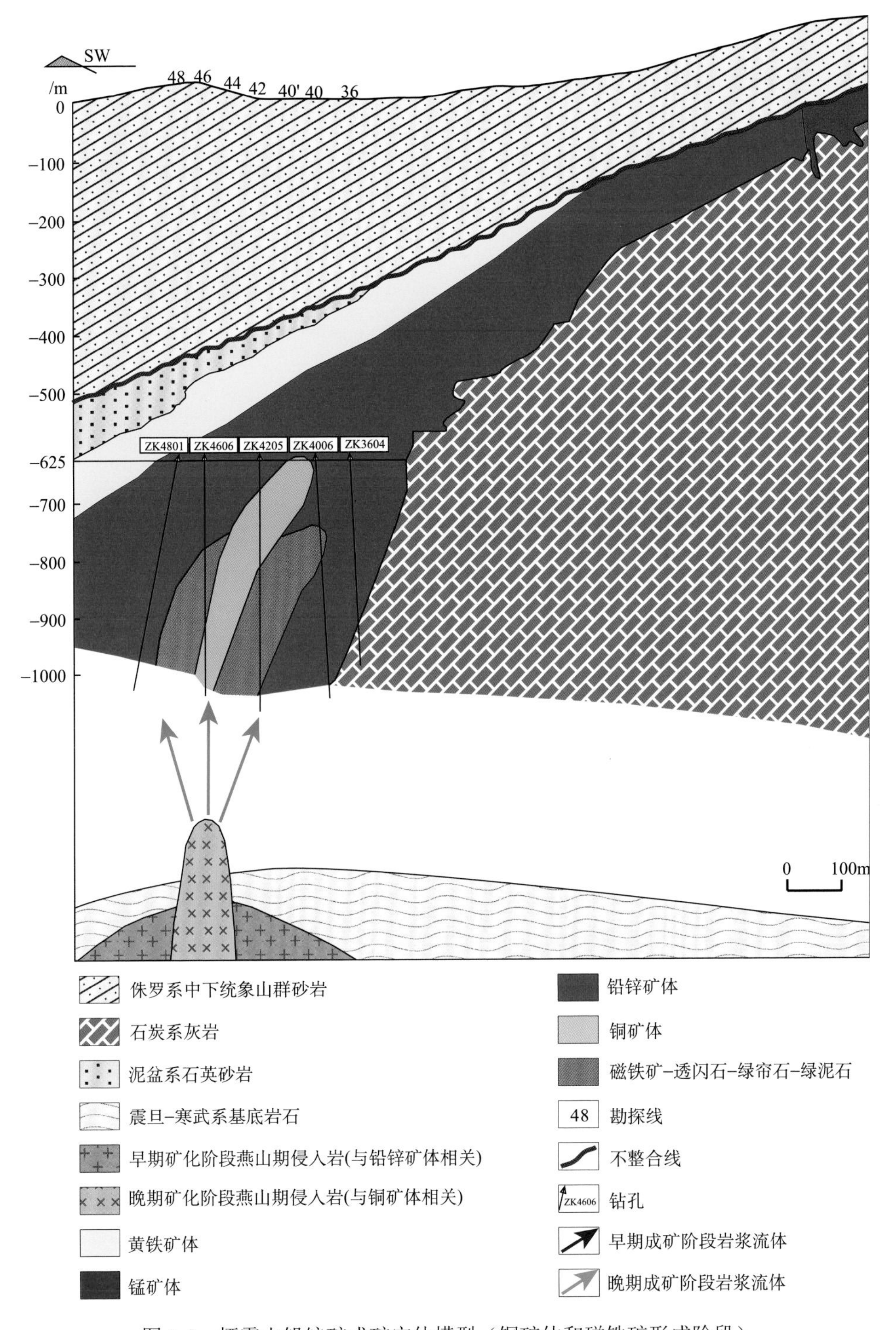

图 7-8　栖霞山铅锌矿成矿实体模型（铜矿体和磁铁矿形成阶段）

（2）印支期推覆构造使地层发生倒转，石炭系地层延伸到深部倾角逐渐变陡，上构造层覆盖侏罗系象山群的砂岩，上下构造层为高角度不整合接触。这一时期形成 F_2 断层，燕山时期岩浆活动频繁，具有多期次多旋回的特征。燕山晚期第一次侵入岩体就位，花岗质岩浆带来含矿热液并沿着 F_2 断层运移，改造了黄龙组原始沉积的黄铁矿层，形成似层状铅锌矿体。

（3）燕山晚期第二次岩浆岩的再次侵入，不仅增厚了层状的铅锌矿体，而且生成了后期的铜矿体。较前期热液作用，后期成矿流体具有更高的温度，伴生了部分磁铁矿及绿帘石、透闪石等夕卡岩矿物。

7.4　深部找矿预测与勘查成果

7.4.1　深部找矿预测

以往勘查方法主要依据桂长杰和景山（2011）和桂长杰等（2015）提出的沿 F_2 断裂进行找矿，该方法认为铅锌矿体主要受纵向断裂 F_2 控制，F_2 为含矿热液向上运移提供了通道，并控制了矿体的产状，据此建议在栖霞山深部，沿纵向断裂 F_2 的延伸方向有找矿空间。

近年来，张明超（2015）和魏新良等（2016）提出“硅钙岩性界面”进行找矿。“硅钙岩性界面”方法是基于对栖霞山铅锌矿是受硅钙面控制的岩浆热液型矿床的认识，铅锌矿化与硅钙面成矿作用密切相关。该方法强调栖霞山铅锌及黄铁矿体均受碳酸盐岩与砂板岩岩石界面控制，“硅钙岩性界面”是该矿床寻找深部隐伏矿体的重要依据。

以往的研究工作受勘查深度的限制，主要是针对浅部的发现。随着勘查深度的增加，矿体特征、矿物组合较浅部发生了一定的变化，如矿体的铅锌品位、铜金银的含量明显升高，矿石矿物中出现了黄铜矿和磁铁矿，脉石矿物中出现了绿帘石、透闪石等高温蚀变矿物，显示随深度的增加，成矿温度越高，岩浆成矿作用的痕迹愈显明显，加大勘查深度对有效开展深部找矿预测研究具有较大的帮助。另外，航磁资料也显示在栖霞山象山群砂岩分布区存在低缓的磁异常（杨元昭, 1989; 刘沈衡, 1991），可能是由隐伏岩体导致，进一步证实了栖霞山深部西南部分存在热液中心，具有发现夕卡岩型矿化的潜力。

叶水泉和曾正海（2000）曾提出栖霞山矿两个高温中心：一个在甘家巷（138～150 线附近），另一个在虎爪山（16～40 线附近）。这两个高温中心位于矿区控矿纵向断裂 F_2 与横向导矿断裂的交汇处，反映本区的成矿作用有多个中心（图 7-9）。本书开展的详细流体填图工作发现，虎爪山矿体深部高温中心出现在 46 线–700m，均一温度由 250℃提高至 300℃。矿体的西南端温度最高，可能为成矿作用中心，矿体的西南至北东方向为成矿流体通道。随着勘查深度的增加，在甘家巷高温中心附近发现透辉石、透闪石和绿帘石等夕卡岩矿物以及中高温的磁铁矿化和铜矿化，其矿化特征以出现块状、角砾状和脉状构造为特征。据此推测在 38～46 线之间深部可能发现夕卡岩型矿体。目前矿区西侧的甘家巷矿段的个别钻孔中已见闪长玢岩岩脉（蒋慎君和刘沈衡, 1990; 徐忠发和曾正海, 2006），指示着在主矿体的西部 48～54 线布置深钻孔有可能会发现隐伏岩体，并且具有发现大规模夕卡岩型矿体的潜力。

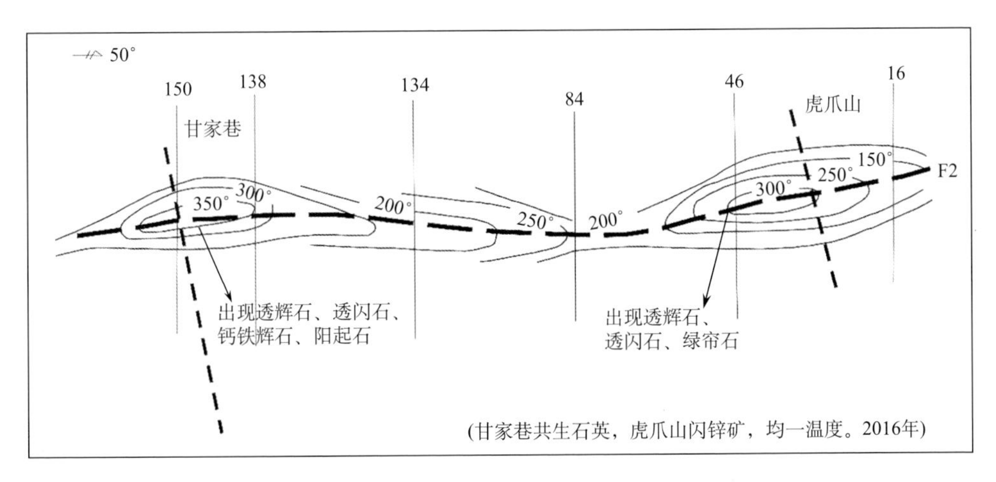

图 7-9　甘家巷和虎爪山矿段成矿温度趋势图（底图据叶水泉和曾正海, 2000 年）

综上，结合最新勘查成果和最新科研认识，本书提出生物沉积-岩浆热液叠加型铅锌矿床的新认识，并且提出含浸染状黄铁矿层的黄龙组灰岩与高骊山组砂岩岩性界面为成矿流体迁移的通道，是寻找铅锌矿体最佳地段；铅锌主矿体深部（–625 m 中段以下），特别是夕卡岩化（如绿帘石、透闪石）部位，是成矿作用的中心，为寻找铜矿体和磁铁矿体最佳地段。

7.4.2　勘查成果

在深部找矿预测的理论指导下，通过持续的危机矿山找矿工作，栖霞山铅锌矿虎爪山矿段找矿取得了突破性的进展。主要体现在 3 个方面：①经过数次深部勘查工作扩大了先前发现的主矿体的规模，并通过取样工程达到详查控制程度；②勘查工作发现深部矿石类型发生变化，品位增加；③经过数次深部勘查工作，新增加了主矿体及若干小矿体。

1 号矿体呈似层状及大透镜体状，主要赋存于黄龙组灰岩与高骊山组砂页岩接触界面靠近灰岩一侧，少量赋存于高骊山组砂岩中。1 号主矿体集中了虎爪山矿段 90%以上的铅锌储量，先前控制的矿体主要集中在–625m 中段以上。通过勘查工作，扩大了 1 号主矿体的规模，对其 34～46 线的–625m 中段以下进行了系统控制，取样工程达到详查控制程度。虎爪山 46 线钻探深度已经达到–1185m，矿体深度控制到–1079 m。虎爪山 42 线钻探深度已经达到–1125m，矿体深度控制到–1062 m（图 7-10）。目前，在–625m 中段以下共圈定矿体 20 个。此外，40 线、42 线、48 线深部均未控制封闭，34 线以东深部仍有较大追索空间。这一现象与“高温的轴线为流体运移的方向，铅锌矿体在轴线两侧对称分布”的观点一致。

通过深部详查，新控制的 1 号深部矿体中，Cu、Au、Ag、Pb、Zn、Mn 品位大幅提高。原先控制的–625m 中段以上矿体中，Pb+Zn 平均品位为 6.28%，最新控制的–625m 中段以下的矿体中，Pb+Zn 平均品位为 17.35%，同时发现 Cu、Au、Ag 富集地段，可圈出独立的铜矿体、金矿体和银矿体。例如 46 线的 KK4603 孔，在孔深 219.90～405m 处见 185.10m 连续矿样，铅平均含量 9.87%，锌平均含量 15.57%，硫平均含量 24.05%。伴生元素铜、银可圈出独立矿体，垂直深度–950m 以下，铜矿体累计视厚度 16.5m，平均品位 0.51%。另外，钻孔 KK4603 中可见三层的银矿，垂直深度在–850～–1000m 之间，分别为：视厚度 41.30m，平均品位 178g/t；视厚度 35.50m，平均品位 313g/t；视厚度 63.40m，平均品位 302g/t。再例如 42 线的 KK4202 孔，在孔深 10.55～110.55m 处，连续见矿 100m。铅平均含量 8.26%，锌平均含量 12.61%，硫平均含量 24.97%。伴生元素铜、金、银含量较高，可圈出独立矿体。在垂直深度–630～–650m，金矿体可视厚度 22.50m，Au 平均品位大于 2.5g/t。垂直深度–650～–710m，铜银矿体平均可视厚度约 20m，Cu 平均品位为 0.78%，Ag 平均品位为 186g/t（图 7-11）。

同时，勘查新增主矿体 1 个，小矿体 12 个。在 46 线，新增的 2 号主矿体总体平行于 1 号矿体产出，分布于 1 号矿体南东侧 10～15m 范围内。受 F_2 纵向断裂的次级断裂控制，赋存于黄龙组灰岩中。小矿体受层间裂隙控制。此外，在 46 线以东区域深部新增 2 号矿体中发现磁铁矿和高温蚀变矿物，进一步印证了高温中心的位置。在 42 线，2 号主矿体倾向上接近于直立，–95m 以下倾向南东，倾角 80°～85°（图 7-10）。虎爪山矿段新增资源储量为：铅锌矿石量 411.63 万 t，铅金属量 273181 t，锌金属量 428934 t。其中，111b 级铅锌矿石量 99.99 万 t，铅金属量 20970 t，锌金属量 36693 t；122b 级铅锌矿石量 252.9 万 t，铅金属量 151516 t，锌金属量 242288 t；333 级铅锌矿石量 58.74 万 t，铅金属量 100695 t，锌金属量 149953 t。硫矿石量 37.44 万 t，硫量 127701 t；其中 332 级硫矿石量 45.19 万 t，硫量 86129 t；

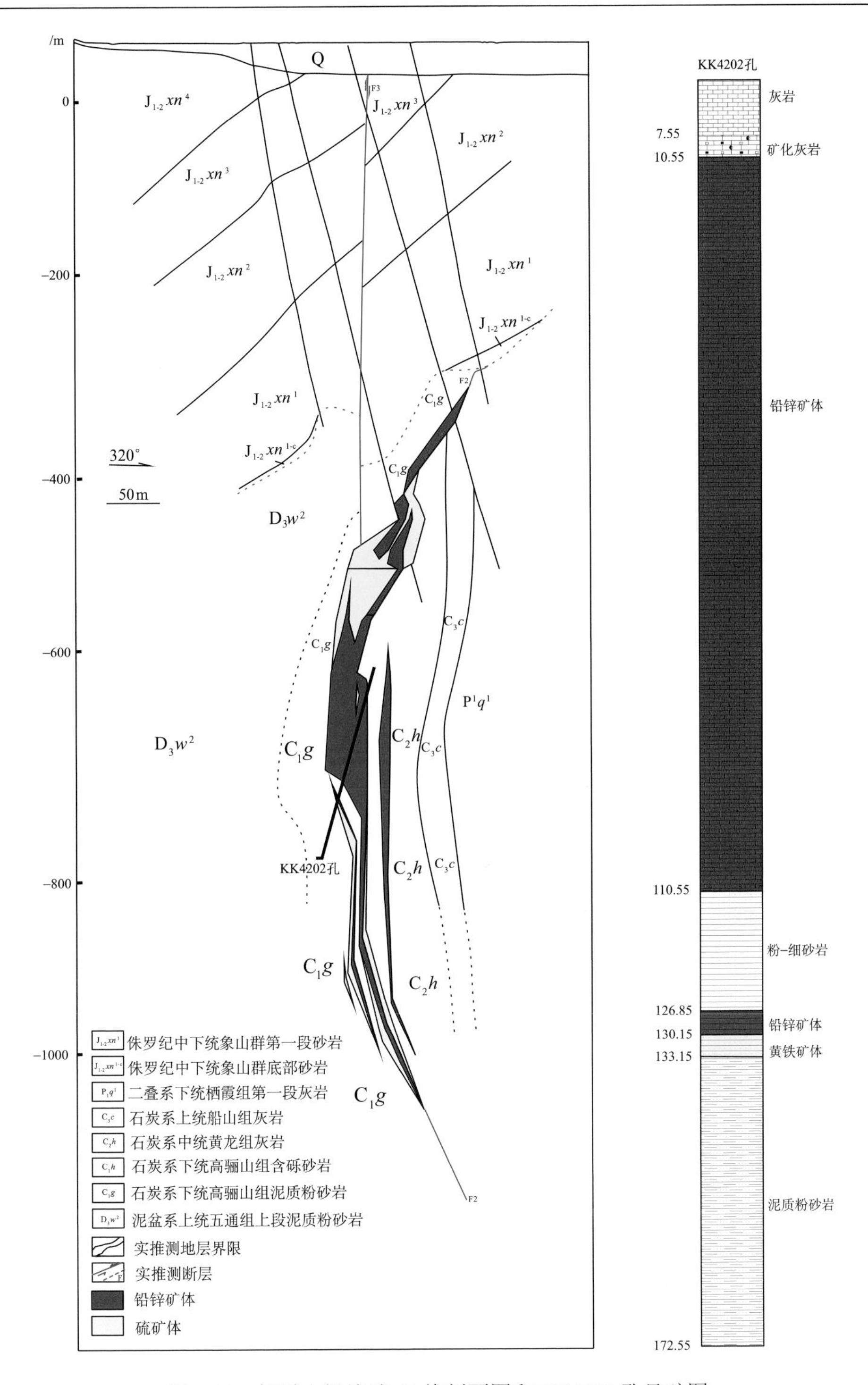

图 7-10　栖霞山铅锌矿 42 线剖面图和 KK4202 孔见矿图

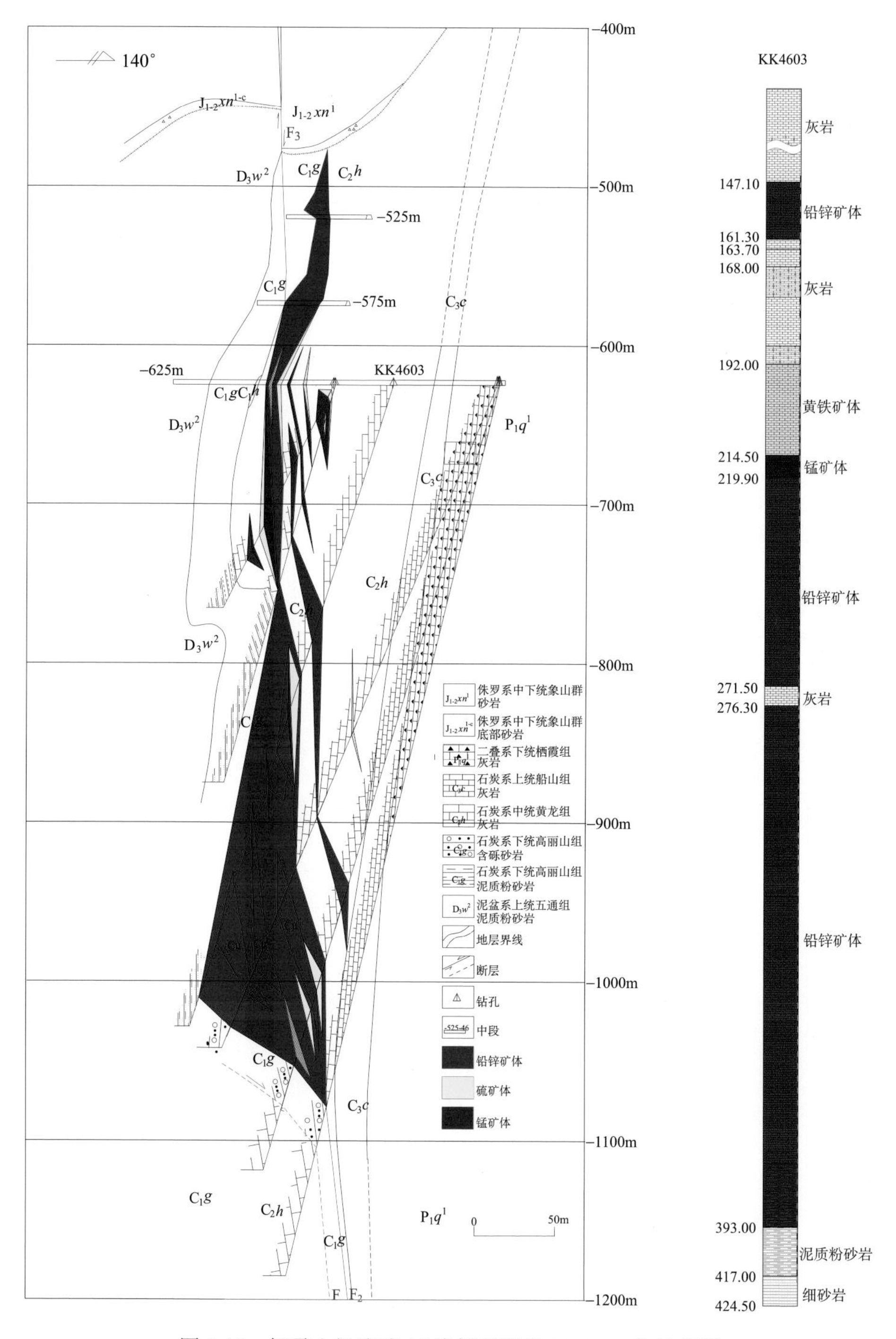

图 7-11　栖霞山铅锌矿 46 线剖面图和 KK4603 孔见矿图

333 级硫矿石量 7.75 万 t，硫量 214830 t。锰矿石量 45.44 万 t，锰量 73372 t。此外，伴生铜金属量 1.53 万 t，金金属量 12 t，银金属量 1113.636 t。通过深部找矿预测理论和多轮的危机矿山找矿以及详细的“资源/储量核实”实践相结合，栖霞山铅锌矿深部找矿取得实质性进展（图 7-12 和表 7-2）。

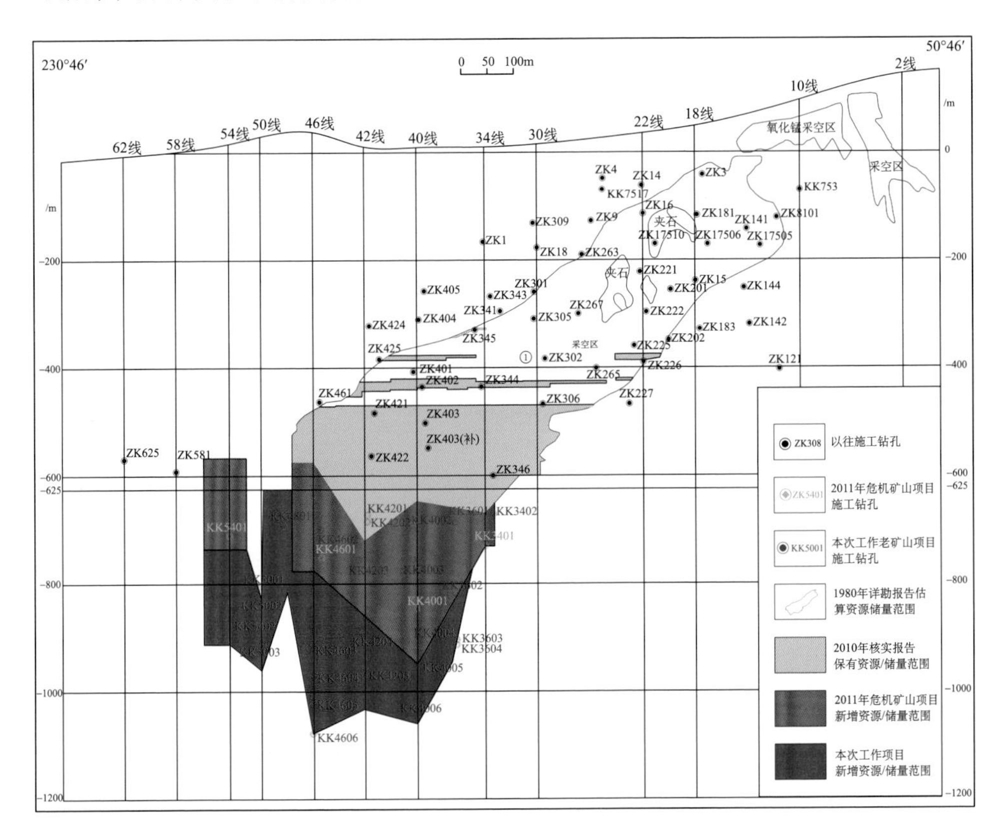

图 7-12　Ⅰ号铅锌主矿体保有、新增资源/储量套合示意图

表 7-2　华东有色地质矿产开发院 2016 年新增资源/储量一览表

矿石类型	资源/储量类型	矿石量/万 t	金属量/t		
			Pb	Zn	Mn
Pb+Zn	111b	213.66	51191	84051	
	122b	165.16	175698	271058	
	332	453.88	322995	484091	
	333	–212.70	–81779	–119992	
	111b+122b+332+333	620.00	468106	719208	

参 考 文 献

安徽省区域地质调查队. 1977. 1∶20 万南京幅区域地质调查报告.

蔡彩雯. 1983. 栖霞山铅锌多金属矿床物质成分与矿床成因. 地质与勘探, 6: 18–23.

常印佛, 周涛发, 范裕. 2012. 复合成矿与构造转换——以长江中下游成矿带为例. 岩石学报, 28(10): 3067–3075.

陈志洪, 赵玲, 李亚楠. 2017. 长江中下游宁镇矿集区非含矿岩体的锆石U-Pb年龄及其意义. 矿物岩石地球化学通报, 36(1): 172–178.

邓军, 陈学明, 杨立强, 等. 2000. 粤北凡口超大型铅锌矿床矿化流体喷溢中心的确定. 岩石学报, 16(4): 528–530.

丰成友, 曾载淋, 王松, 等. 2012. 赣南矽卡岩型钨矿成岩成矿年代学及地质意义——以焦里和宝山矿床为例. 大地构造与成矿学, 3: 337–349.

关俊朋, 韦福彪, 孙国曦, 等. 2015. 宁镇中段中酸性侵入岩锆石 U-Pb 年龄及其成岩成矿指示意义. 大地构造与成矿学, 39(2): 344–354.

关士聪. 1947. 江苏江宁栖霞山锰矿初勘简报.

顾连兴, 徐克勤. 1986. 论大陆地壳断裂拗陷带中的华南型块状硫化物矿床. 5(2): 1–13.

桂长杰. 2012. 江苏省南京市栖霞山铅锌矿矿床成因研究. 南京: 南京大学.

桂长杰, 景山. 2011. 南京栖霞山铅锌多金属矿成矿特征及找矿方向. 地质学刊, 35(4): 395–400.

桂长杰, 景山, 孙国昌. 2015. 南京栖霞山铅锌矿区深部找矿重大突破及启示. 地质学刊, 39(1): 91–98.

郭晓山. 1982. 南京栖霞山铅锌多金属矿床成矿模式研究报告. 南京: 华东有色地勘局 810 队.

郭晓山, 肖振明, 欧亦君. 1985. 南京栖霞山铅锌矿床成因探讨. 矿床地质, 4(1): 11–20.

郭晓山, 叶水泉, 沈喜伦, 等. 1990. 长江下游地区栖霞山式铅锌铜成矿条件、找矿模式、成矿预测. 南京: 华东地质勘查局, 1–142.

何金祥. 1995. 南岭和下扬子区块状硫化物矿床特征及与地壳演化的关. 南京: 南京大学, 1–124.

华东有色地勘局. 1989. 长江中下游地区栖霞山式铅锌铜矿床成矿条件、找矿模式、成矿预测.

华东有色地勘局八一〇队. 1990. 江苏省南京市栖霞山矿区平山头银金矿段详查地质报告书.

华东有色地勘局八一〇队. 1993. 南京栖霞山矿区西库银矿地质普查报告.

华东有色地质矿产勘查开发院. 2003. 江苏省南京市甘家巷铅锌矿区 138～158 线详查地质报告.

华东有色地质矿产勘查开发院. 2007a. 江苏省南京市甘家巷铅锌矿区 138～158 线预可行性研究报告.

华东有色地质矿产勘查开发院. 2007b. 江苏省南京市甘家巷铅锌矿区资源储量核实报告.

华东有色地质矿产勘查开发院. 2010a. 江苏省南京市栖霞山铅锌矿区虎爪山、平山头矿段铅锌硫矿资源储量核实报告.
华东有色地质矿产勘查开发院. 2010b. 江苏省南京市栖霞山铅锌矿区甘家巷-大凹山矿段核查区资源储量核查报告.
华东有色地质矿产勘查开发院. 2011a. 江苏省南京市栖霞山铅锌矿区虎爪山、平山头矿段铅锌硫矿资源储量核实报告.
华东有色地质矿产勘查开发院. 2011b. 江苏省南京市栖霞山铅锌矿接替资源勘查报告.
华东资源勘测处. 1950. 栖霞山地质调查及钻探工作报告.
黄崇轲, 白冶, 朱裕生, 等. 2001. 中国铜矿床(上). 北京: 地质出版社, 371.
江苏华东基础地质勘查有限公司. 2013. 江苏省南京市栖霞山铅锌矿区虎爪山矿段深部详查地质报告.
江苏省地质局. 1959. 南京栖霞山铅锌锰矿地质普查勘探报告.
江苏省地质局第一地质队. 1975. 南京栖霞山大凹山多金属矿地质普查工作小结.
江苏省地质局第一地质队. 1982. 江苏省南京市东郊大凹山铅锌硫多金属矿详细普查地质报告.
江苏省地质矿产局. 1984. 江苏省及上海市区域地质志. 北京: 地质出版社, 1-857.
江苏省地质矿产局. 1989. 宁镇山脉地质志. 南京: 江苏科学技术出版社, 184-203.
江苏省地质矿产局中心实验室等. 1989. 宁镇地区岩浆岩与内生金属矿成矿关系研究.
江苏省区域地质调查队. 1974. 1∶20 万马鞍山幅区域地质调查报告.
江苏省冶金地质勘探公司八一〇队. 1966. 南京栖霞山氧化锰矿地质总结报告.
江苏省冶金地质勘探公司八一〇队. 1981. 江苏省南京市栖霞山铅锌矿区甘家巷矿段初步地质勘探报告.
江苏省冶金地质勘探公司八一〇队. 1984. 宁镇地区 1∶5 万区调报告化探成果资料.
江苏省冶金地质勘探公司八一〇队. 1989. 江苏省南京市栖霞山铅锌矿区甘家巷矿段详查地质报告.
江苏省冶金地质勘探公司八一〇队. 1990a. 江苏省南京市栖霞山矿区虎爪山矿段详细勘探地质报告.
江苏省冶金地质勘探公司八一〇队. 1990b. 南京市栖霞山矿区外围地质概查报告.
蒋慎君, 刘沈衡. 1990. 栖霞山铅锌银矿床深部地质构造特征及成因过程模型初探. 地质学刊, 3: 9–14.
李明琴, 税哲夫, 廖丽萍. 1997. 广西拉么铜锌矿床矿物学特征及其地质意义. 广西地质, 12: 31–40.
李玉平, 陈世流, 彭柏兴. 1993. 广西佛子冲铅锌矿田含矿围岩稀土元素地球化学特征与矿床成因探讨. 广西地质, 4: 53–61.
刘聪, 王尔康, 毕东. 1987. 福建龙凤场黄铁矿型多金属矿床成因研究及找矿方向. 地质找矿论丛, 7: 15–27.
刘建敏, 闫峻, 李全忠, 等. 2014. 宁镇地区安基山岩体锆石 LA-ICPMS U-Pb 定年及意义. 地质论评, 60(1): 190–200.
刘沈衡. 1991. 南京栖霞山铅锌多金属矿床重磁异常及矿床成因解释. 地质找矿论丛, 6(1): 76–84.

刘沈衡. 1999. 南京栖霞山铅锌多金属矿床地球物理勘查模式. 物探与化探, 23(1): 72–78.
刘孝善, 陈诸麒. 1985. 南京栖霞山层控多金属黄铁矿矿床的研究. 桂林冶金地质学院学报, 5(2): 121–130.
刘孝善, 陈诸麒, 陈永清, 等. 1979. 南京栖霞山硫化物矿床的矿石结构构造及其对矿石的成因意义. 南京大学学报(自然科学版), 4: 75–94.
卢焕章, 范洪瑞, 倪培, 等. 2004. 流体包裹体. 北京: 科学出版社.
毛景文, 邵拥军, 谢桂青, 等. 2009. 长江中下游成矿带铜陵矿集区铜多金属矿床模型. 矿床地质, 28(2): 109–119.
南京栖霞山锌阳铅锌矿业有限公司. 2007. 江苏省南京市栖霞山铅锌矿区虎爪山矿段资源储量检测报告.
倪培, 迟哲, 潘君屹, 等. 2018. 热液矿床的成矿流体与成矿机制——以中国若干典型矿床为例, 矿物岩石地球化学通报, 37(3): 369–394.
倪培, 范宏瑞, 丁俊英. 2014. 流体包裹体研究进展. 矿物岩石地球化学通报, 33(1): 1–5.
欧亦君, 郭晓山. 1990. 试论伴共生金银矿在南京栖霞山铅锌矿床综合勘查中的重要意义. 江苏地质, 4: 61–62.
孙学娟, 倪培, 迟哲, 等. 2019. 南京栖霞山铅锌矿成矿流体特征及演化: 来自流体包裹体及氢氧同位素约束. 岩石学报, 35 (12): 3749–3762.
孙洋, 马昌前, 刘彬. 2017. 长江中下游地区燕山晚期基性岩浆活动的记录. 地球科学, 42(6): 891-908.
孙洋, 马昌前, 刘园园. 2014. 长江中下游燕山期最新的成岩成矿事件: 来自宁镇地区的证据. 科学通报, 59(8): 668–678.
王凤全等. 1966. 南京栖霞山锰矿地质总结报告.
王立本, 季克俭, 陈东. 1997. 安基山和铜山铜(钼)矿床中辉钼矿的铼–锇同位素年龄及其意义. 岩石矿物杂志, 16(2): 154–159.
王世雄, 周宏. 1993. 关于开发利用南京栖霞山矿区物化探资料的地质方法问题. 地质学刊, (2): 107–113.
王小龙, 曾键年, 马昌前, 等. 2014. 宁镇地区燕山期侵入岩锆石 U-Pb 定年: 长江中下游新一期成岩成矿作用的年代学证据. 地学前缘, 21(6): 290–301.
王之田. 1980. 长江中下游铜矿成矿复合模式及其找矿意义. 地质与勘探, 3: 31–36.
魏新良, 孙国昌, 景山, 等. 2016. 江苏省南京市栖霞山铅锌矿接替资源勘查报告. 1–206.
肖振民, 郭晓山, 欧亦君, 等. 1983. 栖霞山铅锌锰硫矿床的多源层控特征. 地质与勘探, (9): 1–6.
肖振民, 叶水泉, 钟庆禄. 1996. 南京栖霞山铅锌银矿床地质及勘查模式. 北京: 地质出版社.
谢树成, 殷鸿福. 1997. 南京栖霞山多金属矿床流体包裹体中的生物标志化合物. 科学通报, 42(12): 1312–1314.
徐莺. 2010. 宁镇中段燕山期岩浆岩成因、演化规律及其与铜多金属成矿关系研究. 长沙: 中南大学.
徐忠发, 曾正海. 2006. 南京栖霞山铅锌银矿床成矿作用与岩浆活动关系探讨. 江苏地质, 30(3): 177–182.

严济南, 等. 1952. 栖霞山铅锌锰矿初步研究简报.

颜代蓉. 2013. 湖北阳新阮家湾钨—铜—钼矿床和银山铅—锌—银矿床地质特征及矿床成因. 北京: 中国地质大学, 1–150.

杨兵, 王之田. 1985. 铜官山铜矿床新类型矿体的发现及矿床成因模式——兼论其与区域铜矿复合模式的关系. 矿床地质, 4(4): 1–14.

杨元昭. 1986. 据深源磁异常的发现论栖霞山多金属矿矿床的成因. 地质与勘探, 2: 42–46.

杨元昭. 1989. 南京栖霞山多金属矿区弱缓磁异常的性质及地质找矿意义. 桂林冶金地质学院学报, (2): 202–208.

叶敬仁. 1983. 地台活化与栖霞山铅锌多金属矿床的形成. 大地构造与成矿学, 3: 248–255.

叶水泉. 1999. 江苏宁镇伏牛山岩体的铷锶等时线年龄. 地质学刊, 23(3), 148–150.

叶水泉, 曾正海. 2000. 南京栖霞山铅锌矿床流体包裹体研究. 火山地质与矿产, 21(4): 266–274.

曾键年, 李锦伟, 陈津华, 等. 2013. 宁镇地区安基山侵入岩SHRIMP锆石U-Pb年龄及其地质意义. 地球科学: 中国地质大学学报, 38 (1): 57–67.

张明超. 2015. 江苏栖霞山铅锌银多金属矿床成矿作用研究. 北京: 中国地质大学, 1–211.

张明超, 李景朝, 左群超, 等. 2014. 江苏栖霞山铅锌银多金属矿床成矿时代探讨. 中国矿业, 24(2): 128–134.

张明超, 李永胜, 祝新友, 等. 2013. 南京栖霞山铅锌银多金属矿床“硅钙面”控矿特征. 矿物学报(S2), 990–991.

张术根. 1989. 泗顶—古丹铅锌矿田铅同位素组成特征及其地质意义.广西地质, (4): 59–65.

赵一鸣, 丰成友, 李大新, 等. 2017. 湖南香花岭锡铍多金属矿区的含 Li、Be 条纹岩和有关交代岩. 矿床地质, 36(6): 1245–1262.

赵一鸣, 李大新, 毕承思, 等. 2001. 我国含银夕卡岩矿床的分布和地质特征. 矿床地质, 20(2): 153–162.

赵一鸣, 林文蔚, 毕承思, 等. 1990. 中国矽卡岩矿床. 北京: 地质出版社.

赵一鸣, 林文蔚, 毕承思, 等. 2012. 中国矽卡岩矿床. 北京: 地质出版社.

真允庆, 陈金欣. 1986. 南京栖霞山铅锌矿床硫铅同位素组成及其成因. 桂林冶金地质学院学报, 4: 319–328.

真允庆, 陈金欣. 1988. 江苏谏壁花岗岩型铂矿床的成因. 桂林冶金地质学院学报, 8(4): 353–366.

郑开旗, 周乐生. 1987. 福建政和夏山船锌矿微量元素特征及矿床成因. 福州大学学报, 2: 93–101.

钟庆禄. 1998. 南京市栖霞山大型铅锌银多金属矿床的发现及其找矿远景. 江苏地质, 22(1): 56–61.

周涛发, 范裕, 王世伟, 等. 2017. 长江中下游成矿带成矿规律和成矿模式. 岩石学报, 33(11): 3353–3372.

周涛发, 张乐骏, 袁峰, 等. 2010. 安徽铜陵新桥 Cu-Au-S 矿床黄铁矿微量元素 LA-ICP-MS 原位测定及其对矿床成因的制约. 地学前缘, 17(2): 306–319.

Anderson I K, Ashton J H, Boyce A J, et al. 1998. Ore depositional process in the Navan Zn–Pb deposit, Ireland. Economic Geology, 93(5): 535–563.

Audétat A, Pettke T. 2003. The magmatic-hydrothermal evolution of two barren granites: A melt and fluid inclusion study of the Rito del Medio and Canada Pinabete plutons in northern New Mexico (USA). Geochimica et Cosmochimica Acta, 67(1): 97–121.

Audétat A, Pettke T, Heinrich C A, et al. 2008. The composition of magmatic-hydrothermal fluids in barren and mineralized intrusions. Economic Geology, 103(5): 877–908.

Baertschi P. 1976. Absolute ^{18}O content of standard mean ocean water. Earth and Planetary Science Letters, 31(3): 341–344.

Bailly L, Bouchot V, Bény C, et al. 2000. Fluid inclusion study of stibnite using infrared microscopy: an example from the Brouzils antimony deposit (Vendee, Armorican massif, France). Economic Geology, 95(1): 221–226.

Berner L A, Shaw J A, Witt A, et al. , 2013. The relation of weight suppression and body mass index to symptomatology and treatment response in anorexia nervosa. Journal of Abnormal Psychology, 122(3): 694–708.

Bertelli M, Baker T, Cleverley J S, et al. 2009. Geochemical modelling of a Zn–Pb skarn: constraints from LA-ICP-MS analysis of fluid inclusions. Journal of Geochemical Exploration, 102(1): 13–26.

Bodnar R J. 1993. Revised equation and table for determining the freezing point depression of H_2O-NaCl solutions. Geochimica et Cosmochimica Acta, 57(3): 683–684.

Bodnar R J. 2003. Introduction to fluid inclusions//Fluid Inclusions: Analysis and Interpretation. Mineralogical Association of Canada, Short Course, 32: 1–8.

Bolliger C, Schroth M H, Bernasconi S M, et al. 2001. Sulfur isotope fractionation during microbial sulfate reduction by toluene-degrading bacteria. Geochimica et Cosmochimica Acta, 65(19): 3289–3298.

Böhlke J K, Irwin J J. 1992. Laser microprobe analyses of Cl, Br, I, and K in fluid inclusions: Implications for sources of salinity in some ancient hydrothermal fluids. Geochimica et Cosmochimica Acta, 56(1): 203–225.

Bradley. 1993. Role of lithospheric flexure and plate convergence in the genesis of some mississippi-valley-type zinc deposits in the Appalachians.

Burnham C W. 1979. Magmas and Hydrothermal Fluids//Barnes H L. Geochemistry of Hydrothermal Ore Deposits, 2nd. New York: Wiley Interscience, 71–136.

Butler I B, Rickard D. 2000. Framboidal pyrite formation via the oxidation of iron (II) monosulfide by hydrogen sulphide. Geochimica et Cosmochimica Acta, 64(15): 2665–2672.

Campbell A R, Panter K S. 1990. Comparison of fluid inclusions in coexisting (cogenetic?) wolframite, cassiterite, and quartz from St. Michael's Mount and Cligga Head, Cornwall, England. Geochimica et Cosmochimica Acta, 54(3): 673–681.

Canfield D E. 2001. Isotope fractionation by natural populations of sulfate-reducing bacteria. Geochimica et Cosmochimica Acta, 65(7): 1117–1124.

Clayton R N, Mayeda T K. 1963. The use of bromine pentafluoride in the extraction of oxygen from oxides and silicates for isotopic analysis. Geochimica et Cosmochimica Acta, 27(1): 43–52.

Clayton R N, O'Neil J R, Mayeda T K. 1972. Oxygen isotope exchange between quartz and water. Journal of Geophysical Research, 77(17): 3057–3067.

Chen H, Savage P S, Teng F Z, et al. 2013. Zinc isotope fractionation during magmatic differentiation and the isotopic composition of the bulk Earth. Earth and Planetary Science Letters, 369–370: 34–42.

Chen L L, Ni P, Li W S, et al. 2018. The link between fluid evolution and vertical zonation at the Maoping tungsten deposit, Southern Jiangxi, China: Fluid inclusion and stable isotope evidence. Journal of Geochemical Exploration , 192: 18–32.

Cline J S, Bodnar R J. 1994. Direct evolution of brine from a crystallizing silicic melt at the Questa, New Mexico, molybdenum deposit. Economic Geology, 89(8): 1780–1802.

Coleman M L, Shepherd T J, Durham J J, et al. 1982. Reduction of water with zinc for hydrogen isotope analysis. Analytical Chemistry, 54(6): 993–995.

Craig H. 1961. Standard for reporting concentrations of deuterium and Oxygen-18 in natural waters. Science, 133(3467): 1833–1834.

Dupuis C, Beaudoin G. 2011. Discriminant diagrams for iron oxide trace element fingerprinting of mineral deposit types. Mineralium Deposita, 46: 319–335.

Einaudi M T, Burt D M. 1982. Introduction-Terminology, Classification and Composition of Skarn Deposits. Economic Geology, 77(4): 745–754.

Einaudi M T, Meinert L D, Newberry R J. 1981. Skarn deposits. Economic Geology 75th Anniversary Volume, 317–391.

Fallick A E, Macaulay C I, Haszeldine R S. 1993. Implications of linearly correlated oxygen and hydrogen isotopic compositions for kaolinite and illite in the Magnus Sandstones, North Sea. Clays and Clay Minerals, 41(2): 184–190.

Forrest K. 1983. Geologic and isotopic studies of the Lik deposit and thesurrounding mineral district, DeLong Mountains, western Brooks Range, Alaska. Minneapolis: University of Minnesota.

Fusswinkel T, Wagner T, Wälle M, et al. 2013. Fluid mixing forms basement-hosted Pb-Zn deposits: Insight from metal and halogen geochemistry of individual fluid inclusions. Geology, 41(6): 679–682.

Gadd M G, Layton-Matthews D, Peter J M, et al. 2016. The world-class Howard's Pass SEDEX Zn-Pb district, Selwyn Basin, Yukon. Part I: trace element compositions of pyrite record input of hydrothermal, diagenetic, and metamorphic fluids to mineralization. Mineralium Deposita, 51: 319–342.

Gilg H A, Lima A, Somma R, et al. 2001. Isotope geochemistry and fluid inclusion study of skarns from Vesuvius. Mineralogy and Petrology, 73(1): 145–176.

Goldstein R H, Reynolds T J. 1994. Systematics of fluid inclusions in diagenetic minerals. Society for Sedimentary Geology: 31.

González-Partida E, Carrillo-Chávez A, Levresse G, et al. 2003. Genetic implications of fluid inclusions in skarn chimney ore, Las Animas Zn–Pb–Ag (–F) deposit, Zimapn, Mexico. Ore Geology Reviews, 23(1–2): 91–96.

Gu L X, Zaw K, Hu W X, et al. 2007. Distinctive features of Late Palaeozoic massive sulphide deposits in South China. Ore Geology Reviews, 31(1–4): 107–138.

Günther D, Audétat A, Frischknecht R, et al. 1998. Quantitative analysis of major, minor and trace elements in fluid inclusions using laser ablation-inductively coupled plasmamass spectrometry. Journal of Analytical Atomic Spectrometry, 13(4): 263–270.

Hedenquist J W, Lowenstern J B. 1994. The role of magmas in the formation of hydrothermal ore deposits. Nature, 370: 519–527.

Heinrich C A, Pettke T, Halter W E, et al. 2003. Quantitative multi-element analysis of minerals, fluid and melt inclusions by laser-ablation inductively-coupled-plasma mass-spectrometry. Geochimica et Cosmochimica Acta, 67(18): 3473–3497.

Huston D L, Sie S H, Suter G F, et al. 1995. Trace elements in sulfide minerals from eastern Australian volcanic-hosted massive sulfide deposits: part I. Proton microprobe analyses of pyrite, chalcopyrite, and sphalerite, and part II. Selenium levels in pyrite; comparison with $\delta^{34}S$ values and implications for the source of sulfur in volcanogenic hydrothermal systems. Economic Geology, 90(5): 1167–1196.

Irwin J J, Roedder E. 1995. Diverse origins of fluid in magmatic inclusions at Bingham (Utah, USA), Butte (Montana, USA), St. Austell (Cornwall, UK), and Ascension Island (mid-Atlantic, UK), indicated by laser microprobe analysis of Cl, K, Br, I, Ba+ Te, U, Ar, Kr, and Xe. Geochimica et cosmochimica acta, 59(2): 295–312.

Kajiwara Y, Krouse H R. 1971. Sulfur Isotope Partitioning in Metallic Sulfide Systems. Canadian Journal of Earth Sciences, 8(11): 1397–1408.

Klemm L M, Pettke T, Heinrich C A. 2008. Fluid and source magma evolution of the Questa porphyry Mo deposit, New Mexico, USA. Mineralium Deposita, 43(5): 533.

Kelley K, Leach D, Johnson C, et al. 2004. Textural, compositional, and sulfur isotope variations of sulfide minerals in the Red Dog Zn–Pb–Ag deposits, Brooks Range, Alaska: implications for ore formation. Economic Geology, 99(7): 1509–1532.

Kendrick M A, Burnard P. 2013. Noble Gases and Halogens in Fluid Inclusions: A Journey through the Earth’s Crus//Burnard P. The Noble Gases as Geochemical Tracers. Berlin: Springer, 319–369.

Kharaka Y K, Hanor J S. 2014. Deep Fluids in Sedimentary Basins// Holland H D, Turekian K K. Treatise on Geochemistry. 2nd. Oxford: Elsevier, 471–515.

Korges M, Weis P, Lüders V, et al. 2018. Depressurization and boiling of a single magmatic fluid as a mechanism for tin-tungsten deposit formation. Geology, 46(1): 75–78.

Kouzmanov K, Pettke T, Heinrich C A. 2010. Direct analysis of ore-precipitating fluids: combined IR microscopy and LA-ICP-MS study of fluid inclusions in opaque ore minerals. Economic

Geology, 105(2): 351–373.

Large R R, Danyushevsky L, Hollit C, et al. 2009. Gold and trace element zonation in pyrite using a laser imaging technique: implications for the timing of gold in orogenic and Carlin-style sediment-hosted deposits. Economic Geology, 104(5): 635–668.

Leach D L, Bradley D C, Huston D, et al. 2010. Sediment-hosted lead–zinc deposits in Earth history. Economic Geology, 105(3): 593–625.

Leach D, Sangster D, Kelley K, et al. 2005. Sediment-hosted lead–zinc deposits: A global perspective. Economic Geology, 100: 561–607.

Lecumberri-Sanchez P, Bodnar R J. 2018. Halogen Geochemistry of Ore Deposits: Contributions towards Understanding Sources and Processes// Harlov D E, Aranovich L. The Role of Halogens in Terrestrial and Extraterrestrial Geochemical Processes. Berlin: Springer, 261–305.

Li S N, Ni P, Bao T, et al. 2018a. Genesis of the Ancun epithermal gold deposit, southeast China: Evidence from fluid inclusion and stable isotope data. Journal of Geochemical Exploration, 195: 157–177.

Li W S, Ni P, Pan J Y, et al. 2018b. Fluid inclusion characteristics as an indicator for tungsten mineralization in the Mesozoic Yaogangxian tungsten deposit, central Nanling district, South China. Journal of Geochemical Exploration, 192: 1–17.

Lueders V. 1996. Contribution of infrared microscopy to fluid inclusion studies in some paque minerals (wolframite, stibnite, bournonite); metallogenic implications. Economic Geology, 91(8): 1462–1468.

Machel H G. 2001. Bacterial and thermochemical sulfate reduction in diagenetic settings—old and new insights. Sedimentary Geology, 140: 143–175.

Mao J W, Wang Y T, Lehmann B, et al. 2006. Molybdenite Re–Os and albite $^{40}Ar/^{39}Ar$ dating of Cu–Au–Mo and magnetite porphyry systems in the Yangtze River valley and metallogenic implications. Ore Geology Reviews, 29(3-4): 307–324.

Mao J, Pirajno F, Xiang J, et al. 2011. Mesozoic molybdenum deposits in the east Qinling–Dabie orogenic belt: characteristics and tectonic settings. Ore Geology Reviews, 43(1): 264–293.

Mariko T, Kawada M, Miura M, et al. 1996. Ore Formation Processes of the Mozumi Skarn-type Pb–Zn–Ag Deposit in the Kamioka mine, Gifu prefecture, Central Japan: A mineral chemistry and fluid inclusion study. Resource Geology, 46(260): 337–354.

McCaffrey M A, Lazar B, Holland H D. 1987. The evaporation path of seawater and the coprecipitation of Br^- and K^+ with halite. Journal of Sedimentary Research, 57(5): 928–938.

Meinert L D. 1987. Skarn zonation and fluid evolution in the Groundhog Mine, Central Mining District, New Mexico. Economic Geology, 82: 523–545.

Meinert L D. 1992. Skarn and skarn deposit. Geoscience Canada, 19(4): 146–162.

Meinert L D, Dipple G M, Nicolescu S. 2005. Word skarn deposits//Economic Geology 100th Anniversary Volume: 299–336.

Nadoll P, Angerer T, Mauk J L, et al. 2014. The chemistry of hydrothermal magnetite: A review. Ore

Geology Reviews, 61: 1–32.

Nadoll P, Mauk J L, Hayes T S, et al. 2012. Geochemistry of magnetite from hydrothermal ore deposits and host rocks of the Mesoproterozoic Belt Supergroup, United States. Economic Geology, 107: 1275–1292.

Nahnybida T, Gleeson S A, Rusk B G, et al. 2009. Cl/Br ratios and stable chlorine isotope analysis of magmatic–hydrothermal fluid inclusions from Butte, Montana and Bingham Canyon, Utah. Mineralium Deposita, 44(8): 837–848.

Ni P, Wang X D, Wang G G, et al. 2015. An infrared microthermometric study of fluid inclusions in coexisting quartz and wolframite from Late Mesozoic tungsten deposits in the Gannan metallogenic belt, South China. Ore Geology Reviews, 65 (4): 1062–1077.

Ni P, Wang G G, Cai Y T, et al. 2017. Genesis of the Late Jurassic Shizitou Mo deposit, South China: Evidences from fluid inclusion, H-O isotope and Re-Os geochronology. Ore Geology Reviews, 81(2): 871–883.

Ohmoto H. 1972. Systematics of sulfur and carbon isotopes in hydrothermal ore-deposits. Economic Geology, 67(5): 551–578.

Ohmoto H, Goldhaber M B. 1997. Sulfur and Carbon Isotopes//Barnes H L. Geochemistry of Hydrothermal Ore Deposits. 3nd. New York: John Wiley, 517–612.

Ohmoto H, Rye R O. 1979. Isotopes of Sulfur and Carbon//Barnes H L. Geochemistry of Hydrothermal Ore Deposits. 2nd. New York: John Wiley, 509–567.

Pan J Y, Ni P, Wang R C. 2019. Comparison of fluid processes in coexisting wolframite and quartz from a giant vein-type tungsten deposit, South China: Insights from detailed petrography and LA-ICP-MS analysis of fluid inclusions. American Mineralogist, 104: 1092–1116.

Pan Y M, Dong P. 1999. The Lower Changjiang YangzirYangtze River metallogenic belt, east central China: intrusion- and wall rock-hosted Cu–Fe–Au, Mo, Zn, Pb, Ag deposits. Ore Geology Reviews, 15(4): 177–242.

Pettke T, Oberli F, Audétat A, et al. 2012. Recent developments in element concentration and isotope ratio analysis of individual fluid inclusions by laser ablation single and multiple collector ICP-MS. Ore Geology Reviews, 44: 10–38.

Reynolds T J, Beane R E. 1985. Evolution of hydrothermal fluid characteristics at the Santa Rita, New Mexico, porphyry copper deposit. Economic Geology, 80: 1328–1347.

Riciputi L R, Cole D R, Machel H G. 1996. Sulfide formation in reservoir carbonates of the Devonian Nisku Formation, Alberta, Canada: An ion microprobe study. Geochimica et Cosmochimica Acta, 60(2): 325–336.

Roedder E. 1984. Fluid Inclusions//Mineralogical Society of America, Reviews in Mineralogy, 12: 12–25.

Samson I M, Williams-Jones A E, Ault K M, et al. 2008. Source of fluids forming distal Zn–Pb–Ag skarns: Evidence from laser ablation-inductively coupled plasma-mass spectrometry analysis of fluid inclusions from El Mochito, Honduras. Geology, 36(12): 947–950.

Sato T. 1972. Behaviours of ore-forming solutions in seawater. Mining Geology, 22: 31–42.

Shimizu M, Iiyama J T. 1982. Zinc–lead skarn deposit of the Nakatatsu Mine, central Japan. Economic Geology, 77(4): 1000–1012.

Sim M S, Bosak T, Ono S. 2010. Large sulfur isotope fractionation does not require disproportionation. Science, 333(6038): 74–77.

Sun W D, Ding X, Hu Y H, et al. 2007. The golden transformation of the Cretaceous plate subduction in the west Pacific. Earth and Planetary Science Letters, 262(3–4): 533–542.

Sun X J, Ni P, Yang Y L, et al. 2018. Formation of the Qixiashan Pb-Zn deposit in Middle-Lower Yangtze River Valley, eastern China: Insights from fluid inclusions and in situ LA-ICP-MS sulfur isotope data. Journal of Geochemical Exploration, 192: 45–59.

Sun X J, Ni P, Yang Y L, et al. 2019. Constrain on genesis of the Qixiashan Pb–Zn deposit, Nanjing: evidence from trace element data of sulfides. Journal of Earth Science, 172: 83–100.

Taylor H P. 1997. Oxygen and hydrogen isotope relationships in hydrothermal mineral deposits. Geochemistry of Hydrothermal Ore Deposits, 3: 229–302.

Turrell G, Corset J. 1996. Raman Microscopy: Developments and Applications. London: Academic Press .

Wang G G, Ni P, Wang R C, et al. 2013. Geological, fluid inclusion and isotopic studies of the Yinshan Cu–Au–Pb–Zn–Ag deposit, South China: implications for ore genesis and exploration. Journal of Asian Earth Sciences, 74: 343–360.

Wilkinson J J. 2014. Sediment-hosted zinc-lead mineralization: processes and perspectives: processes and perspectives. Treatise on Geochemistry, 13, 219–249.

Wilkinson J J, Eyre S L, Boyce A J. 2005. Ore-Forming processes in Irish-type carbonate-hosted Zn-Pb deposits: evidence from mineralogy, chemistry, and isotopic composition of sulfides at the Lisheenmine. Economic Geology, 100: 63–86.

Wilkinson J J, Stoffell B, Wilkinson C C, et al. 2009. Anomalously metal-rich fluids form hydrothermal ore deposits. Science, 323(5915): 764–767.

Williams-Jones A E, Samson I M, Ault K M, et al. 2010. The genesis of distal zinc skarns: Evidence from the Mochito deposit, Honduras. Economic Geology, 105(8): 1411–1440.

Yang Y, Chen Y J, Zhang J, et al. 2013. Ore geology, fluid inclusions and four-stage hydrothermal mineralization of the Shangfanggou giant Mo-Fe deposit in Eastern Qinling, central China. Ore Geology Reviews, 55: 146–161.

Yang Y L, Ye L, Bao T, et al. 2018. Mineralization of Luziyuan Pb–Zn skarn deposit, Baoshan, Yunnan Province, SW China: evidence from petrography, fluid inclusions and stable isotopes. Geological Magazine, 156(4): 1–20.

Yardley B W D, Banks D A, Bottrell S H, et al. 1993. Post-metamorphic gold-quartz veins from N. W. Italy: the composition and origin of the ore fluid. Mineralogical Magazine, 57(388): 407–422.

Ye L, Liu T G, Yang Y L, et al. 2014. Petrogenesis of bismuth minerals in the Dabaoshan Pb–Zn polymetallic massive sulfide deposit, northern Guangdong Province, China. Journal of Asian Earth Sciences, 82: 1–9.

Yun S, Einaudi M T. 1982. Zinc–lead skarns of the Yeonhwa-Ulchin district, South Korea. Economic Geology, 77 (4): 1013–1032.

Zartman R, Doe B. 1981. Plumbotectonics—the model. Tectonophysics, 75(1-2): 135–162.

Zaw K, Stephen G P, Paul C, et al. 2007. Nature, diversity of deposit types and metallogenic relations of South China. Ore Geology Reviews, 31(1-4): 3–47.

Zhang Y, Lin G, Roberts P, et al. 2007. Numerical modelling of deformation and fluid flow in the Shuikoushan district, Hunan province, South China. Ore Geology Reviews, 31(1–4): 261–278.

图　　版

图片 1　草莓状黄铁矿（KK3601 –119m）

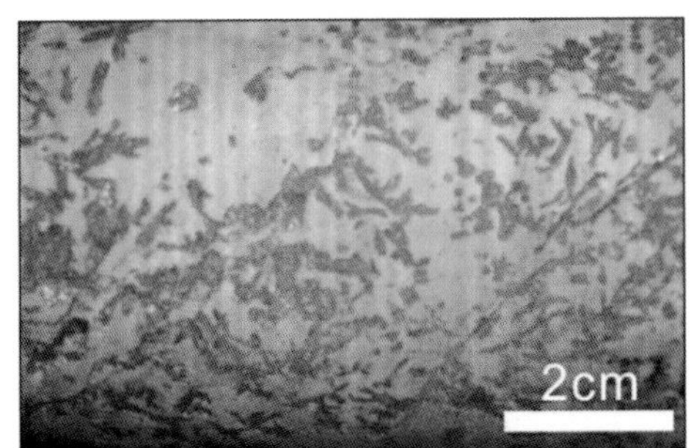

图片 2　团块状、草莓状黄铁矿矿石

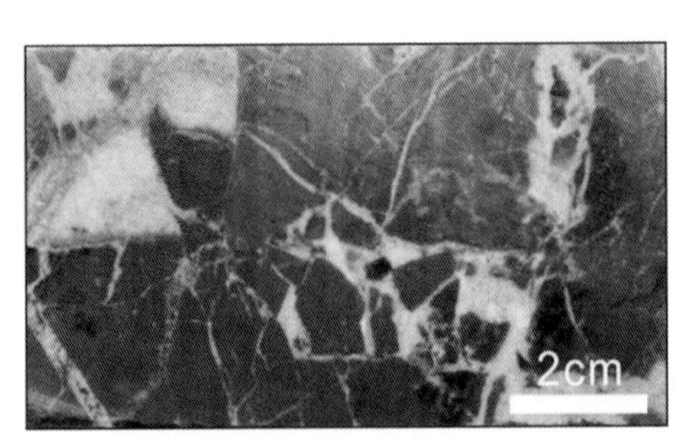

图片 3　方解石脉穿切早世代菱锰矿（KK3604 –290m）

图片 4　早世代菱锰矿(Ⅱ-1)与早世代黄铁矿(Ⅱ-2)的接触带（KK3604 –288～–292m）

图片 5　葡萄状、皮壳状硬锰矿（1），并有重晶石呈晶簇状（2）

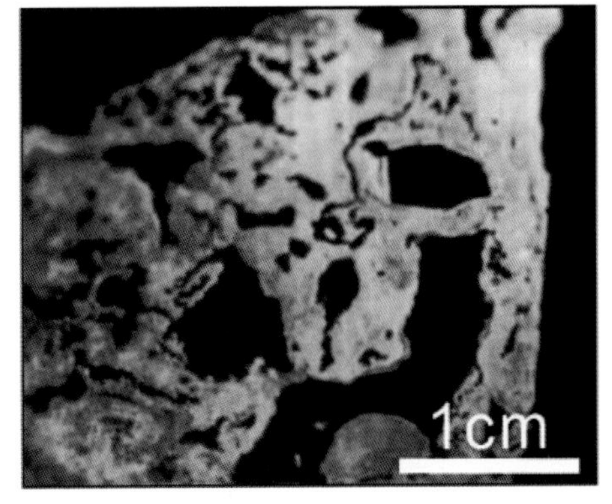

图片 6　硬锰矿（灰白色）呈胶状结构

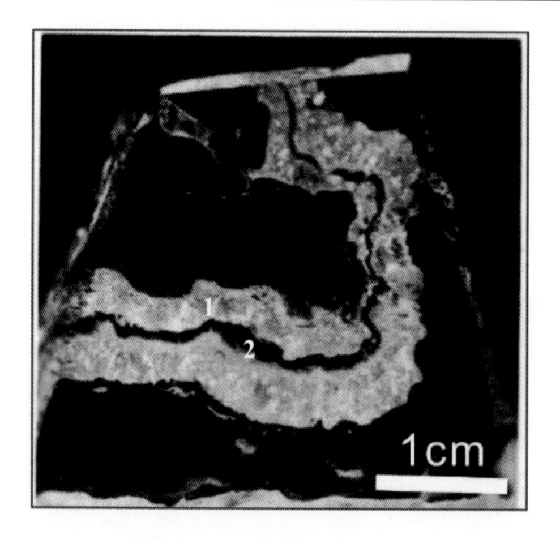

图片 7　硬锰矿（1）与软锰矿（2）呈环带状、胶状结构

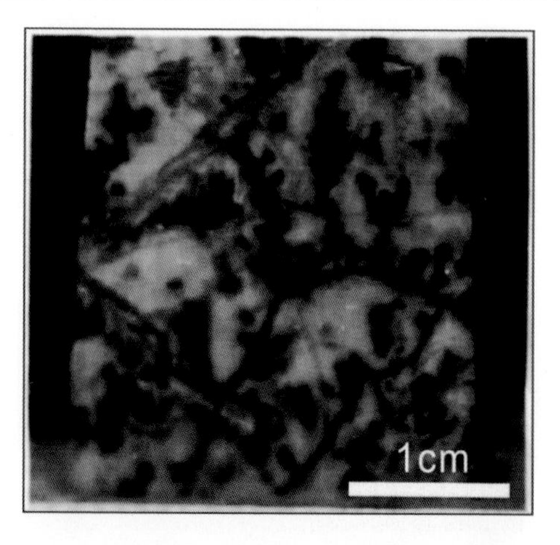

图片 8　软锰矿（灰黑色）呈树枝状、网脉状充填于方解石、菱锰矿等碳酸盐矿物中

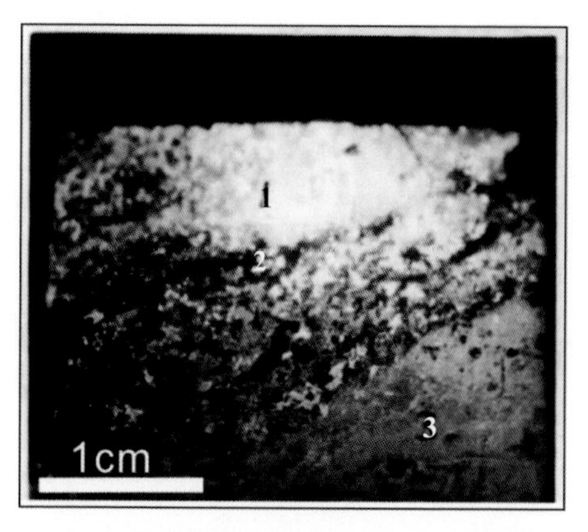

图片 9　黄铁矿（1）、菱锰矿（2）、方解石（3）呈条带状分布

图片 10　坑道内局部富集的团块状黄铁矿

图片 11　细脉状、网脉状黄铁矿矿石

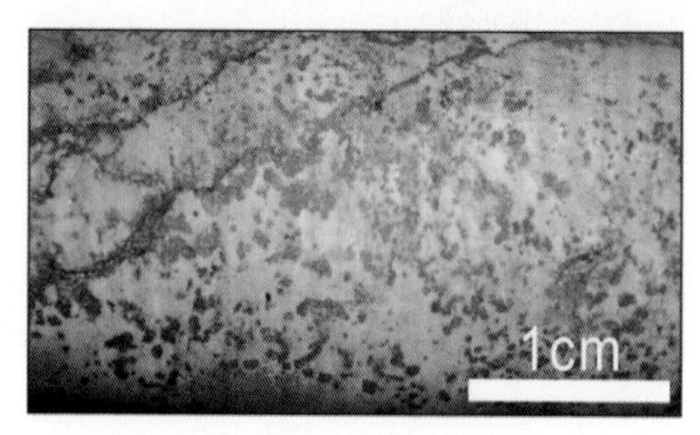

图片 12　稀疏浸染状黄铁矿矿石

图片 13　稠密浸染状铅锌矿体，方铅矿、闪锌矿颗粒较细，粒径<0.2mm

图片 14　块状铅锌矿体，只含有极少量的方解石和石英等脉石矿物

图片 15　条纹状闪锌矿（早世代）穿切交代早中世代黄铁矿（KK4603 –235m）

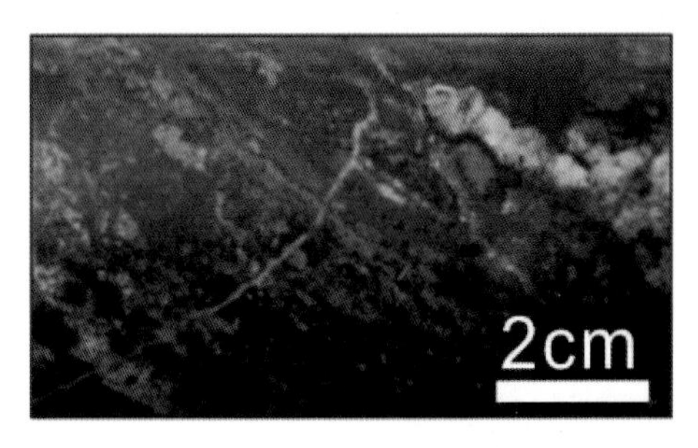

图片 16　条带状矿石，深色条带矿物为方铅矿、闪锌矿和黄铁矿，浅色条带矿物主要为方解石和石英

图片 17　中世代黄铁矿穿切磁铁矿、赤铁矿（KK4205 –338.4m）

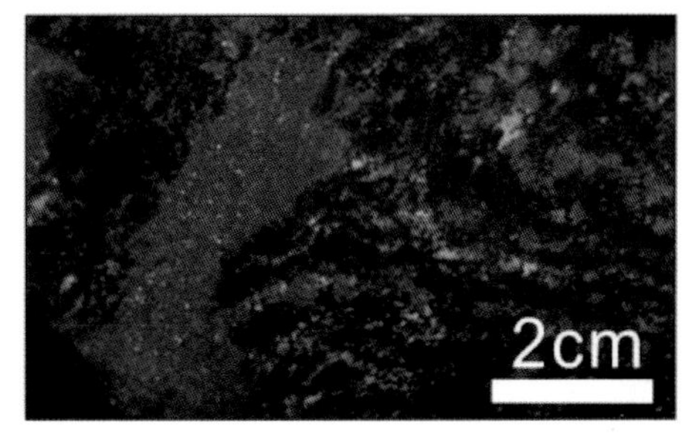

图片 18　方铅矿（晚世代）穿切层纹状闪锌矿（早世代）(KK4603 –302m)

图片 19　角砾状矿石，角砾成分为铅锌矿或黄铁矿，胶结物为方解石、石英等

图片 20　角砾状矿石，角砾成分为黄铁矿，胶结物为晚期的方铅矿、闪锌矿等

图片 21　磁铁矿穿切交代早世代黄铁矿（KK4801 –101m）

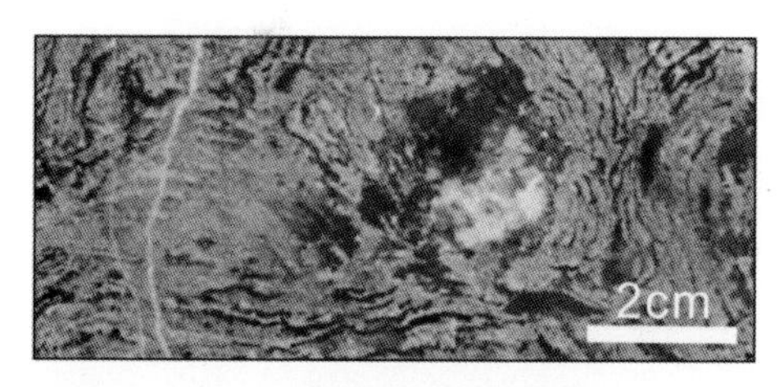

图片 22　铅锌矿体中的方铅矿受力变形（KK4201 –9.50m）

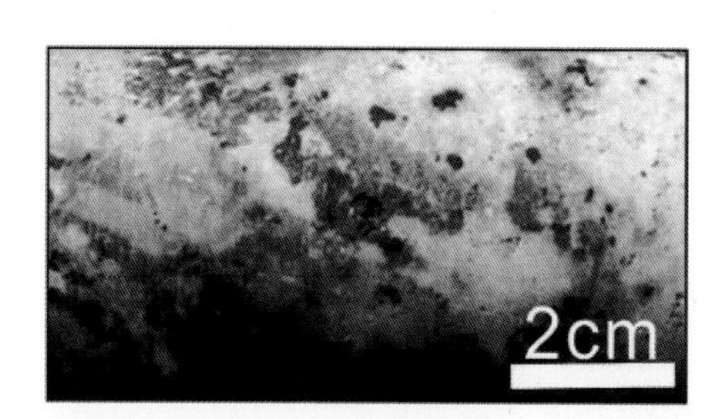

图片 23　菱锰矿包裹交代黄铁矿，与方解石脉伴生（KK4602 –16.5m）

图片 24　菱锰矿穿切交代黄铁矿、闪锌矿、方铅矿（KK4602 –81m）

图片 25　晚世代闪锌矿（浅棕黄色）（KK4202 –36.5m）

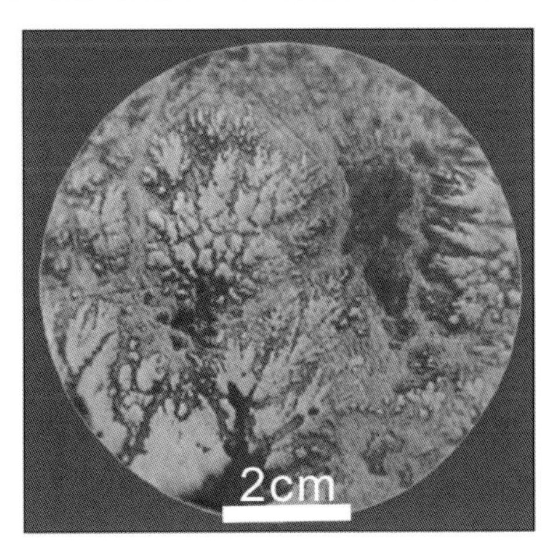

图片 26　硬锰矿呈显微葡萄状结构

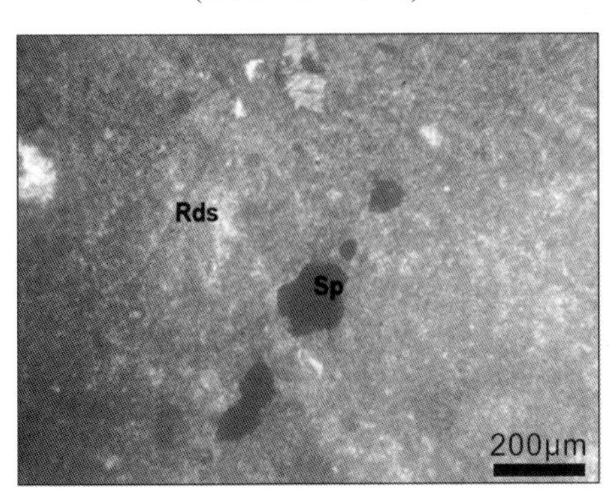

图片 27　早世代菱锰矿中的它形闪锌矿（KK3604 –290m）

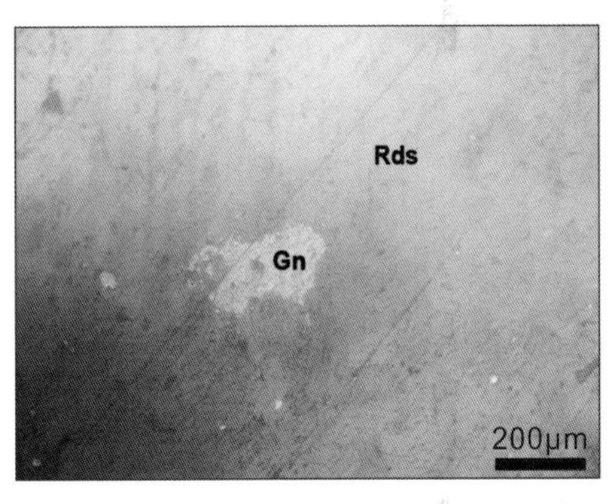

图片 28　早世代菱锰矿中的它形方铅矿（KK3604 –290m）

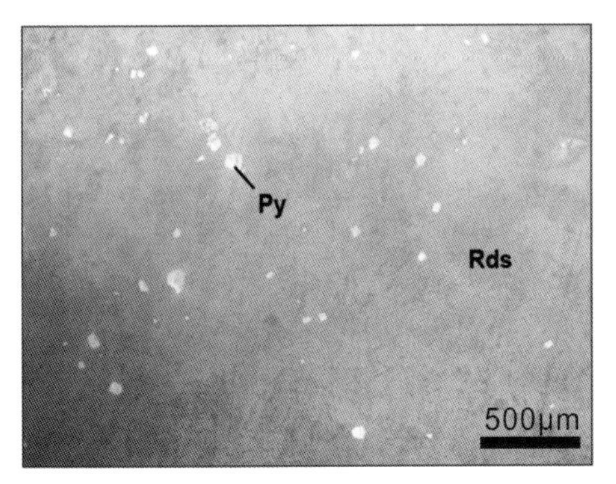

图片 29　早世代菱锰矿中的它形黄铁矿（KK3604 –2m）

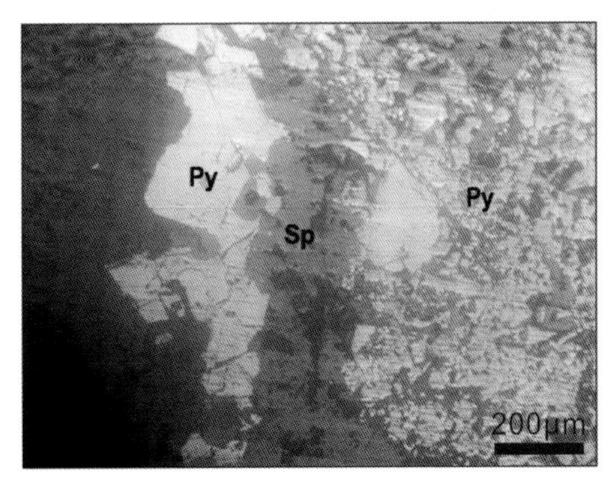

图片 30　早世代闪锌矿穿切交代早中两世代黄铁矿（KK4603 –235m）

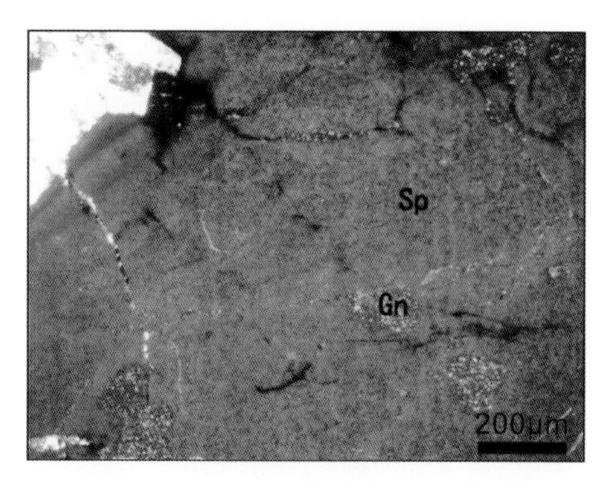

图片 31　晚世代方铅矿交代晚世代闪锌矿（KK4202 –36.5m）

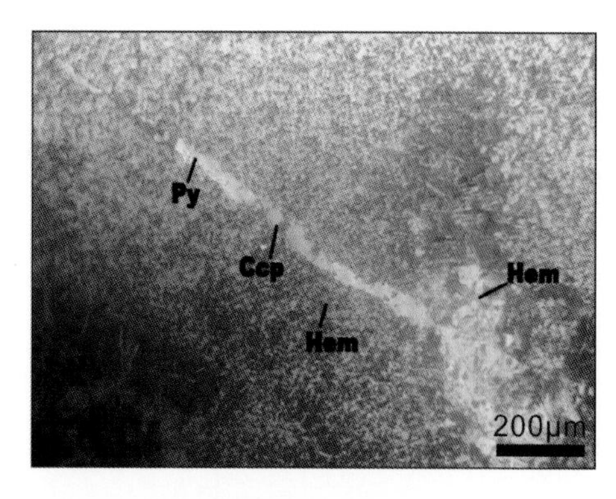

图片 32　中世代黄铁矿与早世代黄铜矿穿切磁铁矿、赤铁矿（KK4205 –338.4m）

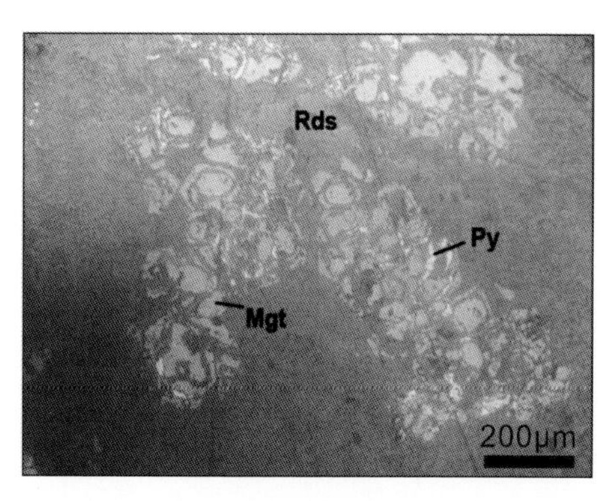

图片 33　磁铁矿交代早世代黄铁矿（KK4801 –101m）

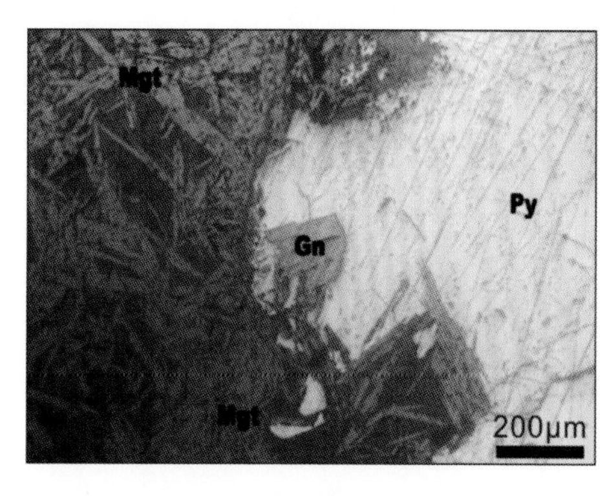

图片 34　磁铁矿交代中世代黄铁矿，被方铅矿交代（KK4002 –103m）

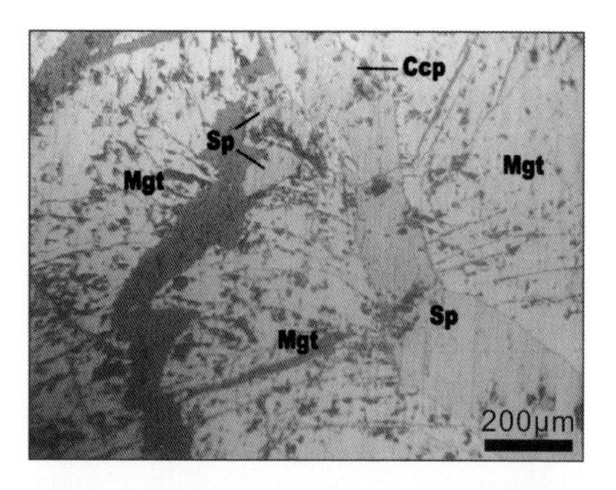

图片 35　穆磁铁矿被含乳滴状黄铜矿的闪锌矿细脉穿切、交代（KK4003 –196m）

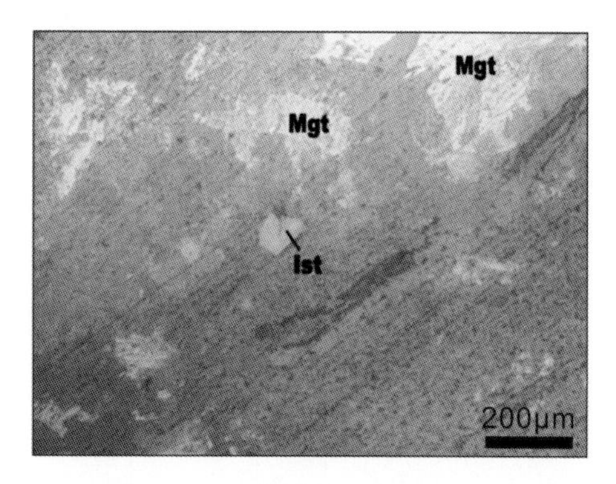

图片 36　方黝锡矿与磁铁矿伴生（KK3601 –74m）

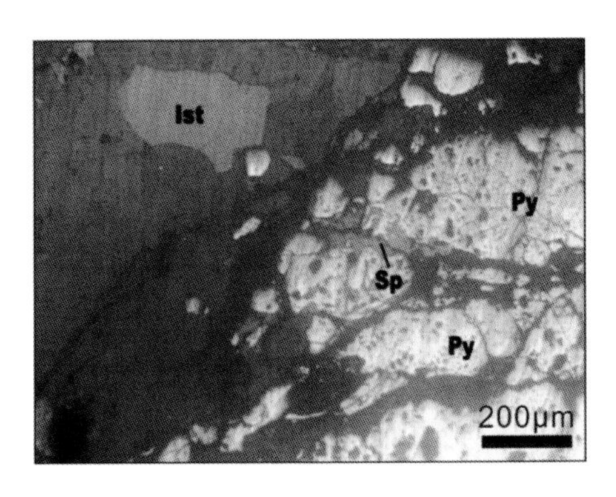

图片 37　方黝锡矿与闪锌矿、黄铁矿伴生（KK4002 –16m）

图片 38　乳滴状黝锡矿呈固溶体分离状分布于闪锌矿中（KK4002 –139m）

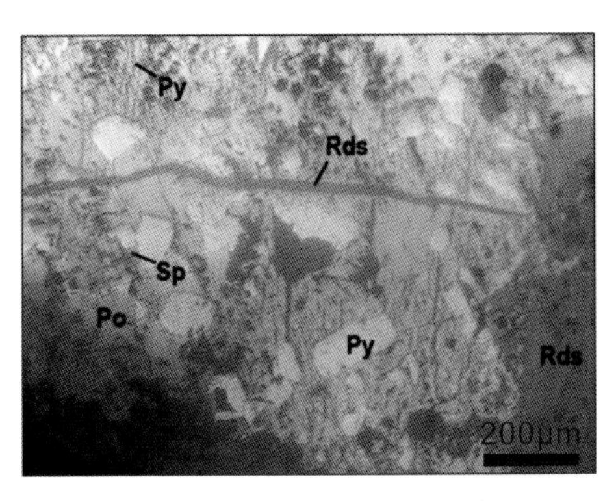

图片 39　磁黄铁矿包裹早世代黄铁矿，被中世代黄铁矿交代，被菱锰矿脉穿切（KK4603 –238m）

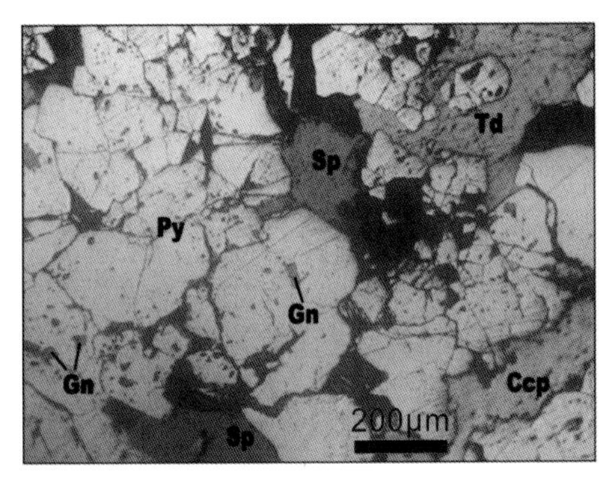

图片 40　早世代半自形黄铁矿被闪锌矿、方铅矿、黄铜矿、黝铜矿交代（KK4202 –70m）

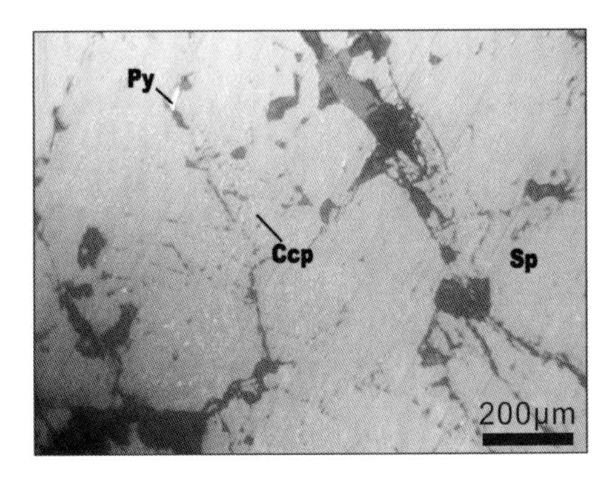

图片 41　早世代闪锌矿中乳滴状的黄铜矿，黄铜矿呈分散状、环带状（KK4201 –54m）

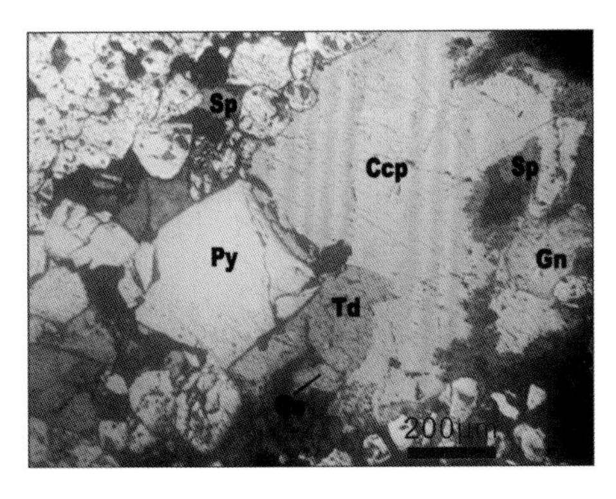

图片 42　中世代方铅矿交代早世代黄铜矿（KK4202 –70m）

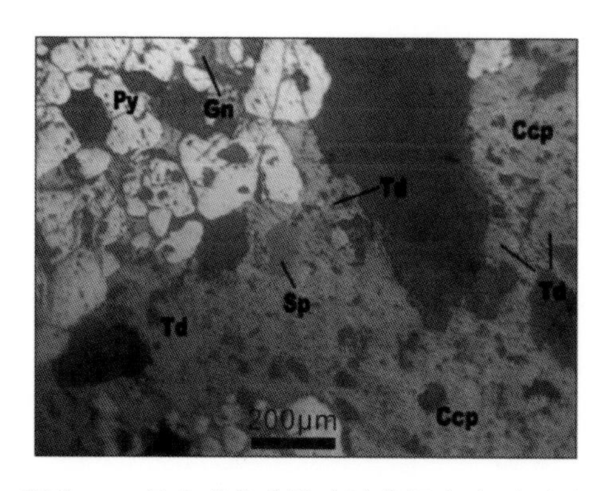

图片 43　早中世代黄铁矿被黄铜矿、闪锌矿交代（KK4201 –106m）

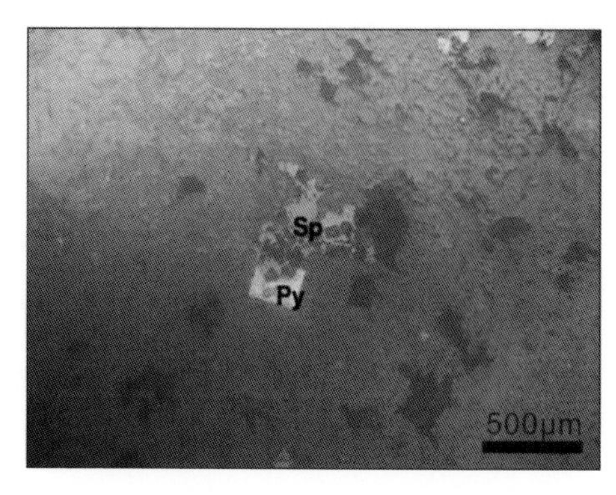

图片 44　黄铁矿、闪锌矿被菱锰矿包裹交代，残留呈不规则状（KK4602 –16.5m）

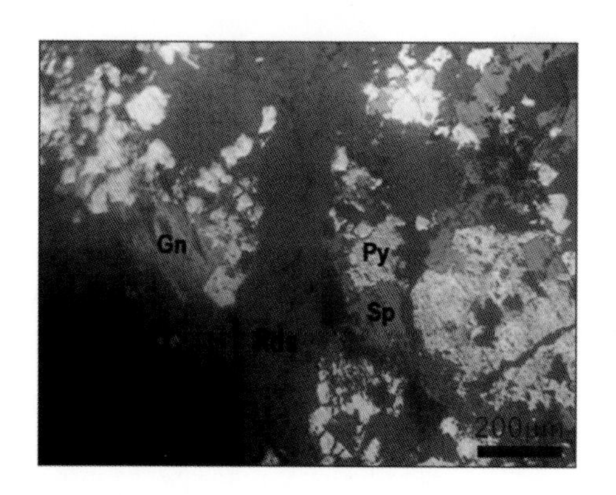

图片 45　菱锰矿脉穿切交代黄铁矿、闪锌矿、方铅矿（KK4602 –81m）

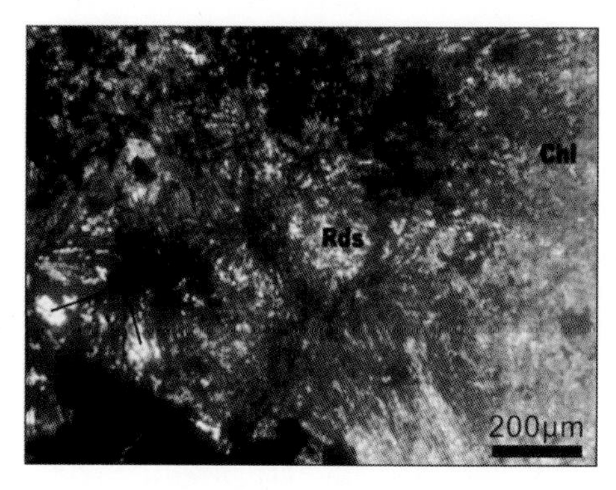

图片 46　菱锰矿、石英、绿泥石相伴生（KK4801 –81.5m）

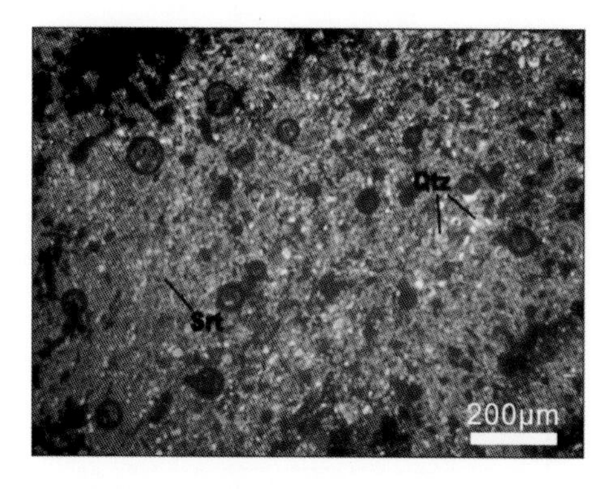

图片 47　砂岩中绢云母与石英伴生（KK4602 –97.4m）

图片 48　石英呈镶嵌结构，分布于菱锰矿晶粒间（KK4602 –16.5m）

注 1：显微镜下图片 41～46 视域直径为 4mm，其余图片视域直径为 1.6mm。

注 2：Sp. 闪锌矿、Gn. 方铅矿、Py. 黄铁矿、Ccp. 黄铜矿、Rds. 菱锰矿、Po. 磁黄铁矿、Td. 黝铜矿、Stn. 黝锡矿、Ist. 方黝锡矿、Hem. 赤铁矿、Mgt. 磁铁矿、Qtz. 石英、Brt. 重晶石、Srt. 绢云母、Chl. 绿泥石。